高等院校医学实验教学系列教材

生物化学与分子生物学实验

主　编　孔丽君　岳　真　胡金霞

副主编　张菡菡　李有杰　李尊岭　焦　飞

编　者（以姓氏笔画为序）

于　媛（滨州医学院）　　　马　颖（滨州医学院）

孔丽丽（滨州医学院）　　　孔丽君（滨州医学院）

许　森（滨州医学院）　　　李有杰（滨州医学院）

李尊岭（滨州医学院）　　　辛佳璇（滨州医学院）

张菡菡（滨州医学院）　　　岳　真（滨州医学院）

金勇君（滨州医学院）　　　胡金霞（滨州医学院）

商文静（滨州医学院）　　　焦　飞（滨州医学院）

科学出版社

北　京

内 容 简 介

本教材是高等院校医学实验教学系列教材之一，根据实验教材编写总体原则及"生物化学与分子生物学"课程教学大纲的基本要求与课程特点编写而成。全教材包含生物化学与分子生物学实验基础、常用生物化学与分子生物学实验技术、生物化学与分子生物学基本实验和综合性实验四个部分。本教材为融合教材，即纸质教材融合数字化内容，配套数字资源为视频（常用仪器设备视频、实验项目操作演示视频）、PPT 课件，本教材的教学数字资源多样化、立体化。

本教材可供临床、检验、药学、生物技术、口腔、康复、影像、护理等专业学生使用。

图书在版编目（CIP）数据

生物化学与分子生物学实验 / 孔丽君，岳真，胡金霞主编. -- 北京：科学出版社，2024. 12. --（高等院校医学实验教学系列教材）. -- ISBN 978-7-03-080531-7

Ⅰ. Q5-33；Q7-33

中国国家版本馆 CIP 数据核字第 2024W8046C 号

责任编辑：胡治国 / 责任校对：宁辉彩
责任印制：张　伟 / 封面设计：陈　敬

科 学 出 版 社 出版
北京东黄城根北街 16 号
邮政编码：100717
http://www.sciencep.com

北京天宇星印刷厂印刷
科学出版社发行　各地新华书店经销
*

2024 年 12 月第 一 版　　开本：787×1092　1/16
2024 年 12 月第一次印刷　　印张：11 1/2
字数：340 000

定价：49.80 元
（如有印装质量问题，我社负责调换）

前　言

为积极贯彻中共中央、国务院《中国教育现代化 2035》战略任务要求，落实国务院办公厅《关于加快医学教育创新发展的指导意见》对深化医学教育改革、加快医学教育创新发展做出的全面部署，我们以习近平新时代中国特色社会主义思想为指导，深入贯彻党的二十大精神，全面贯彻党的教育方针，弘扬社会主义核心价值观，注重立德树人、守正创新，同时结合新医科建设的要求，以加强创新型、应用型、复合型人才为培养目标，以能力培养为主，以模块化、数字化为特色设计新型实验教学体系从而推进现代医学实验教学的改革发展。为此，我们组织编写了《生物化学与分子生物学实验》，以"三基（基本知识、基础理论、基本技能）、五性（思想性、科学性、先进性、启发性、适用性）"原则为编写指导思想，力求做到精准定位教材内容，确保教材术语规范，内容成熟，形式新颖创新。

本教材读者对象以本科临床医学专业为主，兼顾康复、口腔、影像、检验、护理、药学、生物技术等专业需求。本教材是在原有讲义生物化学与分子生物学实验技术指导的基础上，在教研室从事一线实验教学的老师们的一致努力下编写而成。由于生物化学与分子生物学发展迅速，且受限于编者水平，书中难免存在不足之处，敬请各位专家、同仁及广大读者批评指正，以期逐步完善。

编　者

2024 年 4 月

目　　录

第一章　生物化学与分子生物学实验基础

第一节　实验室规章制度

一、实验室规则

1. 按时参加实验课，不得迟到早退，迟到 15min 者不得参加本次实验。自觉遵守实验室纪律，不在实验室高声喧哗打闹，严禁在实验室内进食、吸烟及随地吐痰。

2. 实验课前认真预习与实验内容相关理论知识，明确实验目的和实验要求，掌握实验原理及实验步骤。

3. 进入实验室须穿隔离衣，并保持衣着整洁，不得穿拖鞋及背心进入实验室，长发须束发。

4. 值日生须在实验课上课前提前到实验准备室领取实验所需试剂及器材，各实验小组将器材取回并提前清洗干净备用。

5. 认真听指导教师讲解实验原理及实验步骤，经指导教师同意后，方可进行实验操作。在实验过程中，认真观察和分析实验现象，如实记录实验结果，独立完成实验报告，并在实验结束后由值日生收齐交给指导教师后方可离开实验室。

6. 实验过程中应注意保持实验台、称量台、水槽的整洁。仪器药品使用完毕应摆放整齐。爱护仪器设备，未经指导教师许可，不得随意搬动实验室中的仪器设备。

7. 使用精密仪器如分光光度计、高速离心机、电泳仪等应严格遵守仪器设备操作规程，事先完成培训方可进行操作。使用过程中若发现故障应马上停止使用，并立即向指导教师报告，严禁擅自处理。

8. 实验所需药品或试剂使用前应先辨明标签，明确其浓度及用量，不得过量使用，严防不同药品或试剂之间的交叉污染。药品或试剂使用完毕须放回原处，有瓶塞的药品或试剂在使用完毕后须立即盖上瓶塞。操作实验动物时应注意操作规范，做好个人防护，善待实验动物。

9. 实验过程中产生的废弃物应按要求妥善处理。常规废液如废水、弱酸、弱碱等可直接倒入水槽；强酸、强碱等溶液需用水稀释后方可倒入水槽，并在倒入后用大量自来水冲洗水槽和下水道；特殊有机溶剂或易燃易爆物需在教师的指导下统一回收。固体或带沉淀的废弃物如废纸、移液器吸头、凝胶、手套等应放入实验室专用废物桶，不得倒入水槽或随意丢弃。

10. 实验过程中应注意节约水电，不随意浪费实验试剂。实验操作过程中如使用强酸强碱等试剂时应注意安全，严格按照操作规范进行，如试剂出现漏洒应及时进行清理。

11. 实验结束后，应立即清理仪器设备及实验操作台，将所使用玻璃器材如试管、烧杯、吸量管等清洗干净，试管清洗后需倒置于试管架上，移液器置于枪架上，吸量管放回原位。未经许可，实验室的一切物品严禁带离实验室。

12. 学生轮流值日，值日生须负责整个实验室的卫生和安全检查，确保仪器设备正常关闭，关好水、电、门、窗，由指导教师检查完毕后方可离开实验室。

二、实验室突发事故应急处理

（一）中毒应急处理

1. 实验室中常见的剧毒物包括氰化物、苯酚、二甲苯等，如在实验操作过程中不慎吸入、误食或皮肤接触，在应急处理后立即前往医院治疗。

2. 对于吸入有毒气体的中毒者，应立即转移至空气清新处，解开领口，保持呼吸道通畅，如呼吸停止应立即进行人工呼吸，并送往医院治疗。

3. 如误食有毒试剂，应立即饮用大量清水，严重者应立即前往医院就诊。

4. 如皮肤接触有毒试剂，应立即用大量清水冲洗，特别对于眼睛要用流动水及时彻底清洗或送医院治疗。

（二）火灾应急处理

1. 实验室一旦发生火灾，应保持沉着冷静并有序疏散。发现火情，立即切断室内电源并及时拨打火警电话。明确灭火的基本方法，采用适当的方法进行扑救。

2. 易燃液体、气体等试剂着火时，应使用大量泡沫灭火剂或干粉灭火剂灭火。

3. 带电设备着火时应先切断电源，使用干砂或干粉灭火器，勿使用泡沫灭火器或水灭火。

4. 纸张、木材、纺织品着火时可用水进行灭火。

5. 衣服着火时应迅速脱下，不要奔跑，火势较大时，应卧地打滚。

6. 提前熟悉应急通道位置，火灾时应走应急通道及时疏散。

（三）外伤应急处理

1. 灼伤处理　被强酸强碱等具有强腐蚀性试剂灼伤后应立即用大量流动清水冲洗，用低浓度的弱酸或弱碱进行中和，再以大量清水冲洗，严重者送医救治。

2. 玻璃仪器割伤　先清理出玻璃碎片，清洁伤口，涂抹外伤药并进行包扎，严重割伤需先进行止血后立即送医院处理。

3. 烫伤处理　应立即用大量流动水冲洗，降低皮肤表面温度，并涂抹烫伤药膏。

4. 实验动物咬伤　首先清理伤口，进行消毒处理并包扎伤口，必要时需注射疫苗。

5. 触电　发生触电时应立即切断电源，保持触电者呼吸道通畅，必要时进行人工呼吸并送往医院救治。

三、实验记录与实验报告

实验记录与实验报告是生物化学与分子生物学实验中的重要内容，如实做好实验记录及认真撰写实验报告对于培养学生科学的思维方式和提高解决问题的能力至关重要，能使学生养成探求真知、追求真理、科学严谨的优良学风。

（一）实验记录

1. 实验课前认真预习实验内容，在实验记录本上写好预习报告，提前将实验数据记录表格或流程图画好，以备实验过程中随时记录数据。

2. 实验记录本不得随意涂改或撕毁，书写内容简明清晰、条理清楚、字迹端正，不得用铅笔书写，标记好实验日期及内容等。

3. 实验过程中应及时、准确、清晰地记录观察到的实验结果、实验现象或测得的实验数据。实验记录必须客观公正，不可夹杂主观因素，如实验失败也应如实记录实验结果，分析原因。

4. 实验记录应包含详细的实验条件，如实验日期、实验内容；所用仪器的型号、规格、参数；所用试剂的名称、用量、浓度及生产厂家；生物材料的来源、种属、形态特征、健康状况；选用组织的重量或细胞的数目等，以便后续进行核对或参考。

5. 实验数据应记录有效数字，每次测量尽可能重复 3 次，以减少实验误差。

（二）实验报告

1. 每次实验结束后均应书写实验报告，实验报告应在专用的实验报告纸上书写，不得用作业本或其他纸张代替。

2. 实验报告原则上应当堂由每人独立完成，不得互相抄袭，实验结束后由值日生按学号收齐交给指导教师。

3. 实验报告的书写应及时、规范、完整，字迹端正，图表清晰，结果准确。

4. 实验报告的主要内容

（1）基本信息：包括实验名称、实验日期、姓名、学号、指导教师及同组人姓名。

（2）实验目的：应用简洁的语言归纳总结实验所达到的预期目的，如回顾理论知识、掌握操作方法等。

（3）实验原理：实验原理是实验的理论依据，应使用简洁的语言总结归纳出实验中所涉及的关键原理，避免长篇累牍，也可用方程式、图表来辅助说明。

（4）实验器材：主要记录实验过程中所使用的关键仪器及特殊试剂或实验材料，无须记录所有仪器试剂。

（5）实验步骤或实验方法：实验报告需准确、客观、简明地记录实验过程中的每一个关键步骤，如加入何种试剂及用量、离心的转速及时间、反应的温度和时间等，还应注明操作过程中的注意事项。

（6）实验结果：实验结果是实验报告的关键部分，主要记录实验过程中所观察到的直观实验现象、通过仪器测量的原始数据和通过公式计算出的数值，可以用图表的形式呈现。实验结果的记录要求客观真实，必须是通过实验操作观察到的现象或测得的数据，不得凭空想象或随意篡改数据。最后，需要用总结性的语言概括实验结论。

（7）分析讨论：实验讨论是整个实验报告的重中之重，能够反映实验报告书写者的专业素养及分析、解决问题的能力。本部分的重点是对实验最终观察到的现象或取得的数据进行分析和讨论。如实验结果与预期相同，可在分析讨论部分总结实验过程中需要注意的关键事项，提出自己对于实验设计或操作步骤的剖析和新的思路；若未取得预期结果或实验数据误差较大，需要查找出导致实验失败的原因，并阐明改进的方法，也可提出自己对于实验的独特观点和分析。

（三）实验数据的处理

实验结果是实验中所观察的现象或测得的数据，对实验所得到的数据进行正确的处理是解决问题的关键。

1. 实验误差 实验误差是实验测量值与真实值之差，根据产生的原因可分为系统误差、随机误差和过失误差。

系统误差是由某些固定不变的因素引起的，如环境条件、方法、仪器等。在同一条件下多次测定同一样本时，误差数值的大小和正负保持恒定。系统误差可通过改进实验条件或方法等加以校正。

随机误差是由某些不易控制的偶然因素引起的，其误差数值和正负是不确定的，可通过增加测量次数使平均值的随机误差尽量减小。

过失误差是与实际明显不符的误差，由于实验操作的失误或读数错误引起，往往与真实值差异很大。

2. 准确度和精密度 准确度指在一定实验条件下，多次测定的平均值与真实值之间的接近程度，用来表示误差的大小。

精密度是表示测量的再现性，是保证准确度的先决条件。

3. 有效数字 有效数字指在实验过程中能够测量的数字，由能够直接读取的可靠数字和通过估读得到的存疑数字组成。

（1）以"0"开头的小数，开头的"0"都不记为有效数字。

（2）小数末位的"0"都记为有效数字。

（3）没有小数点的数字，末尾的"0"无法确定是否为有效数字，一般用科学记数法反映其有效数字。

（辛佳璇 孔丽君）

第二节　实验室的基本组成及使用

一、常用玻璃仪器

（一）量筒

量筒是生物化学与分子生物学实验室常用的量器类玻璃仪器，主要用于量取一定体积的液体，主要规格有 5mL、10mL、25mL、50mL、100mL、250mL、500mL、1000mL 等。量筒不可作为反应容器，不能用来加热或量取热的液体。

（二）烧杯

烧杯是常用容器类玻璃仪器，可作为实验反应容器或配制溶液的容器，主要规格有 5mL、10mL、25mL、50mL、100mL、250mL、500mL、1000mL、2000mL、5000mL 等。烧杯不可用来量取液体，使用时反应液体不能超过其容量的 2/3，以 1/3 为宜，加热时需要放在石棉网上。

（三）锥形瓶

锥形瓶是一种容量仪器，液体不容易溅出，常作为反应容器或用于滴定实验。锥形瓶容量有 50～250mL 不等，使用时注入液体不得超过其容量的 1/2，加热时需垫上石棉网。

（四）吸量管

吸量管又称刻度移液管，是一种有精确刻度的玻璃管。常用来移取一定体积的液体，常见规格有 1mL、2mL、5mL、10mL 等多种。吸量管分为不完全流出式、完全流出式及吹出式，使用时应掌握正确的方法，不能在烘箱中烘干或加热，使用后应及时清洗干净。

（五）试管

试管是生物化学与分子生物学实验室常用的容器类玻璃仪器，主要用作少量试剂的反应容器或离心分离，可常温或加热使用，使用时反应液体不应超过试管容积的 1/2，加热时不超过试管容积的 1/3。

二、实验室其他常规仪器

（一）微量移液器

微量移液器也称移液枪，常用于实验室移取少量或微量的液体，具有多种规格，主要规格有 2.5μL、10μL、20μL、100μL、200μL、1000μL 等。不同规格的移液枪量取液体的体积范围不同，需配套不同大小的枪头。移液枪属于精密仪器，使用及存放时均需小心谨慎，避免损坏或影响其精确度。

（二）分析天平

分析天平是实验室用于称量试剂的常用仪器，分为机械式和电子式。使用时应按仪器说明进行预热，称取试剂时使用称量纸，以免试剂腐蚀托盘。

（三）分光光度计

分光光度计用来测定物质在特定波长下的吸光度值，常用于测定蛋白质或核酸的浓度，可分为可见分光光度计、紫外分光光度计及红外分光光度计。可见分光光度计的测定波长为 400～760nm，紫外分光光度计的测定波长为 200～400nm，红外分光光度计的测定波长大于 760nm。

（四）离心机

离心机是利用离心力使试剂中的不同组分分离的仪器，按离心速度可分为低速离心机、高速离心机及超速离心机。

（五）电泳仪

电泳仪是电泳过程中使用的仪器，包括电源、电泳槽及附加装置。根据介质不同可分为滤纸电泳、醋酸纤维素薄膜电泳、凝胶电泳等；根据支持介质装置不同又可分为水平板式电泳、垂直板式电泳、圆盘电泳及毛细管电泳等。

（六）PCR扩增仪

PCR扩增仪是利用聚合酶链反应（PCR）模拟体内DNA复制过程进行DNA扩增的仪器，根据扩增的目的分为普通PCR仪、梯度PCR仪、原位PCR仪及实时定量PCR仪等。

（七）酶标仪

酶标仪即酶联免疫检测仪，又称微孔板检测器。可简单地分为半自动和全自动两大类，其工作原理基本一致，都是用比色法来进行分析。测定时一般要求测试液的最终体积在 250μL 以下，用一般光电比色计无法完成测试，因此对酶标仪中的光电比色计有特殊要求，是酶联免疫吸附试验的专用仪器。

三、常用实验仪器的使用方法

视频1-刻度吸管使用技术　视频2-胶头滴管使用技术

（一）吸量管的使用方法

1. 根据所吸取液体的体积选择合适量程的吸量管，一般选择容量等于或略大于吸取液体体积的吸量管。

2. 使用时，右手持吸量管，示指堵住管口，拇指、中指、环指及小指固定吸量管，左手握洗耳球。吸液时，将洗耳球捏紧排出空气后置于吸量管口，缓慢松开洗耳球，使液体进入吸量管内，液面缓慢上升，待液面超过所需体积刻度 2～3cm 时，移开洗耳球，同时右手示指迅速按住管口。

3. 读数时，将吸量管内液体弯月凹面与视线在同一水平面上，示指轻微抬起，利用拇指、中指、环指转动吸量管，使管内液面缓缓下降，直至凹液面最低点与所需体积刻度齐平，立即用示指按紧管口，此即为所量取液体体积。

4. 排液时，应将吸量管垂直伸入容器，管口紧贴容器内壁，容器与水平面呈45°角倾斜，右手示指抬离管口，使管内液体徐徐流至容器内，最后在容器内壁上停留 15s 即可，若吸量管上刻有"吹"字，则可用洗耳球将管内剩余液体全部吹出。

视频3-微量移液器使用技术

（二）微量移液器的使用方法

1. 选择合适量程的移液器　不同规格的微量移液器所量取的体积范围不同，根据需要量取液体的体积，选取合适量程的移液器，使所量取液体的体积在移液器量程范围内。

2. 设定体积　通过旋转微量移液器上方旋钮，使移液器视窗内显示的刻度达到所量取液体体积。设定体积时需注意避免将旋钮旋出移液器最小或最大量程，以免损坏移液器。

3. 装载枪头　吸取液体前，选取与移液器相适配的枪头，打开移液枪头盒，将移液器垂直插入枪头中，稍微用力左右转动即可使其紧密结合，随后抬起移液器将枪头拔出。

4. 吸取液体　根据所吸取液体性质不同可分为两种方法，一种为前进移液法，另一种为反向移液法。

（1）前进移液法：主要用于吸取水、缓冲液等一些常规试剂。操作方法：拇指置于移液器旋钮上，其他手指握住枪身，拇指按压旋钮至移液器第一停点，随后保持移液器垂直状态将枪头插入液面以下，缓慢松开旋钮使其回至原点，停顿几秒待液体完全进入枪头后再将移液器枪头抬离液面。排出液体时，将移液器控制旋钮先按至第一停点，停顿片刻后再按压至第二停点使剩余液体完全排出。

（2）反向移液法：主要用于吸取高黏度或易挥发液体。操作方法：先将移液器控制旋钮按压至第二停点，将枪头插入液面以下，然后缓慢松开旋钮至原点，停顿几秒待液体完全进入枪头后将移液器枪头抬离液面。排出液体时，将旋钮按至移液器第一停点排出设定量程的液体，然后保持旋钮位于第一停点将移液器枪头抬离液面，取下内有残余液体的枪头，弃之。

5. 使用注意事项

（1）使用时禁止将移液器枪体浸入液体中。

（2）装载枪头时禁止剧烈按压，以免损坏移液器。

（3）调节移液器量程时避免将旋钮旋出移液器最大或最小量程。

（4）吸取液体时，应保证移液器垂直，避免倾斜导致吸取液体体积不准确。

（5）吸取液体后，禁止将移液器平放或倒置，以免试剂倒流腐蚀移液器。

（6）移液器使用时轻拿轻放，使用完毕须将枪头弃入废物桶，旋转控制旋钮将移液器刻度调至最大量程后，置于枪架上放好。

视频4-分光光度计使用技术

（三）722型光栅分光光度计的使用方法

1. 将灵敏度旋钮调在"1"挡。

2. 开启电源，指示灯亮，仪器预热20min，选择开关置于"T"。

3. 打开试样室盖 （光门自动关闭），调节"0%T"旋钮，使数字显示为"0.00"。

4. 将装有溶液的比色皿置比色架中。

5. 旋动仪器波长手轮，把测试所需的波长调节至刻度线处。

6. 盖上样品室盖，将参比溶液比色皿置于光路，调节透光率（100%）旋钮，使数字显示为"100.0"。

7. 将被测溶液置于光路中，数字表上直接读出被测溶液的透光率（T）值。

8. 吸光度A的测量：参照"3""6"调整仪器的"0.00"和"100.0"，将选择开关置于"A"，旋动吸光度调零旋钮，使得数字显示为000，然后移入被测溶液，显示值即为待测液的吸光度A值。

9. 浓度C的测量：选择开关由"A"旋至"C"，将已标定浓度的溶液移入光路，调节浓度旋钮，使得数字显示为标定浓度值，将被测溶液移入光路，即可读出相应的被测浓度值。

10. 使用完毕，将开关关闭，切断电源，将比色皿取出，用蒸馏水充分洗涤干净。

视频5-离心机使用技术

（四）离心机的使用方法

1. 离心机一定要放置在坚固、平稳、平整的水平台面或地板上，不能晃动。

2. 先打开离心机样品仓盖，检查机器是否正常，盖好盖子，接通电源。

3. 设定转速和离心时间，开启电源进行空转测试。空转测试正常后，关闭电源。

4. 将载有样品的2支试管用天平配平，对称放置在样品仓试管套管内（如果是单一的样品，通常用水替代对侧样品），根据实验需要设定转速和离心时间为5min。开启电源进行离心。

5. 离心结束，关闭电源，打开样品仓盖子，取出样品，观察离心效果，样品达到离心效果后取出来竖直放在离心试管架上。

四、实验材料的来源及保存

（一）实验材料的来源

生物化学与分子生物学实验所用实验材料包括仪器、试剂及实验动物等均购买自正规实验试剂公司。

（二）实验材料的保存

1. 试剂需按照使用说明保存在合适的温度，需低温保存的试剂需置于冰箱冷藏或冷冻，需要避光保存的试剂应使用棕色试剂瓶盛装。

2. 强毒性试剂配置专门的封闭试剂柜储存，钥匙由专人负责保管，且实行使用登记制度。

3. 易挥发试剂保存于密封试剂瓶中，操作过程应在通风橱中进行。

4. 易燃易爆试剂应远离火源，保存于阴凉干燥处。

5. 废弃实验动物统一放置、统一处理，不得随意丢弃或带离实验室。

五、实验用品的清洗与校正

在准备进行生物化学实验操作之前，通常需要对所要使用的实验物品进行清洗，主要包括试管、吸量管、烧杯等玻璃仪器。玻璃仪器的洁净与否会直接影响实验结果的准确性，因此玻璃仪器的清洗是生物化学实验必备技能之一。

（一）常用洗涤剂

1. 一般洗涤剂　主要有洗洁精、去污粉、洗衣粉、肥皂水等，适用于一般仪器的洗涤，应用范围广，使用方便。

2. 碱性洗涤剂　主要有碳酸钠、碳酸氢钠等，适用于洗脱油脂及有机物。

3. 强酸氧化剂　主要为重铬酸钾洗液，是实验室最常用的洗涤液，具有强氧化性和强酸性，适用于清除顽固性污染物。配制方法：取重铬酸钾 80g，溶于 1000mL 蒸馏水中，冷却后沿玻璃棒缓慢加入 100mL 浓硫酸。

4. 有机溶剂　主要包括丙酮、乙醇、乙醚等，用于洗脱脂溶性物质。

（二）常用玻璃仪器的洗涤

1. 广口玻璃仪器如试管、烧杯、锥形瓶等可直接用毛刷蘸取去污粉或肥皂水刷洗，随后用自来水反复冲洗，最后用蒸馏水淋洗 2～3 次，干燥备用。

2. 定量玻璃仪器如容量瓶、吸量管、滴定管等不能用毛刷清洗，先用自来水冲洗，沥干后浸入重铬酸钾洗液中浸泡数小时或过夜，然后取出将洗液倒尽，先用自来水冲洗干净，最后用蒸馏水冲洗内壁 2～3 次，干燥备用。

（三）玻璃仪器的干燥

玻璃仪器清洗干净后需要将其彻底干燥，以免内壁水滴对实验结果造成影响。

1. 自然晾干　试管等玻璃仪器在清洗完毕后应先倒尽内壁水滴，再倒扣于试管架上自然晾干。

2. 烘干　将仪器彻底清洗干净后倒尽其中的水滴，然后倒置于托盘上放入高温烘箱中烘干。

3. 吹干　对于急用的仪器或不适合放入烘箱的仪器可用吹风机将其吹干。

4. 有机溶剂干燥　一些带刻度的定量玻璃仪器不适合用加热方法烘干，可加入少量易挥发的有机溶剂（乙醇或丙酮等），将仪器倾斜，转动使其内壁上的水与有机溶剂结合，然后倒尽有机溶剂，在空气中自然晾干。

六、溶液的配制

（一）溶液配制注意事项

1. 应事先把配制试剂用的器皿及存放试剂用的试剂瓶洗涤干净并进行干燥。

2. 化学试剂分为各种规格，在配制试剂时应根据实验要求选择适当规格的试剂。

3. 使用极易变质的化学试剂前，应首先检查是否变质，如已经变质则不能使用。

4. 试剂的配制量，要根据需要量配制，不宜过多。

5. 取出后剩余的化学试剂，不得再放回原试剂瓶内，以免污染原试剂瓶内的试剂。取用试剂的器具要清洁干燥。

6. 试剂的称量要精确，特别是配制标准液、缓冲液所用的标准试剂更应称量精确。需要特殊处理的要按要求进行处理。

7. 用完试剂后要将原试剂瓶塞放回原处，不得使其他污物污染瓶塞。

8. 一般的水溶液都应用去离子水或蒸馏水进行配制，有特殊要求的按要求选用合适的溶剂。

9. 试剂配好后装入试剂瓶贴上标签，写明试剂名称、浓度、配制日期及配制人姓名。

（二）选择、配制储存缓冲液的注意事项

1. 要认真按照实验要求选择合适的缓冲物质和 pH。选择的缓冲物质不但要使所配缓冲液的缓冲容量最大（总浓度一定时缓冲比为 1，pH=pK_1 时最大），而且对实验结果无不良影响，因为在某些特定实验中影响结果的往往不是 pH 而是特殊离子。

例如，硼酸盐能与许多化合物如蔗糖形成复盐。

磷酸盐在有些实验中，可抑制某些酶的活性，重金属易形成磷酸盐沉淀，而且在 pH 7.5 以上时它的缓冲能力很弱。

柠檬酸根离子易与钙离子结合，因此有钙离子存在时不能使用。

三羟甲基氨基甲烷可以和重金属共同使用，但有时也起抑制作用，其主要的缺点还是温度效应：在 4℃ 时配制的 pH 为 8.4 的缓冲液在 37℃ 时 pH 为 7.4，在室温时 pH 为 7.8，而且在 pH 7.5 以下时缓冲能力很差，故一定要在使用温度下进行配制。

2. 对配制缓冲液的蒸馏水要求十分严格，在 25℃ 时，其电导率应低于 $2 \times 10^{-6} \Omega/cm$。有的缓冲液还需用不含 CO_2 的或新煮沸的水，如硼砂、磷酸盐、碳酸盐溶液。

3. 配制好的缓冲液应储存在抗腐蚀的玻璃或聚乙烯塑料瓶中，由于缓冲液往往会产生霉菌致使 pH 略有升高，因此这类缓冲液要隔几天更换一次或加入防腐剂。

（辛佳璇　孔丽君）

第二章 常用生物化学与分子生物学实验技术

第一节 生物大分子的制备

生物大分子主要包括蛋白质、核酸、多糖和脂类等，在对其结构和功能进行研究时，制备纯度高、结构完整的生物大分子是研究工作的重要保障。生物大分子的制备过程中，经提取、分离、纯化等步骤，首先获得的是其粗提物，需要进一步纯化，常用技术包括层析、电泳等。

一、分离纯化的原理

进行特定物质的分离纯化时，待分离物质的物理性质、化学性质、生物学性质是分离纯化方法选择的重要依据（表 2-1）。

表 2-1 分离纯化的基本原理

性质	技术方法	举例
物理性质		
分子大小及形状	离心	菌体、细胞碎片、蛋白质
	透析	蛋白质、多糖、抗生素
	超滤	菌体、细胞
	凝胶过滤层析	尿素、盐、蛋白质
溶解性及挥发性	萃取	氨基酸、有机酸、抗生素、蛋白质
	盐析	蛋白质、核酸
	蒸馏	乙醇
	结晶	蛋白质、氨基酸、核酸
	有机溶剂沉淀	蛋白质、核酸
带电性	电泳	蛋白质、核酸、氨基酸、多糖
	离子交换层析	氨基酸、有机酸、抗生素、蛋白质、核酸
	等电点沉淀	蛋白质、氨基酸
化学性质	离子交换层析	氨基酸、有机酸、抗生素、蛋白质、核酸
	亲和层析	蛋白质、核酸、多糖
生物学性质	亲和层析	蛋白质、核酸
	疏水层析	蛋白质、核酸

1. 物理性质 多种分离纯化的技术方法是依据待分离物质的物理性质而实现的，如离心、超滤、透析等方法依据物质分子大小及形状、流动性的差异进行分离；盐析、沉淀等技术方法则依据于物质的溶解性及挥发性。

2. 化学性质 分子间相互作用包括氢键、离子键、疏水作用力、范德瓦耳斯力等，这成为离子交换层析等技术方法分离纯化物质的依据；亲和层析利用分子间的相互识别实现高效性的物质分离。

3. 生物学性质 利用生物大分子物质的生物学性质进行分离是生物物质分离所特有的，依赖于生物大分子间的特异性识别及结合作用，主要应用在蛋白质、核酸等物质的亲和分离方法中。

二、生物大分子物质的提取

（一）生物材料的处理

生物大分子分离纯化以生物材料的处理为起点。将待分离物质从生物材料中提取至溶液中，然后去除杂质（如细胞碎片、菌体等）。常用的生物材料有动物、植物、微生物等，生物材料不同，提取过程中的处理方法也有所不同。

1. 动物组织和器官 提取过程中，需在低温条件下去除非活性部分，通过研磨等方式制成细胞悬液。根据待分离物质的性质选择去除杂质的方法。

2. 植物组织 去壳脱脂，制粉，使用适当的溶剂制备成细胞悬液。

3. 微生物 若待分离物质为胞内物质，其提取过程的第一步为菌体细胞破碎；若待分离物质为胞外物质，可利用过滤、离心等方法去除菌体及其他杂质。

（二）细胞的破碎

待分离物质存在于细胞内时，破碎细胞是物质提取的必需环节。不同的生物细胞的结构及特点不同，破碎细胞的方法也有所差异。细胞破碎的常用方法有物理法、化学法、酶法等。

1. 物理法

（1）研磨法：此法常用的器皿有研钵和匀浆器。该方法较为温和，适宜实验室使用，为提高研磨效果，可加入液氮。如需大规模破碎细胞，可采用电动研磨法。

（2）超声法：将细小的组织置于超声仪中，采用间歇性超声的方法破碎细胞。该方法用时较少，破碎效果好，需在低温下进行。

（3）压榨法：将制备的细胞悬液，利用压力（30MPa 左右）作用迫使细胞通过小于细胞直径的小孔，使其破裂。此法温和，破坏细胞彻底，需相应设备，可大规模使用。

2. 化学法

（1）有机溶剂：有机溶剂可使细胞膜的磷脂分子层溶解，进而破坏细胞。常用的有机溶剂有三氯甲烷、丁醇、二甲基亚砜（dimethyl sulfoxide，DMSO）等。

（2）表面活性剂：常用的亲水性表面活性剂，如十二烷基硫酸钠（sodium dodecylsulfate，SDS），通过与细胞膜蛋白部分结合，从而破坏膜结构；非亲水性表面活性剂，可通过结合膜蛋白疏水部分而使其与细胞膜分离，破坏细胞，如 Triton X-100，通过破坏细胞膜磷脂双分子层而破坏细胞。

（3）金属离子螯合剂：金属离子在维系菌体细胞壁的结构中发挥重要作用，如镁离子、钙离子等。金属离子螯合剂可以通过结合金属离子而阻止其发挥作用，进而破坏细胞壁。常用的螯合剂有柠檬酸、乙二胺四乙酸（ethylenediamine tetraacetic acid，EDTA）等。

（4）变性剂：常用的变性剂有脲、盐酸胍等。盐酸胍可使蛋白质溶解，如在处理大肠埃希菌基因工程菌时，盐酸胍溶解其细胞壁的脂蛋白，在 Triton 的配合下，破坏磷脂双分子层，从而增加细胞通透性，使胞内物质流入溶剂中。

3. 酶法 生物酶有降解细菌细胞壁的功能，如溶菌酶，可使细菌细胞壁破坏，进而导致细胞膜破裂；蜗牛酶可用来破坏酵母菌细胞。

三、膜分离技术

膜分离技术是利用膜将粒径不同的分子进行分离，实现选择性分离，其核心是分离膜。膜分离操作简单，效率高，能耗小，在实验室和工业中被广泛使用。

（一）膜分离技术的种类

1. 过滤　是最常见的膜分离技术。利用多孔过滤介质使固体颗粒滞留，而让液体通过，进而实现固-液两相分离。随着技术的发展，被应用到固-气、液-气两相的分离中。

2. 微（孔）过滤　当薄膜介质的平均孔径在 $0.05\sim10\mu m$，膜两侧压力差为 $0.1\sim0.5MPa$ 时，能够去除溶液中的较大颗粒、细菌菌体等，进而获得较澄清的溶液。此膜分离技术可实现分子或离子水平的过滤分离。

3. 超滤或透滤　当薄膜介质的平均孔径在 $5\sim10nm$，膜两侧压力差为 $0.2\sim1.0MPa$ 时，可截留大分子物质，允许水和盐类物质通过。可用于粗提液的脱盐、浓缩处理。

4. 反渗透　如果薄膜介质平均孔径 $<0.5nm$，在渗透装置的膜两侧产生 $1\sim10MPa$ 的压力差，即大于溶液的渗透压时，此时截留的是溶质和悬浮物质，透过的是溶剂，此过程与渗透相反，故称之为反渗透。可用于小分子溶液的浓缩、污水处理、海水淡化和纯水制造等。

5. 纳米过滤　薄膜介质平均孔径介于超滤和反渗透，所需外加压力比反渗透低，可以将分子量为 $300\sim1000$ 的物质从溶液中分离，允许盐类透过。既可浓缩样品，又具有透析的功能，此技术已在工业中得到有效应用。

6. 透析　透析膜的一侧为待分离样品溶液，另一侧常为水或缓冲液，在透析膜两侧溶质形成浓度梯度差，溶质从高浓度一侧弥散至低浓度一侧，而水分子从低渗侧向高渗侧移动，待分离样品中的生物大分子不能透过透析膜，因此，此方法多用于待分离样品中小分子物质的去除。

7. 电渗析　即在电场作用下，利用离子交换膜对待分离样品进行渗透分离。离子交换膜为带有荷电基团的薄膜介质，如带有磺酸基团的膜，在电场中电离为 $R\text{-}SO_3^-$，只允许阳离子通过，称为阳离子交换膜；带有季铵基团，在电场中电离为 $R\text{-}N^+(NH_3)_3$，只允许阴离子通过，称为阴离子交换膜。此法可使离子与非离子化合物分离，可使正、负离子化合物分离。常用于淡化海水、从发酵液中提取柠檬酸等产品。

膜分离技术不仅是生化产品分离、制备的有效手段，还在废水处理、海水淡化、医药生产等方面发挥很大作用。表 2-2 列出了常用膜分离技术的主要特点。

表 2-2　常用膜分离技术

类型	分离范围	操作压（MPa）	分离动力	分离介质	用途
一般过滤	$>1\mu m$		压力差	天然介质	固-液相分离
微孔过滤	$0.01\sim1\mu m$	$0.1\sim0.5$	压力差	人工微孔滤膜	固-气、液-气、固-液相分离
透析	$5\sim10nm$		分子扩散	天然或人工半透膜	分离分子大小悬殊的物质
超过滤	$5\sim10nm$	$0.2\sim1.0$	压力差	人工超滤膜	分离大分子
反渗透	$<0.5nm$	$1\sim10$	压力差	人工分透析膜	水与小分子
电渗透	$<0.5nm$		电位差	离子交换膜	小分子、大分子、水

（二）透析

1861 年，Thomas Graham 发明透析法，距今已有一百多年。透析法对物质的分离作用主要依据是待分离物质的分子量差异较大，需要有专用的透析膜（半透膜），可以在常压下完成。透析法已经成为生物化学实验室最简单最常用的分离纯化技术之一。

在实验室里，透析过程所用的透析膜通常被制作成袋状，将待分离样品溶液放入透析袋，密封，后将透析袋置入水或缓冲液中,此时,样品中的小分子物质将顺浓度梯度扩散出透析袋,而大分子物质不能穿过透析袋而被截留。因此,保留在透析袋内的样品溶液被称为"保留液",而透析袋外的溶液被称为"透析液"。

1. 透析膜及处理　透析膜为一种半透膜,应具有以下特点:①具有亲水性,其膜孔孔径只能允许小分子物质通过,而大分子物质如蛋白质等不能通过;②具有一定的抗盐、抗酸性,在某些有机溶剂存在的条件下不易发生化学变化或溶解;③具有良好的物理性能,包括一定的强度和柔韧性,不易破裂;④具有良好的再生性能,便于多次重复使用。

新购置的透析膜往往含有增塑剂、甘油、硫化物、重金属离子等,因此,使用前必须进行相应的处理。一般情况下,可以分别用蒸馏水、0.01mol/L 乙酸或稀 EDTA 溶液浸泡,清洗干净后再用;若实验要求较高,需进行严格处理:首先在透析袋中加入 50%乙醇溶液,浸入双蒸水中,煮沸 1h,再用 50%乙醇溶液、10mmol/L 碳酸氢钠溶液、1mmol/L EDTA 溶液、蒸馏水依次浸泡洗涤 2 次,最后在 4℃蒸馏水中保存备用。若需较长时间存放,将透析膜置入含有 0.02% NaN_3(或适量三氯甲烷)的蒸馏水中,4℃保存。

2. 透析的方法　基本操作和注意事项如下。

(1)检查透析袋的完整性:将透析袋一端扎紧,装入蒸馏水,轻轻挤压,检查膜有无水渗出,若有水渗出,不能使用。

(2)装袋:透析袋完整的条件下,将待分离样品溶液置于透析袋中(一端扎紧),排空袋中空气,并将另一端扎紧。注意:透析袋不要灌满,要留有一定长度的空袋,待分离样品中的盐含量越高,所留空袋越长,并且将空袋位置的气体排干净。

(3)透析:将密闭好的透析袋置于透析液中进行透析。透析液可以是蒸馏水、低浓度盐溶液或低浓度缓冲液等,透析液的体积一般为待分离样品溶液体积的 20 倍以上。为加速待分离样品中小分子物质向透析液中的扩散,通常将透析装置置于磁力搅拌器上进行不断搅拌。

(4)换液:随着袋内小分子物质不断扩散进入透析液,透析袋内外小分子物质的浓度达到平衡,此时,需要更换透析液,一般每隔 5~6h 或过夜换一次透析液,直到透析液中检测不到要去除的小分子物质为止。

上述装置可以满足实验室的实验需求,若应用于工业,需使用连续透析装置,其原理与上述装置相同,不同的是样品溶液及透析液是连续流动的,以提高透析速度。

3. 微滤、超滤和反渗透　均为加压膜分离技术,其区别是膜的孔径、膜两侧压力大小不同。实验室内所用的微滤、超滤通常使用抽气的方法增加负压,或使用离心法提供压力。所用膜的孔径不同,可以分离的物质大小、微生物等不同。

四、沉 淀 分 离

沉淀法分离物质的主要原理是利用一定的方法使溶液中某种/类溶质的溶解度下降,进而从溶液中析出。不同的生物大分子其理化性质不同,沉淀的方法有所差异。

(一)蛋白质的沉淀法

蛋白质沉淀方法有盐析沉淀法、等电点沉淀法、有机溶剂沉淀法等。

1. 盐析沉淀法　一般情况下,在低盐浓度的溶液中,蛋白质的溶解度随盐浓度的升高而增加(盐溶现象);当盐浓度升高到一定程度后,蛋白质的溶解度则随着盐浓度的升高而降低,最终使蛋白质沉淀析出,此现象称为盐析作用。在同一浓度的盐溶液中,不同蛋白质的溶解度不同,借此可达到彼此分离的目的。

(1)盐析作用的原理:盐在溶液中离解为正离子和负离子,较高的离子浓度,可经反离子作用改变蛋白质分子的表面电荷,还可改变溶液中水的活度,继而破坏蛋白质的水化膜,最终使蛋白质溶解度下降而析出。因此,蛋白质溶解度与溶液中离子强度密切相关,其关系可用下式表示:

$$\lg \frac{S}{S_0} = -K_S I$$

改写为

$$\lg S = \lg S_0 - K_S I$$

式中，S 为蛋白质在离子强度为 I 时的溶解度（g/L）；S_0 为蛋白质在离子强度为 0 时的溶解度（g/L）；K_S 为盐析常数；I 为离子强度。

一定温度下，某一蛋白质在水溶液（pH 一定）中的溶解度为常数 S_0，其主要取决于蛋白质的性质。盐析常数 K_S，主要与盐的性质（离子价数、平均半径等）和蛋白质的结构有关，K_S 越大，盐析效果越好。在一定的 pH 和温度条件下（S_0 确定），改变离子强度 I，随着离子强度的改变不同蛋白质沉淀析出，此为 "K_S 分段盐析"，在一定的盐和离子强度条件下（$K_S I$ 确定）改变温度或 pH，称为 "β 分段盐析"（β 为 $\lg S_0$）。

（2）盐的选择：蛋白质的盐析常采用中性盐，如硫酸铵、硫酸铁、氯化钠等，其中硫酸铵是应用最广的。硫酸铵在水中的溶解度大、受温度影响小，价廉易得，不易引起蛋白质变性，分离效果较其他盐好。但硫酸铵溶液缓冲能力较差，铵离子的存在会对蛋白氮的测定造成干扰，因此，需要根据实验需求进行盐的选择。

（3）所用硫酸铵浓度的计算：若蛋白质溶液体积不大，所需硫酸铵浓度不够高时，可加入饱和硫酸铵溶液。饱和硫酸铵溶液的配制：在一定量的水中加入过量的硫酸铵，加热至 $50\sim60$℃，保温数分钟，趁热过滤，除去沉淀，而后在 0℃或 25℃平衡 $1\sim2$ 天，有固体析出即为 100%饱和度。

此外，可将固体硫酸铵直接加入蛋白质溶液，其加入量可查询表 2-3。

表 2-3　硫酸铵溶液饱和度计算表（25℃）

硫酸铵初浓度,饱和度(%)	硫酸铵终浓度,饱和度（%）																
	10	20	25	30	33	35	40	45	50	55	60	65	70	75	80	90	100
	每1L溶液加固体硫酸铵的质量（g）*																
0	56	114	144	176	196	209	243	277	313	351	390	430	472	516	561	662	767
10		57	86	118	137	150	183	216	251	288	326	365	406	449	494	592	694
20			29	59	78	81	123	155	189	225	262	300	340	382	424	520	610
25				30	49	61	93	125	158	193	230	267	307	348	390	485	583
30					19	30	62	94	127	162	198	235	273	314	356	449	546
33						12	43	74	107	142	177	214	252	292	333	426	522
35							31	63	94	129	164	200	238	278	319	411	506
40								31	63	97	132	168	205	245	285	375	469
45									32	65	99	134	171	210	250	339	431
50										33	66	101	137	176	214	302	392
55											33	67	103	141	179	264	253
60												34	69	105	143	227	314
65													34	70	107	190	275
70														35	72	153	237
75															36	115	198
80																77	157
90																	79

注：*25℃时，硫酸铵溶液由初浓度调整到终浓度时，每升溶液所加固体硫酸铵的克数

（4）注意事项：①所使用的硫酸铵纯度要高；②盐析操作一般可在室温下进行，而某些对热特别敏感的酶，则应在低温条件下进行；③待分离蛋白质溶液浓度须适当，盐析条件相同时，蛋白质浓度越高越易沉淀；但也要避免蛋白质浓度过高而导致与其他蛋白质的共沉淀作用；④通过盐析沉淀出的蛋白质含盐较高，须进一步除盐，常用的方法为透析法。

2. 等电点沉淀法　蛋白质在 pH 为其等电点的溶液中，蛋白质分子的净电荷为零，消除了离子间的静电斥力，溶解度最低，且不同蛋白质等电点不同，据此，可以通过调整溶液 pH 使待分离蛋白质溶解度降低，进而沉淀析出，此种方法为等电点沉淀法。

在等电点时，由于水膜的存在，蛋白质仍有一定的溶解度而沉淀不完全，因此，常选择与盐析法或有机溶剂沉淀法联合使用，破坏水化膜，以达到更好的沉淀分离效果。等电点沉淀法单独使用时主要用于去除等电点差异较大的杂蛋白。

3. 有机溶剂沉淀法　有机溶剂可以改变溶液的介电常数，破坏蛋白质分子周围的水化膜，导致蛋白质溶解度降低，沉淀析出，称有机溶剂沉淀法。乙醇、丙酮等为常用有机溶剂，析出的蛋白质沉淀可通过过滤或离心进行分离。

有机溶剂沉淀法的分辨力比盐析沉淀法高，溶剂也容易除去，但有机溶剂较易使蛋白质发生变性，因此通常在低温条件下进行；蛋白质沉淀分离后，须即刻用水或缓冲液溶解，以降低有机溶剂浓度，避免变性。

中性盐可减少有机溶剂引起的蛋白质变性，提高分离效果，一般添加 0.05mol/L 的中性盐。由于中性盐会增加蛋白质在有机溶剂中的溶解度，故中性盐不宜添加太多。有机溶剂沉淀法常与等电点沉淀法联合使用，即操作时将溶液的 pH 控制在待分离蛋白质的等电点附近。

（二）核酸的提取与沉淀分离

核酸物质无论是 DNA 还是 RNA 均易溶于水而难溶于有机溶剂，因此可利用水溶液提取，进而利用有机溶剂进行沉淀。细胞内的 DNA 与 RNA 均与蛋白质结合，分别形成脱氧核糖蛋白（DNP）和核糖核蛋白（RNP）。

DNP 与 RNP 在不同浓度的氯化钠溶液中溶解度不同：在 NaCl 浓度为 0.14mol/L 的溶液中，RNP 的溶解度较大，而 DNP 的溶解度仅为在水中溶解度的 1%；NaCl 的浓度达到 1mol/L 时，RNP 的溶解度小，而 DNP 的溶解度是水中溶解度的 3 倍。因此，提取 RNP 时常选用 0.14mol/L 的 NaCl 溶液，而提取 DNP 时常选用 1mol/L 的 NaCl 溶液。

DNP 与 RNP 在不同 pH 的溶液中溶解度也不同：RNP 在 pH 2.0～2.5 时溶解度最低，而 DNP 在 pH 4.2 时溶解度最低。

1. RNA 的提取　不同的 RNA 在细胞内的含量、性质均有所差异，提取方法亦有所差异。tRNA（约占细胞内 RNA 的 15%）的分子量较小，细胞破碎以后溶解在水溶液中，将所得滤液的 pH 调整到 5，可得到 tRNA 的沉淀。rRNA 约占细胞内 RNA 的 80%，一般提取的 RNA 主要是 rRNA。mRNA 占细胞 RNA 的 5% 左右，不稳定，提取条件要求严格。RNA 提取方法主要利用稀盐溶液或苯酚。

（1）稀盐溶液提取：将组织或细胞破碎制成匀浆或细胞悬液，用 0.14mol/L NaCl 溶液反复抽提，得到粗提液，除去 DNP、蛋白质、多糖等，即可获得 RNA。

（2）苯酚提取：将组织或细胞破碎制成匀浆或细胞悬液，加入等体积的 90% 苯酚水溶液，振荡一定时间。在此过程中 RNA 与蛋白质分开，离心可得分层溶液：DNA 和蛋白质在苯酚层中，RNA 和多糖溶于水层中。根据操作时的温度，可分为冷酚法提取（2～5℃）和热酚法提取（60℃）。需要注意的是，市售苯酚往往含有杂质，为避免其可能引起核酸变性或降解，在使用苯酚时，应将其进行减压重蒸。目前提取 RNA 最常用的 Trizol 试剂是在苯酚的基础上，加入 8-羟基喹啉、异硫氰酸胍和 β-巯基乙醇等 RNase 抑制剂而制成的。

2. DNA 的提取　浓盐法是较常用的 DNA 提取方法。组织或细胞破碎后，利用 1mol/L NaCl 溶液从细胞匀浆中提取得到 DNP，加入含有少量辛醇或戊醇的三氯甲烷一起振荡，除去蛋白质，即得含有 DNA 的溶液。也可以先使用 0.14mol/L NaCl 溶液（或 0.1mol/L NaCl 和 0.05mol/L 柠檬酸混合溶液）除去 RNP，再用 1mol/L NaCl 溶液提取 DNP，经三氯甲烷-戊醇（辛醇）或水饱和酚处理，除去蛋白质，而得到 DNA 提取液。

3. 核酸的沉淀分离　为防止核酸变性和降解，其分离纯化过程需在低温条件（0～4℃）下进行；为防止核酸酶对核酸的降解作用，通常加入核酸酶抑制剂，如十二烷基硫酸钠（SDS）、EDTA、柠檬酸钠等。经上述方法所得的 RNA/DNA 提取液通过沉淀法将 RNA/DNA 从提取液中析出，达到进一步纯化的目的。常用的沉淀核酸的方法如下。

（1）有机溶剂沉淀法：核酸难溶于有机溶剂，通常在核酸提取液中加入乙醇或 2-乙氧基乙醇，使 DNA 或 RNA 沉淀下来。

（2）等电点沉淀法：根据目标物质的等电点，将核酸提取液调节到一定的 pH，使不同的核酸或核蛋白分别沉淀而分离，如 DNP 的等电点为 pH 4.2；RNP 的等电点为 pH 2.0～2.5；tRNA 的等电点为 pH 5。

（3）钙盐沉淀法：在核酸提取液中加入一定体积比（一般为 1/10）的 10% $CaCl_2$ 溶液使 DNA 和 RNA 均成为钙盐形式，再加进 1/5 体积的乙醇，DNA 钙盐即形成沉淀析出。

（4）选择性溶剂沉淀法：选择适宜的溶剂，使蛋白质等杂质形成沉淀而与核酸分离，这种方法称为选择性溶剂沉淀法。例如，①核酸提取液中加入三氯甲烷-戊醇，振荡，蛋白质在三氯甲烷水界面形成凝胶状沉淀，通过离心而除去，核酸存在于水相中；②DNA 与 RNA 的混合液中加入异丙醇，可选择性地使 DNA 和大分子 RNA 沉淀，进而与留在溶液中的小分子 RNA 分离。

（三）多糖的提取和分离

1. 多糖的提取　植物多糖、动物多糖、微生物多糖在抗凝、降血脂、提高机体免疫和抗肿瘤、抗辐射等方面的作用引人注目，香菇多糖可提高机体免疫能力，作为抗肿瘤药物应用于临床患者；肝素是天然抗凝剂，用于防治血栓、周围血管病、心绞痛、充血性心力衰竭与肿瘤的辅助治疗；硫酸软骨素有利尿、解毒、镇痛作用；中分子量右旋糖酐可增加血容量，维持血压，主要用于抗休克；低分子量右旋糖酐主要用于改善微循环，降低血液黏度；小分子量右旋糖酐是一种安全有效的血浆扩充剂。海藻酸钠能增加血容量，使血压恢复正常。茯苓多糖、云芝多糖、银耳多糖、胎盘脂多糖等也有临床应用。

不同来源的多糖，其提取分离方法不同，但基本流程相似。一般先进行脱脂处理，使多糖释放，常用的试剂有甲醇、乙醇乙醚混合液（1∶1）、石油醚等。动物材料可用丙酮脱脂、脱水处理。不同的多糖，性质不同，所用的提取试剂不同。易溶于稀碱溶液的多糖可使用 0.5mol/L NaOH 溶液提取，如木聚糖、半乳聚糖等；有的多糖在温度高的水溶液中溶解度较高，提取时可加热至 80～90℃，并不断搅拌而得提取液，其中所含蛋白质可通过正丁醇与三氯甲烷混合液或三氯乙酸沉淀去除；糖胺聚糖多与蛋白质结合，因此需用酶解法或碱解法使糖-蛋白质间的结合键断裂，促使多糖释放，提取液中残留的蛋白质可以用蛋白质沉淀剂或吸附剂如硫酸铝、藻土等除去。生物酶，如蛋白酶、纤维素酶、果胶酶等在多糖的提取中经常被用来提高多糖的释放及提取率。

2. 多糖的分离纯化　上述提取过程得到的是多糖的混合物，即其粗提液。进一步的分离过程，可按照目标多糖的溶解性、分子大小、形状、荷电性质等理化性质进行分级纯化，联合使用多种方法方可获得理想的分离效果。除此之外，在多糖分离纯化过程中，除蛋白质及脱色的过程也是必要的。

（1）分级沉淀法：乙醇、甲醇、丙酮等可改变溶液的极性，使多糖的溶解度下降。不同多糖在不同浓度的醇、酮中的溶解度不同，随着醇、酮的浓度从小至大，不同的多糖组分随之沉淀析出。

（2）季铵盐沉淀法：酸性多糖能与一些阳离子表面活性剂，如十六烷基三甲基溴化铵（CTAB）、十六烷基氯化吡啶（CPC）等，形成季铵盐络合物，这些络合物在低离子强度的水溶液中不溶解而形成沉淀；获取沉淀后将其加入离子强度较高的溶液中，即可使此络合物溶解，进而释放出多糖。

（3）柱层析法：多糖的分离中常用的柱层析技术包括凝胶柱层析、离子交换柱层析等。凝胶柱层析可得到分子大小不同的多糖组分，离子交换柱层析可得到荷电性质及荷电量不同的多糖组分；上述两种柱层析方法的联用是较为常用的分离方式，其分离效果更佳。

五、离心分离技术

离心分离技术是借助于物体旋转所产生的离心力，将质量、密度或形状等不同的物质进行沉降进而达到分离目的的技术方法，离心机是离心分离技术的核心设备。

（一）基本原理

离心技术分离的样品为悬浮溶液，如细菌、细胞、病毒、细胞碎片、生物大分子等处于悬浮状态的溶液。将盛有悬浮样品溶液的离心管置于离心机内，启动设备后，样品溶液中的颗粒在离心力的作用下发生运动，颗粒的质量、密度、形状等不同，在同一离心力作用下其沉降速度亦不相同，进而达到分离的目的。

1. 离心力　悬浮状态的样品溶液围绕离心机的转轴做匀速圆周运动，产生向外离心力（F_c）。用下面公式表示

$$F_c = m\omega^2 R$$

式中，m 为沉降颗粒的质量；ω 为转子角速度（弧度/秒）；R 为离心半径，即转轴中心至沉降颗粒间的距离（厘米）。

由离心力定义可知，沉降颗粒质量、离心半径与离心力成正比。

2. 相对离心力（RCF）　实际运用中，通常采用"相对离心力"表述离心力的大小，即离心力相对于地球引力 g（980cm/s^2）的倍数。

$$\text{RCF} = \frac{F_c}{F_g} = \frac{m\omega^2 R}{mg} = \frac{(2\pi n/60)^2 R}{980} = 1.118 \times 10^{-5} \cdot n^2 \cdot R$$

式中，n 为转子的转速（转数/分）。

由公式可以看出，RCF 与样品中沉降颗粒的性质无直接关系，与离心机的离心半径相关。即同一样品在相同的 RCF 作用下其离心结果是相同的。

3. 沉降系数　沉降系数（sedimentation coefficient，S）是一个时间单位，用于测定在离心法中大分子物质的沉降速率，$1S = 1 \times 10^{-13}$s。沉降系数为生物大分子物质的特征性常数，其受溶剂和温度的影响，因此，通常采用溶剂为水、20℃时的 S 值。S 值随物质的大小、形状、密度的不同而不同，与物质的分子量呈正相关。

（二）离心机的种类与用途

离心机按用途分为分析型、制备型及分析-制备型；按结构特点分为管式、转鼓式、吊篮式和碟式等；按离心机能达到的最高转速可分为常速（低速）、高速和超速 3 种。常速离心机又称为低速离心机，其最大转速在 8000r/min 以内，相对离心力（RCF）在 $1 \times 10^4 g$ 以下，主要用于分离细胞、细胞碎片及培养基残渣等固形物和粗结晶等较大颗粒；高速离心机的转速为 $1 \times 10^4 \sim 2.5 \times 10^4$r/min，相对离心力达 $1 \times 10^4 \sim 1 \times 10^5 g$，主要用于分离各种沉淀物、细胞碎片和较大的细胞器等；超速离心机的转速达 $2.5 \times 10^4 \sim 8 \times 10^4$r/min，最大相对离心力达 $5 \times 10^5 g$ 甚至更高一些，为了减少空气阻力和摩擦，设置有真空系统。此外还有一系列安全保护系统、制动系统及各种指示仪表等。

（三）离心方法的选择

1. 差速离心　差速离心是通过不断调整离心速度和离心时间，使沉降速度不同的颗粒分步分离的方法。其分辨率不高，沉降系数差异较大的颗粒分离效果较好。操作时，确保待分离样品溶液为均匀的悬浮液，离心力和离心时间的选择应从小到大，在特定离心力和离心时间下离心得到的是最大最重的颗粒；收集上清，将上清再次离心，此时应加大离心力和离心时间，得到较重的颗粒；如此反复多次后，使不同大小的颗粒分步分离，得到的沉淀中含有杂质，经常需要进行多次重悬浮和

再离心，才能获得较纯的分离产物。

2. 密度梯度离心　　密度梯度离心需要借助密度梯度介质进行，密度梯度介质的密度自上而下逐渐增大，将待分离样品铺在梯度介质的表面进行离心，进而使具有不同沉降速度的组分在不同梯度介质内形成区带。要求待分离样品在梯度介质中具有较大的溶解度，且不与样品组分发生化学反应，不会引起样品组分变性或失活，常用的梯度介质有蔗糖、甘油等，其中蔗糖密度梯度系统是使用最多的，其梯度范围：蔗糖浓度 5%～60%，密度 1.02～1.30g/cm^3。在进行密度梯度离心时，应严格控制离心时间，样品区带的位置和宽度随离心时间的不同而改变，离心时间增大，区带变宽，因此，为避免区带扩宽，可适当增大离心力而缩短离心时间。

3. 等密度离心　　离心前，配制连续密度梯度介质（如 CsCl$_2$、CsSO$_4$ 等），并与样品溶液混合，然后在选定的离心力作用下，样品中密度不同的颗粒在各自的等密度点位置上形成区带。此方法所需的离心时间要足够长，一般用于密度差异较大，但是颗粒大小相近的物质的分离，如不同类型的核酸。

（四）离心操作注意事项

高速与超速离心机是生物化学实验教学及科研的重要精密设备，因其转速高，产生的离心力大，使用不当或缺乏定期的检修和保养，可能发生严重事故。因此使用离心机时必须严格遵守操作规程，未经过培训和考核者不能使用。普通离心机也要按照要求进行操作，预防发生意外事故。

1. 离心前必须仔细检查，确保转头各孔内无异物，对称位置的离心管和其内容物必须事先在天平上精密地平衡。

2. 超速离心机若要在低于室温的温度下离心时，转头在使用前应放置在冰箱或置于离心机的转头室预冷。

3. 要根据待离心液体的性质及体积选用适合的离心管装载待分离样品溶液。无盖离心管，液体不可装得过多，避免离心过程中液体甩出；超速离心时，需将液体装满加帽离心管，以免离心管凹陷变形。

4. 离心过程中人不得随意离开，应随时观察离心机上的仪表是否正常工作，如有异常的声音应立即停机检查，及时排除故障。

5. 每个转头各有其最高允许转速和使用累积限时，使用转头时要查阅说明书，不得过速使用。

6. 离心时不准开盖，不准用手制动转头。

六、浓缩、干燥

（一）浓缩

浓缩（concentration）是利用一定的方法使目标物质在溶液中的相对浓度显著上升的过程，即去除溶液中的水或溶剂的过程。最常用的浓缩方法是加热、减压蒸发。除此之外，前面所述的一些分离提纯的方法也具有浓缩的作用，如超滤。沉淀作用、亲和层析、吸附层析等也可产生浓缩的效果。

1. 沉淀法　　利用盐析作用，将中性盐加入蛋白质溶液中，使蛋白质沉淀析出，然后将析出沉淀溶于少量溶剂，即达到浓缩的目的。低温条件下，有机溶剂的加入同样可使目标生物大分子沉淀析出并保持生物活性。

2. 葡聚糖凝胶浓缩法　　将干葡聚糖凝胶加入样品溶液，缓慢搅拌，葡聚糖凝胶则可吸水膨胀，从而达到浓缩目标物质的目的。葡聚糖凝胶的加入量与溶液量的比例以 1∶5 为宜。膨胀的葡聚糖凝胶可通过乙醇脱水、干燥后重复使用。

3. 透析浓缩法　　将待浓缩样品溶液装入透析袋内，袋外覆盖聚乙二醇，袋内的水分很快被袋外的聚乙二醇吸收，在极短时间内，可以浓缩几十倍至上百倍。被溶剂饱和的聚乙二醇经加热除去溶剂后可再次使用。

4. 超滤浓缩法　　将待浓缩的样品溶液加入超滤装置中，超滤膜具有半透膜的性质，小分子物质如水分子可以通过，而大分子物质被截留，故此，具有浓缩作用，一般可浓缩到 10%～50%浓度，回收率高达 90%。

5. 常压蒸发法　蒸发是溶液表面的水或溶剂分子获得的动能超过溶液内分子间的吸引力，脱离液面进入空间的过程。在常压下加热使溶剂蒸发，最后溶液被浓缩，称为常压蒸发。该方法操作简单，但仅适于浓缩耐热物质及回收溶剂。

常压蒸发的装液容器常用圆底蒸馏瓶，装液量不宜超过蒸馏瓶的 1/2 容积，以免沸腾时溶液雾滴被蒸气带走或溶液冲出蒸馏瓶。装液容器与接收器之间要安装冷凝管，使溶剂的蒸气冷凝，加热前要先接通冷却水。要选用适当的热浴，避免直接加热，热浴温度较溶剂沸点高 20～30℃为宜。

6. 真空减压浓缩法　将待浓缩样品溶液装入减压蒸馏器的容器内，在真空状态下进行蒸馏。此法适于浓缩遇热易变性的物质，特别是蛋白质、酶、核酸等生物大分子。真空减压浓缩在生物产品生产中使用较为普遍，具有生产规模较大、蒸发温度较低、蒸发速率较快等优点。

（二）干燥

生物大分子物质长期存在于溶液中或潮湿的状态，易发生变性，影响质量，将其中的水或溶剂去除干净即干燥后，可以提高产品的稳定性，使它符合规定的标准，便于分析、研究、应用和保存。

1. 影响干燥的因素

（1）蒸发面积：干燥效率与蒸发面积成正比，如果物料厚度增加，蒸发面积减小，难以干燥，会引起温度升高，使部分物料结块，甚至发霉变质。

（2）干燥速度：干燥时，首先是表面蒸发，然后内部水分子扩散至表面，继续蒸发。如果干燥速度太快，表面水分很快蒸发，使得表面形成的固体微粒互相紧密黏结，妨碍内部水分扩散至表面。因此，要适当控制干燥速度。

（3）温度：升温能使蒸发速率加快，蒸发量加大，有利于干燥。对不耐热的生化物质，干燥温度不宜过高，冷冻干燥最适宜。

（4）湿度：物料所处空间的相对湿度越低，越有利于干燥。相对湿度如果达到饱和，则蒸发停止，无法进行干燥。

（5）压力：蒸发速率与压力成反比，减压能有效地加快蒸发速率，减压蒸发是生化制品干燥的最好方法之一。

2. 常用干燥方法

（1）常压吸收干燥：待干燥样品放入密闭空间，并加入干燥剂吸收水或溶剂进行干燥。干燥剂的选择是关键。按照脱水方式，干燥剂可分为 3 类：①能与水可逆地结合为水合物，如无水氯化钙、无水硫酸钠、无水硫酸钙、固体氢氧化钾（或氢氧化钠）等；②能与水作用生成新的化合物，如五氧化二磷、氧化钙等；③能吸收微量的水和溶剂，如分子筛，常用的是沸石分子筛。

（2）减压真空干燥：减压真空干燥的装置包括真空干燥器、冷凝管及真空泵，干燥器顶部经活塞接通冷凝管，冷凝管的另一端顺序连接吸滤瓶、干燥塔和真空泵。蒸气在冷凝管中凝聚后滴入吸滤瓶中，干燥器内放有干燥剂可以干燥和保存样品。被干燥物的量应适当，以免液体起泡溢出容器，造成损失和污染真空干燥箱。

（3）喷雾干燥：喷雾干燥是将待干燥样品喷成雾滴分散于热气流中，使水分迅速蒸发而成为粉粒干燥制品。喷雾干燥的效果取决于雾滴大小，雾滴小则表面积大，蒸发快。在常压下能干燥热敏物质，因此广泛用于制备粗酶制剂、抗生素、活性干酵母、奶粉等。

（4）冷冻干燥：将待干燥的样品冷冻为固态，然后其经真空升华逐渐脱水的过程称为冷冻干燥（lyophilization）。冷冻干燥的程序包括冻结、升华和干燥，冷冻干燥的过程由冷冻干燥机来完成。冷冻干燥后的样品加水易溶且生物活性不变，已经被广泛应用于科研和生产。

（商文静）

第二节　层 析 技 术

一、概　　述

层析技术，又称为色谱技术（chromatography），是一种物质分离纯化及分析的常用技术。该技术方法主要利用被分离物质理化性质的差异、其在某种特定基质中移动速度的不同，达到分离或分析的目的。层析法和其他分离方法比较，具有分离效率高，操作相对简单的优点。因此，层析技术的应用越来越广，对于近代化学科学的发展有巨大的影响。在制药、化工、农业、医学等方面都有着广泛的应用。

（一）层析技术的发展史

1903 年，俄国植物学家茨维特（Tswett，1872—1919）首次应用吸附原理分离植物色素，研究成果在华沙自然科学学会生物学会议上发表。1906 年，茨维特在德国植物学杂志发表文章时，将色素分离后的色带称为色谱图，称此种分离色素的方法为色谱法。该方法最初应用于有色物质的分离，之后应用于分离无色物质，虽然仍然沿用色谱法的名称，但不再具有创始之初的含义。

1931 年奥地利化学家库恩（Kuhn）根据茨维特提出的色谱法，利用氧化铝柱和碳酸钙吸附柱分离得到了胡萝卜素的两种同分异构体，并确定了其分子式。科学家库恩因此发现获得了 1938 年诺贝尔化学奖。这显示了层析分离技术的高度分辨力，这种技术在沉寂了 20 余年之后，引起了人们的广泛关注。

1941 年，马丁（Martin，1901—2002）与其合作者辛格（Synge，1914—1994）发明了分配色谱法，用纸层析分析氨基酸，得到很好的分离效果，开创了近代层析发展和应用的新局面，这对后来的胰岛素氨基酸排列顺序的确定具有巨大作用，马丁与辛格共享了 1952 年诺贝尔化学奖。

1950 年，Martin 和詹姆斯（James）用气体做流动相，通过气-液分配色谱，配合微量酸碱滴定，对脂肪酸进行了精细分离，它给挥发性化合物的分离测定带来了划时代的革命。

1957 年，戈利（Golay）开创了毛细管柱气相色谱法。此后相继出现了高效液相色谱（HPLC）、毛细管超临界流体色谱（SFC）、毛细管电色谱等。

（二）层析技术的基本原理

层析技术均具有互不相溶的两相成分：固定相和流动相。固定相（stationary phase）是相对固定的，固定于一定的支撑物上（如空心柱、平板），可以是固体、液体或者固体-液体混合物。流动相（mobile phase）是相对流动的，可以是液体或者气体。在一定的动力下，各组分由流动相运载经过固定相时，各组分在两相中的分配系数不同、移动速度不同，进而发生分离。待分离物质在两相中的分配系数与其理化性质、固定相性质、流动相性质、温度等具有相关性，在特定的层析体系中，特定的分离温度和压力下，组分在固定相和流动相之间分配达到平衡时的浓度比值即为分配系数。

分配系数=待分离物质在固定相的浓度/待分离物质在流动相的浓度

分配系数越大，组分在固定相中的保留时间越长；分配系数越小，则保留时间越短。不同组分分配系数的不同导致其流动速率不同，最终实现组分的分离。

（三）层析技术的分类

层析技术操作简便，既可用于实验室的研究工作，又可用于工业生产，层析技术的种类很多，可按不同的方法分类。

1. 按流动相的状态分类　液相层析即用液体作为流动相，或称液相色谱；气相层析是以气体作为流动相，或称气相色谱。

2. 按固定相的使用形式分类　主要形式包括柱层析（固定相填装在玻璃或不锈钢管中构成层析柱）、纸层析、薄层层析、薄膜层析等。

3. 按分离过程主要依据的物理化学性质分类 可分为吸附层析、离子交换层析、分子排阻层析、亲和层析等。下面依此分类进行叙述。

二、吸 附 层 析

吸附层析借助固定相（吸附剂）对待分离物质的吸附作用，待分离物质不同，被固定相吸附的程度不同，并且它们在流动相中的溶解程度不同，以此达到分离纯化的目的。吸附层析是应用最早的层析技术，其费用较低，易再生，且装置简单，分辨率较好，至今仍然被广泛使用。

1. 吸附柱层析 将所选用的吸附剂填充在层析柱中，待分离样品溶液从层析柱顶端加入，当样品溶液全部进入层析柱后，再加入适当洗脱剂进行洗脱。由于固定相与待分离物质之间的吸附作用是由可逆的范德瓦耳斯力引起的，故使用适当的溶剂可将待分离物质洗脱下来，被洗脱下的待分离物质随着溶剂向下移动，遇到新的吸附剂颗粒时被再次吸附，随后溶剂将其解除吸附，继续向下移动。不同物质与固定相的吸附力和解吸力不同，因此，移动速度也不同，吸附力弱而解吸力强的物质移动速度就较快。洗脱一定时间之后，待分离样品中的不同组分各自形成区带，若被分离组分为有色物质，则形成色带；若被分离组分为无色物质，则使用部分收集器收集洗脱液，利用适当方法检测所收集洗脱液中被分离组分的浓度，以不同组分的洗脱体积为横坐标，被洗脱组分的浓度为纵坐标，可绘制出洗脱曲线。利用该类层析技术分离样品的效果与吸附剂（固定相）、洗脱剂（流动相）的选择及操作方式直接相关。

（1）吸附剂的选择及用量：吸附剂选择的基本原则包括颗粒均匀、吸附选择性较好；具备较大的表面积；稳定性强；成本较低。

常用的吸附剂包括极性与非极性两种，极性吸附剂有氧化铝、硅胶、羟基磷灰石等，活性炭是常用的非极性吸附剂。极性强的吸附剂对极性强的物质吸附力大，非极性的吸附剂对非极性物质的吸附力大，但是为方便分离、便于解除吸附，分离极性大的物质时，一般选择极性小的吸附剂。反之亦然。

一般吸附剂的用量为被分离样品的 30～50 倍。若样品中各成分的性质相似难以分开时，则吸附剂用量应增大，有时大于样品的 100 倍。

（2）洗脱剂的选择：选择洗脱剂主要依据被分离物中各成分的极性、溶解度及吸附剂的活性。例如，分离蛋白质或核酸时，选用极性强的羟基磷灰石作为吸附剂（固定相），用含有盐的缓冲液洗脱；而分离色素或甾体类物质时，选用极性较弱的硅胶吸附，则用有机溶剂洗脱。所选洗脱剂的浓度及极性强弱需通过试验确定。此外，适宜的洗脱剂应符合下列条件：①纯度高；②稳定性好；③能较完全洗脱所分离的成分；④黏度小；⑤容易与所需要的成分分离。

2. 薄层层析 薄层层析原理与柱层析相同。将固定相（支持剂）均匀地涂布在支撑板（玻璃板最为常用）上，制成薄层，将待分离样品点在薄层上，选择适合的溶剂将其展开（即展开剂），进而达到分离样品各组分的目的。依据所涂布的支持剂的不同，可制备不同的薄层层析。例如，涂布吸附剂，则为薄层吸附层析；涂布离子交换剂，则为薄层离子交换层析；涂布凝胶过滤剂，则为薄层凝胶层析。薄层层析所需设备简单，操作方便，展层时间短，灵敏度高，既适用于分析，也适用于制备。

（1）支持剂的选择与处理：薄层层析的支持剂种类很多（表 2-4），使用时应根据待分离物质的种类进行选择。

表 2-4 薄层层析常用支持剂及其主要用途

支持剂	分离机制	主要分离物质
硅胶	吸附作用	小分子化合物如单糖及其衍生物
氧化铝	吸附作用	碱性物质（生物碱）和固醇类

续表

支持剂	分离机制	主要分离物质
硅藻土	分配作用	糖类及某些药物
氢氧化钙	吸附作用	类胡萝卜素及维生素 E 类
磷酸钙	吸附作用	类胡萝卜素及维生素 E 类
硫酸钙	吸附作用	脂肪酸、甘油酸
硅胶+氧化铝（1∶1）	吸附作用	染料、巴比妥酸盐
纤维素粉	分配作用	染料、氨基酸
聚酰胺	吸附作用	氨基酸、甾体、核苷酸等
离子交换剂	离子交换作用	核酸类及其衍生物等
葡聚糖凝胶	排阻作用	蛋白质和核酸等

在薄层层析中，使用较多的是硅胶、氧化铝等吸附剂，其处理方法与吸附柱层析相同。离子交换剂、凝胶过滤剂等为支持剂使用时，其处理方法同柱层析。

（2）薄层板的制作：薄层板要表面平整、光滑，用前应清洗干净并干燥处理。常用的薄层板有硬板与软板之分。在支持剂中加入黏合剂（煅石膏、淀粉等），调成糊状物，由此所制成的薄层板为硬板，用粉状支持剂直接制成的薄层板为软板。薄层板的常用制作方法如下。

1）浸涂法：将玻璃板在调好的支持剂浆液中浸一下，使浆液在玻璃板上形成薄层。

2）喷涂法：用喷雾器将调好的浆液喷在玻璃板上，形成薄层。

3）倾斜涂布法：将润好的支持剂浆液倒在玻璃板上，然后将玻璃板前后左右倾斜，使支持剂漫布于整块玻璃板上而形成薄层。

4）推铺法：在一根玻璃棒的两端适当距离处分别绕几圈胶布条，胶布条的圈数视所需薄层厚度而定，然后把准备好的支持剂倒在玻璃板上，用玻璃棒压在玻璃板上，将支持剂均衡地向一个方面推动，而制成薄层。推铺法适用于干板的涂布和湿板制作，其他方法只能用于湿板制作。薄层板涂好，自然干燥后方能使用，若为吸附薄层层析，制好板后进行加热活化，使其水分减少，从而具有一定的吸附能力。

（3）薄层层析基本操作

1）点样：点样前，在距一端 2cm 左右处画一原线，并每隔 2cm 左右处画一原点。用微量注射器或微量吸管、毛细管等进行点样。注意：点样量不宜太多，一般在 50μg 之内，点样点的直径不大于 2mm；薄层板在空气中放置时间不宜过长，以免吸潮而降低活性。

2）展层：把点好样的薄层板放入预先饱和的展层装置内，让点样端浸入展层剂中，约 0.5cm（切忌点样点浸入展层剂中）。当展层剂上升到距板的另一端 0.5~1.0cm 时取出，并立即划下展层剂的前缘，迅速吹干。展层时应注意如下。①选择适当的展层剂。选择时须考虑分离物的极性、固定相的性质及支持剂的特征。分配薄层层析展开剂的选择与纸层析相似，离子交换薄层层析、凝胶过滤薄层层析展开剂的选择与相应柱层析的洗脱剂的选择相同。②使用恰当的展层装置。展层装置种类较多，根据展层方式可分为上行、下行、连续和卧式 4 种。但是，不论用哪种展层装置，其容积大小要视薄层板的面积而定。

3）显色：薄层层析展开后，如果样品本身有颜色，就可直接看到斑点所在位置。若是无色物质，则需用显色剂或紫外光显色。

4）定性或定量分析：薄层层析法用比移值（R_f）值来表示被分离物质在薄层上的位置，与已知标准物质的 R_f 对照，可进行定性分析。用目测法比较样品斑点和对照品斑点的颜色深度和面积大小，或测量斑点的面积，可以进行半定量分析和限度检查。用薄层扫描仪或图像分析仪进行定量分析。

3. 大孔吸附树脂和聚酰胺柱层析 大孔吸附树脂是一类以苯乙烯、二乙烯苯等为原料，在致孔剂作用下聚合而成的有机高聚物吸附剂，其大孔网状结构良好，且比表面积较大，因此，对有机化合物产生一定吸附力。它的吸附作用主要是通过表面吸附（范德瓦耳斯引力）、表面电性或与被吸附物质形成氢键。国外最早用于废水处理、医药工业分析、化学、临床鉴定和治疗领域，我国主要用于医药工业中药物及天然活性物质的提纯和中草药有效成分的分离纯化。

大孔吸附树脂按其极性大小和所选用的单体分子结构不同可分为3类。

（1）非极性大孔吸附树脂：由苯乙烯交联而成，交联剂为二乙烯苯，也称芳香族吸附剂。

（2）中等极性大孔吸附树脂：聚丙烯酸酯型聚合物，以多功能基团的甲基丙烯酸酯作为交联剂，也称脂肪族吸附剂。

（3）极性大孔吸附树脂：由丙烯酰胺或亚砜聚合而成，通常含有硫氧、酰胺、氮氧等基团。

一般情况下，若要分离极性较大的化合物，选择使用中极性的大孔吸附树脂进行分离，若分离极性小的化合物，则适合选择非极性的大孔吸附树脂。

聚酰胺对待分离物质的吸附作用主要来自于酰胺基团与被分离物质形成的氢键，物质不同，形成氢键的能力不同，因此可以通过吸附、洗脱过程达到分离待分离物质的目的。聚酰胺柱层析的方法与大孔吸附树脂柱层析相似。

4. 聚酰胺薄膜层析 聚酰胺薄膜层析是1966年之后发展起来的一种层析方法。当样品溶液流动通过聚酰胺薄膜时，聚酰胺与被分离物质（极性物质）之间形成氢键而发挥吸附作用，不同的物质与聚酰胺形成氢键的能力不同。层析时，展层剂与待分离物在薄膜表面竞争形成氢键，使分离物在聚酰胺膜表面发生吸附、解吸附、再吸附和再解吸附的连续过程，从而达到分离目的。

聚酰胺薄膜层析适用于极性分子的分离。例如，用此法分析氨基酸衍生物DNP-氨基酸、PTH-氨基酸、DNS-氨基酸及DABTH-氨基酸时，具有灵敏度高、分辨力强、展层迅速和操作简便等优点；在蛋白质化学结构分析中，聚酰胺薄膜层析法和埃德曼（Edman）降解法结合可作为一种氨基酸顺序分析的超微量方法。

三、分 配 层 析

（一）概述

分配层析是利用待分离样品中各组分的分配系数不同而进行分离的方法。分配系数（K）是指一种溶质在两种互不相溶的溶剂中溶解达到平衡时，该溶质在两相溶剂中的浓度比值：

$$K = \frac{\text{固定相中溶质的浓度}}{\text{流动相中溶质的浓度}}$$

在一定的温度一定的压力条件下，某物质在确定的层析系统中的分配系数为一常数。

分配层析中的固定相通常为多孔性固体支持物（如滤纸、硅胶等）吸附着的溶剂；流动相则是与固定相溶剂互不相溶的另外一种溶剂；溶质在流动相的带动下流经固定相时，会在两相间进行连续的动态分配。基于不同物质在相同的流动相及固定相中分配系数的差异，实现混合样品中不同组分的分离；分配系数越小的组分，随流动相迁移越快；两个组分的分配系数差别越大，在两相中分配的次数越多，越容易被彻底分离。

多种层析技术的分离原理是基于分配层析的，其中纸层析为典型的分配层析，系统简单，使用方便，本节主要以纸层析为例介绍分配层析的相关内容。

（二）纸层析

1. 概述 纸层析技术以滤纸为支撑物，其结合的水为固定相，有机溶剂为流动相。层析过程中，待分离样品中的各个组分在两相中不断地进行分配，由于各个组分的分配系数不同，因此，其移动速度亦不相同。各个组分的移动速率可用R_f表示：

$$R_f = \frac{溶质斑点中心的移动距离}{溶剂前移的距离}$$

R_f 值决定于被分离物质在两相间的分配系数及两相间的体积比，由于在同一实验条件下，两相体积比是一常数，所以 R_f 值决定于分配系数，不同物质的分配系数不同，R_f 值也不相同。除此之外，被分离物质的结构和极性、支撑物（滤纸）、溶剂系统（流动相）、pH、温度及展开方式等均为 R_f 的影响因素。

2. 基本操作

（1）点样：将所用滤纸裁剪成适当大小，在距边缘 2cm 左右处画直线，线上每隔 2～3cm 画原点，点样器将适量样品点在原点上，注意：点样直径不宜过大；一般采用少量多次点样。

（2）平衡：将点样后的滤纸置入层析缸内，在密封的层析缸内用配好的溶液系统的蒸气进行饱和，此过程称为平衡。

（3）展层：平衡结束后，通过加液孔将展开剂加入密闭层析缸的培养皿中，液面高度距点样线约 1cm，进行展开，当溶剂前沿到达滤纸另一端 0.5～1cm 处时，展层结束。取出滤纸，在溶剂前沿处做标记，晾干。

（4）显色：根据被分离物质的性质，可选择显色剂或者紫外光显色。

（5）定性及定量分析：定性可通过标准品的 R_f 值与斑点的 R_f 值的对比来实现；定量分析的方法有很多种，包括剪洗比色法、直接比色法、面积测量法等。

四、凝胶过滤层析

凝胶过滤层析，又称为分子排阻层析或分子筛，其以各种凝胶为固定相，待分离样品各组分随流动相通过凝胶颗粒，利用各组分物质分子质量的差异而达到分离目的。凝胶过滤层析所需设备简单，操作方便，重复性好、样品回收率高，已广泛地用于生物化学、生物工程和工业、医药等领域。

（一）基本原理

凝胶过滤层析所用凝胶具有立体网状结构，并且筛孔孔径较为一致，为球状颗粒。当样品中各个组分流经凝胶层析时，大分子物质被排阻在筛孔之外，向下移动路程短，以较快的速度流出层析柱；而小分子物质可在筛孔中自由扩散、渗透，流出的路程长，速度慢，而使样品中各个组分按分子量从大到小的顺序先后流出层析柱，而达到分离的目的。

被分离物质在凝胶过滤层析中被排阻的程度可以用分配系数 K_a 表示：

$$K_a = \frac{V_e - V_o}{V_t - V_o}$$

式中，V_e 为洗脱体积，表示某一组分从层析柱洗出到最高峰所需的洗脱液体积；V_o 为外水体积，为层析柱内凝胶颗粒之间空隙的体积；V_t 为凝胶床总体积。

在特定的层析条件下，V_t 和 V_o 均为恒定值。其中，V_t 由外水体积（V_o）、内水体积（V_i）与凝胶颗粒实际占有体积（V_g）组成，可用以下公式获得：

$$V_t = \pi r^2 h$$

式中，r 为层析柱的半径；h 为凝胶床高度；π 为圆周率。V_e 值随着待分离物质的分子量的变化而变化。分子量越大，V_e 越小，分配系数 K_a 越小；反之，分配系数越大。K_a 值既是判断分离效果的参数，又是测定蛋白质分子质量的重要依据。

（二）凝胶的选择

用于凝胶过滤层析的凝胶有很多种类，其共同点是均具有立体网状结构，其孔径大小与待分离物质的分子量具有对应关系。因此不同物质的分离需选择不同的凝胶介质。在选择凝胶时，着重考虑其分离范围、分辨率及稳定性。

（三）基本操作

1. 凝胶的预处理 所购置的凝胶在使用前需进行充分溶胀。将所用的干凝胶放入 5～10 倍蒸馏水中，充分浸泡后除去表面悬浮的小颗粒，通过抽气法去除凝胶颗粒空隙中的气泡；也可通过加热煮沸的方法去除气泡。

2. 层析柱的选择 层析柱的体积、长度等合理与否，直接影响分离效果。若层析柱直径相同，长层析柱比短的分辨率高；若层析柱长度相同，层析柱直径大的比小的分辨率高；当用同样体积的层析柱分离两种以上的物质时，仍是层析柱长的比短的分辨率高。较为理想的层析柱其直径与长度之比为 1：100～1：25。

3. 装柱 将层析柱垂直固定于铁架台，向空的层析柱内预先加入 1/5 柱体积的水或者溶剂，以避免凝胶颗粒直接冲击支持物。保持阀门关闭状态，将凝胶沿玻璃棒加入层析柱内，待凝胶沉积高度达 1～2cm 时，打开阀门，并持续添加凝胶，不断搅拌，以免出现断层。装柱后用流动相充分洗涤，使溶剂和凝胶达到平衡。也可以将凝胶直接浸泡于流动相中，这样可以使操作简化。

4. 加样

（1）加样量/体积：凝胶过滤层析的分离效果与加样量/体积、被分离样品分配系数，以及凝胶床的体积有关。为了提高分离效果，在一定范围内，加样品量/体积越小越好。此外，样品的黏度也影响层析的分辨率。样品的黏度越大分辨率越低。因此，一般使用的样品黏度以小于 2，或者与洗脱液的黏度相当为宜。加样量/体积的多少和层析柱大小有关。如测定样品含量的方法灵敏或床体积小时，加样量/体积可少。否则反之。例如，一般测定蛋白质的含量多用紫外分光光度法。当采用 280mm 检测时，加样量在 5mg 左右（柱体积 2cm×60cm）；当采用 220mm 检测时，加样量只需 1.2mg 左右。加样量掌握得当，可提高分离效果。一般来说，加样量越少，或加样体积越小（样品浓度高时），分辨率越高。

（2）操作：加样前，需观察柱床表面是否平整，若不符合要求，则用玻璃棒轻轻搅动表面，等待凝胶颗粒自然沉降；之后，待洗脱液层面与凝胶层面相距 1～2mm 时，关闭层析柱下端阀门，进行加样。加样时，应避免样品搅动凝胶柱床表面，需轻柔、缓慢加入。加入样品后，打开阀门，待样品即将全部渗入凝胶时，加入洗脱液，多次少量添加，以少稀释样品为原则。

5. 洗脱 所选的洗脱液应能溶解被洗脱物质并且不会使其变性或失活。常见洗脱液为单一缓冲液（如磷酸缓冲液、Tis-HCl 缓冲液等）或盐溶液，或蒸馏水。

洗脱过程中，应严格控制流速，否则收集的每一部分洗脱体积不会恒定，则理想的分配系数难以测出。控制流速的最好装置是恒流泵，它不仅可以使流速恒定，还可以在较大范围内选择流速。

层析时所用的凝胶不同，洗脱流速与操作压的关系不同。例如，层析介质为 G-50 以下型号的交联葡聚糖凝胶时，洗脱流速与操作压成直线关系，洗脱流速与操作压成正比，与柱长度成反比，与柱子直径基本无关。

洗脱过程中，将一定体积的洗脱液收集于单支试管，待所有洗脱液收集完毕后，选用适当的方法进行定性和定量分析。

6. 凝胶的再生与保存

（1）再生：仅使用过一次的凝胶柱，通常进行重新平衡后即可再次使用；使用过多次后，需进行再生处理后方可再次使用。再生方法 1：用水反复进行逆向冲洗，再用缓冲液进行平衡后，即可重复使用。再生方法 2：把凝胶倒出，用低浓度的酸或碱按其预处理方法进行，处理后重新装柱即可再行使用。

（2）保存：使用过的凝胶柱，若要短时间保存，则需进行反复洗涤除去蛋白质等杂质，并加入适当的防霉剂（如乙酸汞、叠氮化钠、三氯乙醇等）；若长时间保存，则需将凝胶从柱中取出，进行洗涤、脱水和干燥。一般可采用将其较长时间浸泡在 60%～70%乙醇溶液中保存。

五、离子交换层析

离子交换层析中的固定相为离子交换剂，基于待分离物质在特定 pH 环境下荷电性质、荷电量的差异进行物质分离纯化。此法广泛应用于氨基酸、多肽、蛋白质、糖类、核苷和有机酸等的分析、制备、纯化等方面。

（一）基本原理

离子交换剂由基质、电荷基团（或功能基团）和反离子构成。基质与电荷基团以共价键连接，电荷基团与反离子以离子键结合。离子交换剂不溶于水相，反离子可被释放；与此同时，电荷基团可与溶液中其他离子或离子化合物结合，且不改变其理化性质。

离子交换剂与水溶液中离子或离子化合物的反应主要以离子交换方式进行，若以 RA^+ 代表阳离子交换剂，其中 A^+ 为反离子，A^+ 可与溶液中的阳离子 B^+ 发生可逆的交换反应，反应式为

$$RA^+ + B^+ \rightleftharpoons RB^+ + A^+$$

离子交换剂对溶液中不同离子的结合力不同，其大小可用其反应的平衡常数 K_B^A 表示，即

$K_B^A = \dfrac{[RB^+][A^+]}{[RA^+][B^+]}$。如果在反应溶液中 $[A^+][B^+]$ 相等时，则 $K_B^A = \dfrac{[RB^+]}{[RA^+]}$；若 K_B^A 值 >1 即 $[RB^+] >$ $[RA^+]$，表示离子交换剂对 B^+ 的结合力比对 A^+ 的大；若 K_B^A 值 $=1$，表示其对 B^+ 和 A^+ 的结合力相同；若 K_B^A 值 <1，表示其对 B^+ 的结合力要比对 A^+ 的小。

反离子的选择是决定离子交换层析吸附容量的重要因素之一。例如，强酸性（阳性）离子交换剂对 H^+ 的结合力比对 Na^+ 的小；强碱性（阴性）离子交换剂对 OH^- 的结合力比对 Cl^- 的小得多；弱酸性离子交换剂对 H^+ 的结合力远比对 Na^+ 的大；弱酸性离子交换剂对 OH^- 的结合力比对 Cl^- 的大。离子交换剂与各种水合离子（离子在水溶液中发生水化作用形成的）的结合力及离子的电荷量成正比，而与水合离子半径的平方成反比。离子价数越高，结合力越大；当离子带电荷量相同时，则离子的原子序数越高，水合离子半径越小，结合力亦越大。在稀溶液中离子发生水化时，各种阴离子和阳离子结合力大小的排列次序如下：

一价阳离子：$Li^+ < Na^+ < K^+ < Rb^+ < Cs^+$（对阳离子交换剂）。

二价阳离子：$Mg^{2+} < Ca^{2+} < Sr^{2+} < Ba^{2+}$（对阳离子交换剂）。

一价阴离子：$F^- < Cl^- < Br^- < I^-$（对阴离子交换剂）。

不同价阳离子：$Na^+ < Ca^{2+} < Al^{3+} < Ti^{4+}$（对阳离子交换剂）。

离子交换层析即利用离子交换剂对各种离子或离子化合物结合力的不同，成功地将各种无机离子、有机离子或生物大分子物质分开，达到分离纯化的目的。

（二）离子交换剂

1. 离子交换剂的种类

（1）疏水性离子交换剂：疏水性离子交换剂的基质为与水结合力较小的树脂，常用的树脂是由苯乙烯和二乙烯苯合成的聚合物，在交联剂二乙烯苯的作用下，聚乙烯苯直链化合物相互交叉连接成类似海绵状的结构。然后，以共价键引入不同的电荷基团。根据所引入电荷基团的性质，分为阳离子交换树脂、阴离子交换树脂（分别都包括强、中、弱三种电荷基团）和螯合离子交换树脂（对金属离子有较强的选择性）。

疏水性的离子交换剂含有大量的活性基团，交换容量高、机械强度大、流动速度快。因此，主要用于分离无机离子、有机酸、核苷、核苷酸和氨基酸等小分子物质，其次可用于从蛋白质溶液中除去表面活性剂（如 SDS）、清洁剂（如 TritonX-100）、尿素等。

（2）亲水性离子交换剂：亲水性离子交换剂中的基质是与水的亲和力较大物质，常用的有纤维素、交联纤维素、交联葡聚糖和交联琼脂糖等。

纤维素离子交换剂以纤维素为基质，常用的功能基团有磷酸基（P，中强酸型）、磺酸乙基（SE，强酸型）、羧甲基（CM，弱酸型）、三乙基氨基乙基（TEAE，强碱型）、二乙氨基乙基（DEAE，弱碱型）、氨基乙基（AE，中等碱型）等，可制成纤维状、微粒、短纤维、球形 4 种类型。DEAE Sephacel 为球形颗粒，机械性能和理化稳定性好，对蛋白质、核酸、激素等均有良好的分辨率、回收率和交换容量，使用简单方便，在生物化学与分子生物学中使用普遍。

葡聚糖系列离子交换剂是以 Sephadex G25 和 G50 为基质，分别引入 DEAE、QAE[二乙基（二羧丙基）氨基乙基，弱碱型]、CM、SP（磺丙基，强酸型）等功能基团，交换容量较离子交换纤维素大；除离子交换作用外，还有分子筛作用，但层析时床体积随洗脱液离子强度的增加而缩小，以 Sephadex G50 为基质的交换剂尤其明显，为使用带来不便。

琼脂糖系列离子交换剂以琼脂糖为基质，主要有 Sepharose 和 Bio-gel 两个系列。早期产品为 DEAE Sepharose CL-6B 和 CM Sepharose CL-6B，对生物大分子分辨率好，交换容量大，床体积随洗脱液的离子强度和 pH 的改变小，使用较 Sephadex 系列方便；后续产品 Sepharose FF 理化稳定性和机械性能更好，交换容量大，床体积随 pH 和离子强度变化很小，适合于进行大量粗产品的纯化工作。

2. 离子交换剂的选择 选择离子交换剂时，需根据分离物质的性质和所处溶液组分及酸碱度等因素进行全面分析，以达到最佳的分离效果。

（1）阴、阳离子交换剂的选择：依据待分离物质所带电荷性质进行选择。若待分离物质带正电，则应选择阳离子交换剂；反之，则选择阴离子交换剂。

（2）强、弱离子交换剂的选择：强离子交换剂适用的 pH 范围较广，常被用来制备去离子水和分离一些在极端 pH 溶液中解离且较稳定的物质；弱性离子交换剂适用的 pH 范围较窄，在中性的溶液中交换容量也高，用于分离生物大分子物质时，其活性不易丧失，分离生物样品多采用弱离子交换剂。

（3）反离子的选择：离子交换剂处于电中性时往往带有一定的反离子，为了提高交换容量，一般应选择结合力较小的反离子，因此，强阳性和强阴性离子交换剂应分别选择 H 型和 OH 型，弱酸性和弱碱性离子交换剂应分别选择 Na 型和 Cl 型。

（4）基质的选择：分离生物大分子时，亲水性基质交换容量高，且对生物大分子物质的吸附和洗脱都比较温和，被分离物质活性不易受到破坏。

（三）操作

1. 离子交换剂的处理、再生和转型

（1）处理：用水将固体离子交换剂浸泡、膨胀，随后加入大量的水悬浮除去细颗粒；然后用酸/碱浸泡，以便除去杂质，并使其带上需要的反离子。疏水性离子交换剂可以用 2~4 倍的 2mol/L NaOH 溶液或 2mol/L HCl 溶液处理；而亲水性离子交换剂则只能用 0.5mol/L NaOH 和 0.5mol/L NaCl 混合溶液或 0.5mol/L HCl 溶液处理（室温下处理 30min）。酸碱处理的次序决定了离子交换剂携带反离子的类型。在每次用酸（或碱）处理后，用水洗涤至近中性，再用碱（或酸）处理，用水洗涤至中性，经缓冲液平衡后即可使用或装柱。

（2）再生和转型：使用过的离子交换剂，可采用一定的方法使其恢复原来的性状，这一过程称为再生，再生可以通过上述的酸、碱反复处理完成，但有时也可以通过转型处理完成，所谓转型是指离子交换剂由一种反离子转为另一种反离子的过程。例如，欲使阳离子交换剂转成 Na 型时，则须用 NaOH 处理；欲使其转成 H 型时，则须用 HCl 处理。

2. 缓冲液的选择 离子交换层析过程中，离子交换剂可以与待分离物质发生离子交换，还可以与缓冲液中的离子进行交换。因此，离子交换剂吸附待分离物质的量与缓冲液的 pH 和离子浓度有密切关系。

待分离物质的等电点是选择缓冲液的关键因素。为得到高纯度的有效成分，缓冲液的选择有两种操作。

（1）调整起始缓冲液的 pH 和离子强度，使样品中有效成分与离子交换剂结合，而杂质与交换剂不结合，pH 一般比有效成分的 pI 高一个单位（用阴离子交换剂）或低一个单位（用阳离子交换剂），离子强度为 0.1，就可很快地把有效成分与杂质分开。

（2）调整起始缓冲液的离子强度和 pH，使有效成分与离子交换剂结合得不牢固，而杂质与离子交换剂结合得牢固。选用的洗脱液，其离子强度和 pH 应使有效成分从离子交换剂上解离下来，一般离子强度要比起始缓冲液高，pH 要按离子交换剂性质来选择。

3. 确定加样量　离子交换层析时，加样量多少与离子交换剂的总交换容量密切相关，还与样品中有效成分的吸附性能及有效成分和杂质之间的比例等因素有关。因此，在加样之前，需找出最佳加样量。其简要操作是，在 10 支盛有离子交换剂的试管中，先用相同缓冲液进行充分洗涤、平衡，然后按总交换容量的百分数，分别加入不同量的样品液，吸附毕，取上清测定待分离物质的含量，并绘制相应图谱，确定加入样品量。

4. 待分离物质的交换　离子交换柱层析法，即将离子交换剂装入层析柱内，让溶液连续通过，该法交换效率高，应用范围广。装柱的操作和要求与吸附柱层析相同。离子交换剂的总用量要依据其交换量和待吸附物质的总量（包括连续使用的全部量）来计算，当溶液含有各种杂质时，必须考虑使交换量留有充分余地，实际交换量只能按理论交换量的 25%～50% 计算。在样品纯度极低，或有效成分与杂质的性质相似时，则实际交换量应控制得更低些，层析柱高与直径比例一般要大于 10：1。

除此之外，也可将离子交换剂置入容器内缓慢地搅拌，称为分批法，也称静态法，其交换率低，不能连续进行，但是，所需设备简单，操作容易。

5. 洗脱与收集　离子交换层析时，常采用梯度溶液进行洗脱。盐浓度变化形成的梯度溶液，其离子强度呈梯度增加，如溶于稀缓冲液的 NaCl 或 KCl 制成的盐溶液；改变 pH 的梯度溶液是用两种不同 pH 或不同缓冲容量的缓冲液制成的。如果使用的是阳离子交换剂，pH 应从低到高递增；如果使用的是阴离子交换剂，pH 应从高到低递减，实际许可的 pH 范围由待分离物质的稳定 pH 范围和离子交换剂限制的 pH 范围来决定。梯度洗脱形式的选择，取决于特定的应用要求，无规律可循。一般从线性梯度开始，进行摸索试验。

经洗脱流出来的溶液可用分部收集器分部收集，每管体积一般以柱体积的 1%～2% 为宜。降低分部收集体积，可提高分辨率。外部收集的溶液经过检测分析，便可得知所含物质的数量，以此为纵坐标，以相应的洗脱体积为横坐标，能绘制出洗脱曲线。若被分离物可以用合适的检测器检测，则可使洗脱液流经检测器的比色池，用记录仪绘制洗脱曲线，如蛋白质和核酸可用紫外检测器分别检测 A_{280} 或 A_{260}。

六、亲 和 层 析

亲和层析（affinity chromatography）是利用待分离物质与固定相之间的专一且可逆的亲和力进行分离纯化的层析技术。亲和层析中经常被利用的生物分子间的亲和力有酶和底物、酶与竞争性抑制剂、酶和辅酶、抗原与抗体、DNA 和 RNA、激素和其受体、DNA 与结合蛋白等。亲和层析法操作步骤少，生物分子活力不易丧失，且分辨率比凝胶过滤层析高。因此，本法被广泛用于分离纯化蛋白质、核酸和激素等物质。

（一）基本原理

亲和层析是把具有识别能力的配基 L（对酶的配体可以是类似底物、抑制剂或辅基等）以共价键的方式固化到含有活化基团的基质 M（如活化琼脂糖等）上，制成亲和吸附剂 M-L，或者称作固相载体。将固相载体装入小层析柱（几毫升到几十毫升床体积），待分离样品液通过该柱，此时样品中对配体有亲和力的物质 S 就可借助静电引力、范德瓦耳斯力，以及结构互补效应等作用吸附到固相载体上，而无亲和力或非特异吸附的物质则被起始缓冲液洗涤出来，然后，恰当地改变起始缓冲液的 pH, 或增加离子强度, 或加入抑制剂等因子, 把物质 S 从固相载体上解离下来。如果样品液中存在两个以上的物质与固相载体具有亲和力 (其大小有差异) 时, 采用选择性缓冲液进行洗脱, 也可以将它们分离开。使用过的固相载体经再生处理后, 可以重复使用。此类亲和层析亦被称为特异性配体亲和层析。

1. 酶与底物反应产生酶底复合物。

2. 活性基质与配体结合产生亲和吸附剂。

3. 亲和吸附剂与样品中有效成分 (S) 结合产生偶联复合物和未结合的物质 (杂质)。

4. 偶联复合物经解离后, 得到纯有效成分 (S)。

除此之外, 还有一种亲和层析法称通用性配体亲和层析法, 其配体一般为简单的小分子物质 (如金属、染料、氨基酸等), 成本低, 具有较高的吸附容量, 通过改善吸附和脱附条件可提高层析的分辨率。

(二) 基本操作

1. 基质的选择 理想的基质应满足以下要求: ①极低的非特异吸附性; ②高度的亲水性; ③较稳定的理化性质; ④大量的化学基团能被有效活化, 而且容易和配体结合; ⑤适当的多孔性。

常用的基质有纤维素、聚丙烯酰胺凝胶、交联葡聚糖、琼脂糖、交联琼脂糖及多孔玻璃珠。实践中应用较多的基质是聚丙烯酰胺凝胶、多孔玻璃珠和琼脂糖 (如 Sepharose 4B), 其中, Sepharose 4B 为亲和层析中广泛使用的基质。

为使配体与基质有效偶联, 通常在基质与配体之间接入不同的连接臂。首先, 通过一定的方法 (如溴化氰法、叠氮法等) 在基质上引入某一性质活泼的基团, 然后与所需配体偶联。

2. 配体的选择 优良的配体须具备以下两个条件。

(1) 与待纯化物质有较强的亲和力: 一般来说, 配体对大分子物质的亲和力越高, 在亲和层析中应用的价值越大。但是, 配体与大分子物质之间的亲和力太大时, 对分离纯化生物大分子也是不利的。

(2) 具有与基质共价结合的基团: 该基团和基质结合后, 对配体与互补蛋白的亲和力没有影响或影响不明显, 这对小分子的配体尤为重要。

3. 特异性吸附 待分离物质在进入层析柱后与配基发生特异性吸附作用, 当样品开始加到已知具有一定配体浓度的亲和层析柱时, 待分离的大分子物质在柱中的浓度等于零; 当样品开始进入层析柱中, 配体和待分离大分子物质间相互接触, 形成复合物; 随着样品不断地通过层析柱, 待分离大分子物质与配体之间形成的复合物浓度越来越大。由于配体的存在使待分离大分子物质的移动受到阻碍, 从而导致产生紧密的复合物带。

4. 洗脱收集待分离大分子物质 将待分离大分子物质从层析柱复合物中洗脱出来, 并进行收集。洗脱之前, 用大量的平衡液 (起始缓冲液) 洗去无亲和力的杂蛋白, 结合在层析柱上的只有特异吸附的待分离物质。洗脱特异吸附的待分离物质的条件取决于亲和力。

(1) 亲和力较小: 可连续使用大体积平衡液洗脱。

(2) 亲和力一般: 主要依赖缓冲液性质的变化, 使复合物之间的亲和力下降到足以分离的程度。

(3) 亲和力较强: 可用于配体竞争的溶液或蛋白质变性剂洗脱。

5. 亲和层析柱的再生 洗脱结束后, 使用大量的洗脱液或高浓度盐溶液连续洗涤柱子, 随后使用平衡液使层析柱重新平衡。暂时不用时, 亲和层析柱应置于 4℃低温保存。

七、气相色谱

(一) 基本原理

气相色谱法 (gas chromatography, GC) 是以气体作为流动相、以液体或固体为固定相, 对混合组分进行分离、分析的方法。气-固色谱的固定相是多孔性固体吸附剂, 分离的原理主要吸附剂对组分的吸附能力不同；气-液色谱的固定相是由载体表面涂渍固定液而组成，分离的原理主要是固液对组分的溶解度不同。经色谱分离后的各组分随载气进入检测器，转变成电信号，并自动记录得一组峰形曲线，即色谱图。气相色谱法具有高效能、高选择性、高灵敏度、快速等优点，常用作有机物的分析。

（二）气相色谱仪

气相色谱完成样品的分离分析依赖于气相色谱仪。气相色谱仪包括五大系统：气路系统、进样系统、分离系统、检测系统、温控系统。

1. 气路系统　气相色谱常用惰性气体（如氮气）作为流动相及载气，载送样品进入色谱柱；气路系统是一个连续运行载气的密闭管路，其密闭性、载气流速的稳定性、流量检测的准确性均为影响分离效果的重要因素。

2. 进样系统　进样系统包括进样器、气化室及加热系统。进样器可以是用于液体样品进样的微量进样器，也可以是用于气体样品进样的六通阀，如果待分离样品为固体，一般先将其溶于适合的溶剂中才能够使用微量进样器进样。气化室的主要功能是将待测样品在极短的时间内气化为蒸气，加热系统可使组成气化室的钢管外侧附有的加热丝加热，使待测样在不发生化学变化的同时瞬间气化。

3. 分离系统　分离系统即将待分离样品的各个组分分离开来的组件，也是气相色谱仪的核心部分，由柱室、色谱柱、温控部件组成，色谱柱是最关键的部件。色谱柱由柱管和固定相组成。按照柱管的粗细与固定相的填充方法，色谱柱可分为两类。①填充柱：由直径 4～6mm，长 2～4m 的不锈钢管或玻璃管制成，其中填充吸附剂（气固色谱）或涂渍固定液（气液色谱）的载体；②毛细管柱：常用直径 0.05～0.5mm，长几十至几百米的金属、玻璃或塑料管，将固定液直接涂在毛细管的内壁上制成。

4. 检测系统　检测系统的作用是将由色谱柱分离出来的各组分转变成电信号，常用的检测器有以下 3 种。

（1）火焰离子化检测器（flame ionization detector，FID）：由色谱柱流出的有机组分，在氢火焰中燃烧裂解为 CH 自由基，CH 自由基与 O_2 反应生成 CHO^+ 及 e^-，CHO^+ 又与火焰中的水蒸气分子碰撞产生 H_3O^+，在 300V 电压的电场中，带电离子和电子被对应的电极吸引做定向运动而产生电流。电流的大小与被测有机组分的含量成正比。

（2）电子捕获检测器（electron capture detector，ECD）：含强电负性元素（O、N、Cl、S 等）的化合物，能捕获电子，常用 ECD 来检测含量。其原理：当纯载气（如氮气）进入检测器时，受 β 射线照射，电离生成阳离子和电子。阳离子向阴极移动，电子向阳极移动，形成约 $10^{-8}A$ 的电流，含强电负性元素的化合物进入检测器时，捕获电子而成为阴离子，与载气电离生成的阳离子碰撞形成中性分子，由于这一过程使电极间的阳离子和电子数目减少，从而使电离电流降低，在记录器上出现倒峰。电离电流降低的数值与载气中这种组分的含量成正比。

（3）火焰光度检测器（flame photometric detector，FPD）：含硫磷的有机物在 FPD 的富氢焰（H_2：$O_2 > 3 : 1$）中燃烧时，含硫物首先生成激发态的 S^* 分子；当它回到基态时，发射出波长为 394nm 的光，含磷物氧化燃烧为磷的氧化物，被富氢焰中的氢还原成 HPO 碎片，能发出 526nm 的光，通过滤光片后，由光电倍增管接收，信号经放大，由记录器记录色谱峰。

5. 温控系统　在气相色谱仪中，气化室、色谱柱、检测器系统的温度均受温控系统的控制。

（三）定性和定量方法

1. 定性　用已知纯品作对照或在样品中加纯品后看峰高的增加，对于未知范围的混合物，单纯用气相色谱定性则很困难，可与红外分光光度计或质谱仪联用来鉴定特定的组分。

2. 定量　准确测定流出曲线的色谱峰面积是定量分析的基础，峰面积可以用"峰高×半峰宽"或"峰高×平均峰宽"法计算，气相色谱仪的数据处理机或色谱工作站，能显示和打印峰面积与峰高，在已知峰面积的情况下，常用的定量方法如下。

（1）外标法：以待测组分的纯品为对照物，测定样品的含量；将对照物配成系列浓度，分别测定峰面积，确定工作曲线，在完全相同的条件下，测出样品中待测的峰面积，用标准曲线计算其浓度。外标法较简便，缺点是标准品和样品的进样量与实验条件很难完全重复。

（2）内标法：将标准品加入待测样品中，所用标准品物质不存在样品中，且与待测成分保留时间相近，在检测时，将此标准品加入待测样品中作为内标物，根据内标物的质量和峰面积，用待测成分的峰面积来计算其质量，这种方法称内标法，优点是定量结果与进样量的重复性无关，缺点是内标物不易找寻且制样麻烦。

（3）叠加法：用不加标准品和加一定量标准品的样品，在加样量和层析条件完全相同的条件下做两次层析，根据内标物的加入量和峰面积的增加量可算出待测组分的含量，操作和计算较简单，缺点是两次层析的加样量和层析条件很难完全重复。

（4）归一化法：计算待测成分峰面积占流出曲线中各组分峰面积总和的比例，可算出待测成分在样品中的相对含量，称归一化法。优点是操作简便，定量结果与进样量的重复性无关；缺点是某些不产生检测信号的组分会造成计算结果的误差，另外，相同含量的不同组分，往往产生不同的峰面积，故每一组分相应的峰面积都应乘以定量校正因子，前述内标法计算时也要乘以定量校正因子，不少物质的定量校正因子能从气相色谱手册上查到，查不到者可通过与手册提供的基准物质的比较测出。

八、高效液相色谱

（一）概述

高效液相色谱法（high performance liquid chromatography，HPLC），又称高压液相色谱法、高速液相色谱法、现代液相色谱法等，是在经典液相色谱和气相色谱的基础上发展起来的分析技术。在 HPLC 中，流动相为液体，通过高压输送系统泵入装有固定相的色谱柱，经检测器转变成电信号，由记录器描记或数据处理装置显示测定结果，具有高压、高速、高效、高灵敏度等特点。适用于不能气化或热稳定性差的有机物的分离分析，在科研和生产领域的应用日益广泛。

（二）高效液相色谱的特点

1. 高压　HPLC 所用色谱柱由细颗粒填料高压填装而成，因此液体组成的流动相进入色谱柱时须施加高压完成，一般为 15～30MPa（1MPa=10 大气压力=10.33kg/cm^2），最高可达 50MPa。

2. 高速　高压使 HPLC 流动相液体流速加快，一般分析周期为数分钟至数十分钟，比经典液相柱色谱仪要快得多，但比气相色谱稍慢。

3. 高效　HPLC 的柱效较高，每米塔板数可达 5000，有时一次可分离数十种乃至上百种组分。

4. 高灵敏度　HPLC 所用的检测器和自动化装置具有较高的灵敏度，可检出 10^{-9}g 级乃至 10^{-11}g 级的物质；所需样品量少，几微升试样即可进行分析。

5. 适用范围广　HPLC 中，待测样品为液体状态，无须进行气化，不受样品是否具有挥发性的限制，因此，沸点较高（＞450℃）、不能气化或热稳定性差者，可用 HPLC 分析，HPLC 适用于 70%以上的化合物。

（三）高效液相色谱的分类

HPLC 可以分为很多类别，按分离机制可分为以下 5 种主要类型。

1. 液相吸附色谱　以吸附剂为固定相，以不同极性的溶剂为流动相，根据试样中各组分吸附能力的不同而进行分离的方法，称液相吸附色谱。在 HPLC 中常用全多孔型硅胶微粒为吸附剂，直径 5～10μm，由于颗粒小且多孔，故柱效很高。

2. 液-液分配色谱　流动相与固定相均为液体的色谱法，按照固定相和流动相极性的差别，可分为正相液-液色谱法与反相液-液色谱法两类。

（1）正相液-液色谱法：流动相极性＜固定相极性。洗脱时，极性小的组分先流出色谱柱，极性大的组分后流出色谱柱。

原始的正相色谱以含水硅胶为固定相，以烷烃等为流动相，由于固定液易流失，已被化学键合相色谱法取代。化学键合相是将固定液用化学键键合在载体表面形成的固定相。正相色谱常用的氰基键合相，性质与硅胶类似，只是保留时间略少。氨基键合相的氨基为碱性，与硅胶的性质差异较大，常用于糖类的分析。正相色谱以有机溶剂为流动相，使用成本较高。

（2）反相液-液色谱法：流动相极性＞固定相极性。洗脱时样品中极性大的组分先流出色谱柱。为了防止固定液的流失，反相色谱法均使用化学键合相。典型的反相化学键合相，用多孔性载体上化学键合的十八烷基（octadecysilyl，ODS 或 C_{18}）为固定相，流动相常用甲醇-水或乙腈-水。非典型反相色谱系统由弱极性或中等极性的键合相和极性大于固定相的流动相构成。

反相键合色谱法固定相不流失，流动相以水为主，用甲醇或乙腈调节极性，应用范围很宽，且使用成本低，在 HPLC 中应用最广。

3. 离子交换色谱 HPLC 的离子交换剂多以薄壳型或全多孔微粒硅胶为载体，表面化学键合各种离子交换基团，常用的为强酸性磺酸基和强碱性季铵盐。其中全多孔硅胶为基体的离子交换剂柱效高，载样量大，有较好的耐压性和理化稳定性，但在 pH＞9 的流动相中硅胶易溶解，未键合的残留硅醇基易生成硅酸盐，故只能在 pH 0～8 使用，层析过程中要控制流动相的 pH 和离子强度。

4. 空间排斥（凝胶）色谱 HPLC 中常使用苯乙烯和二乙烯苯交联而成的半硬质凝胶，其柱效较高，常用有机溶剂为流动相。

5. 亲和色谱 常用的基质有高度交联的 Sephadex 和 Bio-gel 等琼脂糖凝胶，大孔径聚丙烯酰胺凝胶和多孔硅胶，配基选择及交换剂合成的原理类似经典亲和层析，目前已有许多商品化的亲和色谱固定相和色谱柱可供选择。

（四）高效液相色谱仪的构成

高效液相色谱仪通常由溶剂输送系统、进样系统、色谱分离系统和检测记录系统四部分组成。

1. 高压泵 由于 HPLC 的固定相颗粒很小，柱阻力很大，故载液必须用高压输送，通常柱前压达 15～30MPa，才能获得高速的液流，以达到快速分离目的，载液要预先脱气，流路中不应产生气泡，并要避免尘粒，以免堵塞泵和柱子，故使用前载液常在减压后通过 0.45μm 的滤膜进行过滤和脱气。有时还用梯度洗脱装置，使载液的组成（浓度、离子强度、极性和 pH）随时间而连续改变，以提高色谱分离的效果。

2. 进样装置 为了将试样有效地送入色谱柱，可用微量注射器通过六通进样阀的进样口注入样液；亦可将样液先注入与柱头相连的储样环管，然后利用切换阀让载液将样品定量地送入色谱柱。

3. 色谱柱 HPLC 所用的色谱柱大多为内径 2～4.6mm、长度 0.3m 左右的直形短柱。固定相可通过干法或湿法在高压下装入色谱柱，要求填充均匀。多数使用者可直接购置各种类型的预装柱，在使用过程中由于杂质污染往往使柱效逐渐降低，因此，每次测定后要用流动相慢速（0.1mL/min）冲洗，使其再生。

4. 检测器 目前应用较多的是紫外检测器、差示折光检测器和荧光检测器。紫外检测器是基于样品中的待测组分具有紫外吸收性质，其吸光度与组分浓度成正比；差示折光检测器是利用连续测定流通池中溶液折射率的变化来测定样品浓度的检测器；荧光检测器是根据某些物质在紫外光照射下具有荧光的特性来检测的，具有很高的灵敏度，适用于检测有 π-π 共轭体系的大分子及结构复杂的化合物，如蛋白质、氨基酸、维生素、稠环芳烃等；有些无 π-π 共轭体系的分子通过柱前衍生法引入荧光基团。

（五）定性定量方法

HPLC 定性、定量的原理与气相色谱法相同，有纯物质标准品时，可用纯物质的保留时间或调整保留时间与样品中相应组分的对比来定性，无纯物质标准品时，通常用高效液相色谱-质谱

（HPLC-MS）联用仪或高效液相色谱-干涉分光型红外分光光度计（HPLC-FTIR）联用等方式定性。

定量方法与气相色谱法基本相同。但由于很难查到相同实验条件下的定量校正因子，故使用校正归一化法较少，由于 HPLC 进样量较大，而且可以用六通阀定量进样，进样量误差较小，故常用外标法定量，一般要用外标工作曲线法检验线性范围及工作曲线是否通过原点，只有截距为零时，才能用外标一点法定量，有时为了减少实验条件波动对分析结果的影响，每次测定都同时进对照品与样品溶液，称随行外标一点法，定量计算的方法与气相色谱法相同， HPLC 的内标法与气相色谱相同，使用较少。

（商文静）

第三节　电泳技术

在直流电场中，带电荷的颗粒向着其电性相反的电极移动，这种现象称为电泳。电泳时，带电颗粒的荷电性、分子本身大小和形状等不同，所以在电场中的移动速度不同，据此对带电颗粒进行分离、鉴定或提纯的技术称为电泳技术。电泳技术具有所需设备及操作简单、灵敏度高、分辨率高等优点。20 世纪中期以后，随着聚丙烯酰胺、琼脂糖凝胶等介质的相继应用及毛细管电泳技术的发展，电泳技术得到了迅速发展，成为目前生物化学与分子生物学实验室中分离、鉴定生物大分子的重要手段。许多重要的生物分子，如蛋白质、核酸、氨基酸、多肽、核苷酸等都含有可解离基团，在特定 pH 下可以带正电或负电，因此可作为带电颗粒经由电泳技术进行分离鉴定。此外，电泳技术也可用于病毒及细胞等物质的分离鉴定。

一、电泳技术的基本原理

在电泳过程中，带电颗粒会同时受到电场作用力（F）和摩擦力（F'）两种作用相反的力，电场作用力 F 取决于带电颗粒电荷量 Q 和电场强度 X，可用以下公式计算：

$$F=QX$$

根据斯托克斯（Stokes）定律，球形颗粒运动时所受的摩擦力 F' 与颗粒的运动速度 v、半径 r、介质的黏度 η 有关，可用以下公式表示：

$$F'=6\pi r\eta v$$

其中 6π 为球形颗粒的经验数值，其他颗粒不同。

在匀强电场中，电场作用力等于摩擦力，即 $QX=6\pi r\eta v$，所以：

$$\frac{v}{X}=\frac{Q}{6\pi r\eta}$$

$\frac{v}{X}$ 表示带电颗粒在单位电场中的移动速度，称为迁移率，用 U 表示。由上式可见，球形颗粒的迁移率 U 与颗粒所带的电荷量 Q、颗粒半径 r、介质黏度 η 有关，不同的带电颗粒由于分子大小和电荷量不同，在同一电泳条件下会产生不同的迁移率，带电颗粒电荷量越多、分子越小，迁移率越大，反之则越小，据此可以实现不同颗粒的彼此分离。

二、影响电泳的主要因素

（一）电场强度

电场强度是指单位长度的电势差，也称为电势梯度，用电场两端的电压除以支持物的长度可得到电场强度。例如，纸电泳的滤纸长度为 15cm，两端电压（电势差）为 150V，则电场强度为 150/15=

10（V/cm）。电场强度对电泳速度起着正比作用。应当注意的是，当电场强度增大时，电流也会随之增大，电流过大时会产生较强的热效应。产热对电泳是不利的，一方面可以导致支持物上溶剂蒸发，影响缓冲液的离子强度；另一方面，过度的产热还可能导致样品的变性，故在电泳时电泳槽应加盖密闭的盖子以减少缓冲液的蒸发。对于高压电泳，还应该增设冷却系统，以防止样品过热变性。

（二）电流

必须是直流电，且应保持恒定，如果电压固定，电流的大小则由缓冲液的离子强度和电极间的距离决定。通常情况下，电流大小和电泳速度成正比。

（三）电泳介质的pH

介质的 pH 决定了带电颗粒的解离程度及颗粒所带净电荷的多少。对于蛋白质、氨基酸、核酸这些两性电解质而言，pH 距其等电点越远，其所带净电荷越多，电泳速度就越快，反之则越慢。因此必须选择一定的 pH 以保证所分离的物质彼此所带电荷具有较大差异，便于分离。为了保证介质 pH 的稳定性，常用一定 pH 的缓冲液，如分离血清蛋白时常用 pH 为 8.6 的巴比妥或三羟甲基氨基甲烷缓冲液。

（四）离子强度

缓冲液的离子强度也是影响电泳的重要因素。当离子强度高时，缓冲液所载的电流强度增加，而带电颗粒所载的分电流减少，故电泳速度慢；同时高离子强度会导致总电流和产热增加，不利于电泳。离子强度低时，缓冲液所载的电流强度下降，而带电颗粒所载的分电流增加，且介质的黏度系数减小，故电泳速度加快。需要注意的是，低离子强度时样品扩散严重，区带分离不清晰，且低离子强度缓冲能力弱，难以维持 pH 恒定。因此选择缓冲液离子强度时应该综合考虑上述因素，通常选取的离子强度为 0.02～0.20。

缓冲液的离子强度取决于溶液中离子的量和离子价数，通常按照以下方法计算溶液中的离子强度：将溶液中各离子的量浓度与其离子价数平方的乘积求和，再除以 2，计算公式如下：

$$I = \frac{1}{2}\sum mz^2$$

式中，I 为离子强度；m 为离子的量浓度（mol/L）；z 为离子的价数。

（五）电渗作用

电渗（electroosmosis）是电动现象之一，指电泳缓冲液相对于固体支持物的移动现象，由缓冲液的水分子和支持物表面所产生的相关电荷所引起。电渗方向与电泳相同，电泳速度变大，反之变小。如在纸上电泳时滤纸纤维素带有负电荷，造成静电感应使周围与纸接触的水溶液带正电荷，向负极运动，移动时可携带样品颗粒同时移动，此时如果样品原来是向负极移动的，则泳动速度加快，如果原来是向正极移动的，则泳动速度减慢，所以电泳时样品颗粒泳动的表现速度是颗粒本身的泳动速度与由于电渗而被携带的移动速度两者的总和。

三、电泳的分类

电泳可以直接将样品放在缓冲液中进行，称为自由界面电泳，也可以将样品放在固体支持物上，待测样品各组分因迁移率不同而被分离成不同的区带，称为区带电泳。自由界面电泳由于样品容易扩散，现已少用，区带电泳分类如下。

1. 根据电场强度不同分类　高压电泳（＞20V/cm）、常压电泳（10～20V/cm）、低压电泳（＜10V/cm）。

2. 根据支持物不同分类　滤纸电泳、薄膜电泳（醋酸纤维素膜、玻璃纤维素膜等）、凝胶电泳（琼脂糖凝胶、聚丙烯酰胺凝胶等）。

3. 根据支持物装置形状不同分类　水平电泳、垂直电泳、圆盘电泳、U 形电泳、毛细管电泳等。

4. 根据电泳原理不同分类　等速电泳、等电聚焦电泳、免疫电泳、脉冲场电泳、单细胞电泳等。

5. 根据电泳方向不同分类　单向电泳、双向电泳。

6. 根据 pH 连续性不同分类　连续 pH 电泳、非连续 pH 电泳。

四、几种常见的电泳

（一）醋酸纤维素薄膜电泳

醋酸纤维素薄膜电泳（CAE），是以醋酸纤维素薄膜作为支持物的一种区带电泳技术。醋酸纤维素是纤维素的乙酸酯，将其溶解于丙酮等有机溶剂后，可以涂布成厚度为 0.10～0.15mm 的均一细密的泡沫状微孔薄膜。与滤纸电泳相比，醋酸纤维素薄膜电泳具有以下优点：样品吸附少、无"拖尾"现象、分离效果好，操作简单、快速，灵敏度高、样品用量少，价格低廉等。因此本技术常用于血清蛋白、血红蛋白、脂蛋白、糖蛋白、胎儿甲胎蛋白、同工酶、多肽、核酸及其他生物大分子的分离分析。

应用醋酸纤维素薄膜分离血清蛋白时，一般采用 pH 为 8.6 的巴比妥缓冲液。由于血清蛋白中的各蛋白质等电点均小于 8.6，所以在此缓冲液中都带负电荷，在电场中向正极泳动。又因各血清蛋白等电点不同，故所带负电荷多少不同，再加之各蛋白质分子大小不同，因此在同一电场中电泳迁移率各不相同。像清蛋白这种带电荷多、分子量小的蛋白电泳迁移率较快，反之则较慢。在 pH 为 8.6 的缓冲液中，醋酸纤维素薄膜电泳可将血清蛋白按照其迁移率快慢分成五条主要区带，从正极到负极依次为清蛋白、α_1 球蛋白、α_2 球蛋白、β 球蛋白及 γ 球蛋白。各蛋白质区带经染色漂洗后即可观察，醋酸纤维素不被染料着色，漂洗时容易将背景洗干净，所以条带清晰可辨。醋酸纤维素薄膜经冰醋酸、无水乙醇、液体石蜡处理后极易透明，区带着色清晰，可用于光密度扫描，且长期保存不褪色。

醋酸纤维素薄膜电泳的不足之处在于：一是薄膜吸水性差，电泳时水分易蒸发，因此要求电泳槽密闭性能要好，始终保持水蒸气饱和，电流强度不宜过大，一般保持在 0.4～0.6mA/cm 为宜；二是分离效果不如聚丙烯酰胺凝胶电泳，如血清蛋白在醋酸纤维素薄膜电泳中，只能分离出 5～6 条区带，而聚丙烯酰胺凝胶电泳可分离出数十条区带。

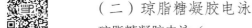

视频 6-琼脂糖凝胶电泳检测质粒 DNA

（二）琼脂糖凝胶电泳

琼脂糖凝胶电泳（agarose gel electrophoresis，AGE）是以琼脂糖凝胶作为支持物的一种区带电泳技术，属于凝胶电泳的一种。天然琼脂（agar）是从石花菜及其他红藻类植物中提取出来的一种线状高聚物。琼脂含有两种多糖，即琼脂糖（agarose）和琼脂胶（agaropectin）。琼脂糖是由多个 D-半乳糖和 3,6-脱水-L-半乳糖结合而来的链状多糖，中性，不带电荷。琼脂胶是含硫酸根和羧基的强酸性多糖，由于这些基团带有电荷，在电场中能够产生较强的电渗作用，加之硫酸根可以与某些蛋白质作用而影响电泳速度和分离效果，所以实际中应用较少，目前多用琼脂糖作为电泳支持物。

琼脂糖通过分子内和分子间的氢键及其他作用力互相盘绕形成绳索状琼脂糖束，构成大孔型凝胶，可以分辨分子量达 10^7 级的大分子，且可通过改变琼脂糖的浓度改变凝胶孔径大小，从而实现对不同大小的样品分子的分离。

1. 琼脂糖凝胶的主要优点

（1）琼脂糖凝胶具有网络多孔结构，大分子物质通过时就会产生分子筛效应（molecular sieving effect），因此凝胶电泳中带电颗粒的分离既取决于电荷量，又取决于分子大小，具有更高的分离能力。

（2）琼脂糖天然无毒，且具有热可逆性，胶凝过程不需要催化剂，制备简单、快速。

（3）琼脂糖凝胶操作简单，电泳速度快，样品不需要事先处理即可进行电泳、染色、脱色程序简单快速。

（4）琼脂糖凝胶结构均匀，含水量大（98%～99%），近似自由电泳，固体支持物对样品的影响较小，但样品扩散度较自由电泳小，对样品吸附作用小，因此电泳速度快，区带整齐清晰，分辨率高，重复性好。

（5）琼脂糖凝胶透明无紫外吸收，电泳过程和结果可直接用紫外光灯监测及定量测定。

琼脂糖凝胶电泳常用于血浆脂蛋白分离，免疫复合物、核酸与核蛋白的分离、鉴定与纯化，同工酶的检测等。由于琼脂糖凝胶孔径相当大，对于大部分蛋白质来说，其分子筛效应微不足道，因此以琼脂糖凝胶作为支持物的电泳目前广泛应用于核酸研究中，是 DNA 分子及其片段的分子量测定及 DNA 分子构象分析的重要手段。DNA 分子在大于等电点的 pH 溶液中带负电，在电场中向正极移动。由于 DNA 分子中糖-磷酸骨架在结构上的重复性，所以相同数量的 DNA 几乎具有等量的净电荷，因此它们能以相同的速率向正极移动，在一定的电场强度中，DNA 分子的迁移速率主要取决于分子筛效应，既 DNA 分子本身的大小及构型。琼脂糖凝胶对 DNA 的分离范围较广，用不同浓度的琼脂糖凝胶可以实现对大小从 200bp 至 20kb 的 DNA 分离。常用的琼脂糖浓度及对应的线性 DNA 分子的分离范围见表 2-5。

表 2-5　琼脂糖浓度与对应的线性 DNA 分子的分离范围

琼脂糖浓度（%）	线性 DNA 分子的分离范围（kb）
0.3	5～60
0.6	1～20
0.7	0.8～10
0.9	0.5～7
1.2	0.9～6
1.5	0.2～3
2.0	0.1～2

根据待分离的 DNA 分子大小选择合适浓度的琼脂糖凝胶后，即可以开始配制凝胶。

2. 凝胶配制步骤及注意事项

（1）选取凝胶类型：用于分离核酸的琼脂糖凝胶电泳可以分为水平型和垂直型。水平型凝胶电泳时，凝胶板完全浸泡在电泳缓冲液下 1～2mm，故又称为潜水式。水平型凝胶是目前应用最多的，因为它制胶和加样比较方便，电泳槽简单，易于制作，又可以根据需要制备不同规格的凝胶板，节约凝胶。

（2）选择合适的缓冲液：常用于琼脂糖凝胶电泳的缓冲液有 Tris-乙酸盐 EDTA 缓冲液（TAE）、Tris-硼酸盐缓冲液（TBE）或 Tris-磷酸盐缓冲液（TPE）等，工作浓度约为 50mmol/L，工作 pH 为7.5～7.8。各种电泳缓冲液通常配制成高浓度的储存液，临用时稀释到所需倍数，如 TBE 通常配制5×或 10×的储存液。

上述 3 种缓冲液中，TAE 的缓冲容量较低，长时间电泳时（如过夜）会被消耗，通常使用 2～3 次后就要更换，所以不宜选用。对于高分子量的 DNA，TAE 的分辨率略高于 TBE 和 TPE，因此会取得更好的分离效果，而对于低分子量的 DNA，TAE 的分辨率要低一些，双链线状的 DNA 在TAE 中的迁移率比在 TBE 和 TPE 中要快 10%。

TBE 和 TPE 的缓冲能力较强，所以更常用，但 TBE 的溶解度较小，易产生沉淀，不易长期储存，为避免此缺点故通常配制 5×或 10×的储存液，用时稀释为 1×。需要注意的是 TBE 中的硼离子会对酶产生影响，因此回收的 DNA 若要进行克隆、酶切等处理，一般选用 TAE。

（3）凝胶的制备：按照需要的凝胶浓度计算并称量一定量的琼脂糖粉末，以相应的电泳缓冲液为溶剂，用沸水浴或微波炉加热使琼脂糖充分溶解，灌入胶槽，插入合适的梳子，室温静置使其完全凝固。

（4）加样：加样时应将 DNA 样品与适量的上样缓冲液混合，上样缓冲液中含有溴酚蓝、二甲苯腈蓝等指示染料，并含有一定浓度的蔗糖或甘油，以增加其比重，促使样品均匀沉入加样孔内。

（5）电泳：电泳开始前应检查样品是否处于负极侧。琼脂糖凝胶电泳的电压一般不超过 $5V \times L$（L 为正负电极丝之间的距离，单位为 cm），当电压过高时，电泳的分辨率会下降，且较高的电压会因为发热引起胶融化。

（6）染色和拍照：用于 DNA 染色的染料有溴化乙锭（ethidium bromide，EB）、GoldView、GeneFinder、Gelred 和 Gelgreen、SYBRGreen I、银染等，目前实验室中常用的是 EB。EB 是一种荧光染料，其染色原理是通过嵌入 DNA 双链的碱基对之间，在紫外光激发下，发出红色荧光。EB 具有操作简单、价格便宜等优点，对单链、双链及三链 DNA 均具有较好的染色效果。EB 是一种强诱变剂，对人体具有潜在的危害性，所以在使用时应注意做好防护，另外废弃的 EB 染液会造成环境污染，故应妥善处理。EB 的使用方法非常简单，可在制胶时加入进行前染，也可在电泳结束后将凝胶放入 EB 中进行后染，目前实验室中后染较常用。

Gelred 和 Gelgreen 也是目前实验室中较常用的核酸染料，具有安全、灵敏度高、使用简单、稳定性好等优点。Gelred 和 Gelgreen 的特殊的化学结构使其不易穿透细胞膜，所以保证了操作者的安全。Gelred 和 Gelgreen 的使用方法和 EB 一样，可进行前染或后染，且均具有较高的灵敏度，Gelred 和 Gelgreen 可在室温下长期储存，并可耐受微波炉加热而不发生变性。

染色后的凝胶在紫外光下观察 DNA 条带，用紫外分析仪或凝胶成像系统拍照。

（三）聚丙烯酰胺凝胶电泳

聚丙烯酰胺凝胶电泳（polyacrylamide gel electrophoresis，PAGE）是以聚丙烯酰胺凝胶作为支持物的一种区带电泳技术，属于凝胶电泳的一种。聚丙烯酰胺凝胶是一种人工合成的凝胶，由单体的丙烯酰胺（acrylamide，Acr）和交联剂 N, N'-甲叉基双丙烯酰胺（N, N'-methylene-bis-acrylamide，Bis）聚合而成。该聚合过程在自由基存在时才能发生，因此需要催化引发系统产生自由基，常用的自由基的引发两种方法：化学催化和光催化。化学催化的催化剂为过硫酸铵，为了加速聚合，在合成凝胶时还需加入四甲基乙二胺（TEMED）作为加速剂，TEMED 催化过硫酸铵形成硫酸自由基，硫酸自由基的氧原子激活 Acr 单体并形成单体长链，单体长链再通过 Bis 交联成网状结构，即聚丙烯酰胺凝胶。光催化需要核黄素在光照下及有微量氧存在时，产生自由基使 Acr 聚合，其催化聚合的凝胶孔径较大，常用于浓缩胶的制备，但由于需要光照，故目前已少用。

1. 聚丙烯酰胺凝胶的主要优点

（1）具有三维网状结构的凝胶网孔大小与生物大分子具有相同的数量级，具有良好的分子筛效应。凝胶孔径大小可以通过调节凝胶浓度和交联剂浓度来调节，从而使不同大小的分子得以分离。

（2）在一定浓度内，凝胶透明，有弹性，机械性能好。

（3）凝胶侧链上具有不活泼的酰胺基，没有其他带电基团，所以凝胶性能稳定，电渗作用小，无吸附，化学惰性强，与生物分子不发生化学反应，电泳过程不受温度、pH 变化的影响。

（4）分辨率高，具有电泳和分子筛的双重作用，因而较醋酸纤维素薄膜电泳、琼脂糖凝胶电泳等有更高的分辨率。

聚丙烯酰胺凝胶电泳应用范围广，可用于蛋白质、酶、核酸等生物分子的分离、定性、定量及少量制备，其中在蛋白质和小分子核酸分离中应用最多，聚丙烯酰胺凝胶电泳分离小片段 DNA（< 1kb）效果较好，分辨率极高，甚至相差 1bp 的 DNA 片段都能分开。

聚丙烯酰胺凝胶的形成是一种催化聚合的过程，可以通过调节聚合物单体的浓度、交联剂的浓度及聚合条件来改变凝胶网孔的大小，以适应蛋白质、核酸分子大小不同的物质的分离。聚丙烯酰胺凝胶的总浓度越大，平均孔径越小，凝胶的机械性能越强，表 2-6 列出了待分离颗粒分子质量大小与所选择凝胶总浓度的关系。

表 2-6　凝胶浓度与样品分子质量的关系

凝胶总浓度（%）	分子质量范围（kDa）
15	10～40
12	12～75
10	20～80
8	30～200
6	50～250

2. 聚丙烯酰胺凝胶的分类　聚丙烯酰胺凝胶电泳根据凝胶系统的均匀性，可以分为连续性凝胶电泳和不连续性凝胶电泳两类。连续性凝胶电泳的电泳体系中凝胶浓度、凝胶中的 pH、离子强度及电泳缓冲液 pH 都是相同的，带电颗粒在电场中的泳动速度，主要取决于电荷及分子筛效应。不连续性凝胶电泳有四个不连续——凝胶浓度、缓冲液 pH、缓冲液离子成分、电位梯度的不连续，即在电泳系统中采用两种或两种以上的凝胶孔径、缓冲液、pH，带电颗粒在电泳中形成的电势梯度不均匀，能将较稀的样品浓缩成密集的区带。相比连续性电泳，不连续性电泳除了电荷及分子筛效应外，还具有浓缩效应，故分离效果更好。

不连续性聚丙烯酰胺凝胶电泳系统通常由两层不连续的聚丙烯酰胺凝胶组成，上层为浓缩胶、下层为分离胶。两层凝胶具有不同的浓度和缓冲系统，上层浓缩胶的浓度为 2%～5%，缓冲液 pH 为 6.8，主要起浓缩作用；下层分离胶的浓度可根据样品的分子量进行选择，一般在 6%～15%，缓冲液 pH 为 8.8，主要起分子筛作用。

（1）样品浓缩效应：浓缩胶浓度小，所以为大孔胶；分离胶浓度大，所以为小孔胶。在电场作用下，待分离的样品颗粒在大孔胶中泳动时所受阻力小，移动速度快，当其进入下层小孔胶时，受到的阻力增大，移动速度减慢，所以会堆积在上下两层凝胶交界处，压缩成一条狭窄的区带，使得所分离样品的所有分子在较为接近的平面上进入分离胶。

除上述作用以外，缓冲液离子成分的不同也促进了样品的浓缩。浓缩胶的凝胶缓冲液为 pH 6.8 的三羟甲基氨基甲烷盐酸盐（Tris-HCl），HCl 在溶液中几乎全部解离成 Cl⁻，在电场中迁移率快，称为快离子。另外，电泳缓冲液为 pH 8.3 的 Tris-甘氨酸，甘氨酸的等电点为 6.0，在 pH 为 6.8 的凝胶缓冲液中解离度仅为 0.1%～1%，即仅少数解离为负离子——甘氨酸根，在电场中迁移率很慢，称为慢离子。大多数待分离蛋白质在 pH 6.8 和 pH 8.3 的缓冲液中带负电，迁移率介于快离子和慢离子。在电泳开始后，这 3 种离子同时开始向正极泳动，其有效泳动率依次为 Cl⁻＞蛋白质＞甘氨酸根。Cl⁻在前，其后形成一个缺少离子的低电导区，电导与电压梯度成反比，所以低电导区有较高的电压梯度，在这个高电压梯度下后面的蛋白质和甘氨酸根都会加速移动。蛋白质位于快慢离子之间，当移动到 Cl⁻区域时，高电压消失，蛋白质的移动速度变慢，在快慢离子之间被浓缩成一条极窄的区带，这种浓缩效应可使蛋白质浓缩数百倍，从而提高了分辨率。

（2）电荷效应：当蛋白质样品进入 pH 8.8 的分离胶后，慢离子甘氨酸解离度增大，几乎全部解离为甘氨酸根，又因为它分子小，所以泳动速度超过了蛋白质。甘氨酸根很快超越了所有蛋白质分子，紧跟在 Cl⁻后面，高电压梯度消失，故此时的蛋白质分子在恒定的电场强度下泳动，不再受快慢离子的影响，因此所带电荷多少就成为决定其迁移率的主要因素，带电荷多的泳动速度快，带电荷少的泳动速度慢，从而达到分离的目的。

（3）分子筛效应：由于各种蛋白质分子的大小及构象不同，通过一定孔径的分离胶时所受的阻力不同，因而表现出不同的迁移率，此为分子筛效应。

当待分离蛋白质样品进入 pH 8.8 的分离胶后，分子较小的蛋白质分子所受阻力小，迁移速度快，而分子较大的蛋白质所受阻力大，迁移速度慢。从形状上来讲，相同分子量的蛋白质，球状蛋白质所受阻力最小，所以通过这种凝胶的分子筛效应能够将各种蛋白质进行分离。

综上，在分离胶中，通过电荷效应和分子筛效应从而使待分离蛋白质产生不同的迁移率，最终实现彼此分离。

需要注意的是，目前常用于蛋白质分离的聚丙烯酰胺凝胶电泳是变性电泳，常用的变性剂有去污剂、尿素等。其中，加入阴离子去污剂 SDS 是最为常用的变性电泳，称为 SDS-PAGE 电泳。蛋白质上样缓冲液中加入了 SDS 和 β-巯基乙醇，SDS 是一种阴离子去污剂，可以断开蛋白质分子内和分子间的氢键、疏水键，破坏蛋白质的二级和三级结构。同时 SDS 带有大量负电荷，且可以按照一定比例与蛋白质结合（当 SDS 浓度大于 1mmol/L，与大多数蛋白质比为 1.4g SDS∶1g 蛋白质）；β-巯基乙醇可以还原蛋白质分子肽链内部和肽链之间的二硫键，使多肽链解聚成单个亚单位，以利于 SDS 与蛋白质的充分结合。蛋白质样品加入上样缓冲液后，再经过 95℃高温煮沸，蛋白质完全变性和解聚，成为棒状，此时 SDS 按照一定比例和蛋白质结合成 SDS-蛋白质复合物，SDS 上带有的大量负电荷远远超过了蛋白质本身的电荷，从而降低或消除了蛋白质本身天然电荷的差异，所以此时的蛋白质在电场中的泳动速度不再受蛋白质本身电荷的影响。由于此时蛋白质都成为棒状，形状相似，所以电泳速度也不再受形状的影响。因此，SDS-PAGE 电泳中蛋白质的电泳速度只与蛋白质的分子量有关。

（张菡菡）

第四节 离 心 技 术

离心技术是生物化学实验室中常用的分离、纯化方法，常用于蛋白质、酶、核酸等生物大分子或细胞组分的分离，在生物实验室中应用十分广泛。离心技术主要通过离心机来实现，利用物体在高速旋转时产生巨大的离心力，使生物样品中的悬浮颗粒依据其质量、大小、密度的区别以不同的速度沉降，与溶液分离从而达到分离或浓缩的目的。随着离心技术的逐渐发展，离心装置不断完善，实现了从低速到高速、超速的发展。此外，低温冷冻系统的加入，使得样品在分离过程中能更好地保持生物活性，尤其是超速冷冻离心已经成为生化实验室中研究生物大分子的常用技术。

一、基 本 原 理

（一）离心力

离心力（centrifugal force，CF）是指离心时将样品置于离心机的转子中，离心机驱动转子高速旋转，样品在围绕中心轴做圆周运动时其中的固相颗粒会产生一个向外的离心力，用 F 表示。

$$F=m\omega^2 r$$

式中，m 为颗粒质量（g）；ω 为旋转角速度（弧度数/秒）；r 为离心半径（cm），即颗粒离中心轴的距离。

上述表明，离心力与被离心物质的质量、体积、密度、离心角速度及离心半径成正比，离心力越大，颗粒沉降越快。

（二）相对离心力

相对离心力（relative centrifugal force，RCF）是指在实际应用中，由于各种离心机的转子的离心半径或离心管至中心轴的距离不同，离心力会变化，因此离心机工作时对单位质量物质产生的离心力以地心引力（gravity）的倍数表示，称为相对离心力（RCF），常用"数字×g"表示。

$$RCF(g)=F/F_{重力}=m\omega^2 r/mg=\omega^2 r/g$$

式中，g 为重力加速度（980cm/s²）。

其中，旋转角速度 ω 与每分钟转速 rpm 的关系是

$$\omega = 2\pi \times \text{rpm}/60$$

所以：

$$\text{RCF} = 1.119 \times 10^{-5} \times \text{rpm}^2 \times r$$

式中，rpm 为转子每分钟转数（r/min）；r 为离心半径（cm）。

（三）沉降系数（sedimentation coefficient，S）

1924 年离心技术创始人瑞典蛋白质化学家斯韦德贝里（Svedberg）对沉降系数下的定义：颗粒在单位离心力场中移动的速度。由于蛋白质、核酸等生物大分子的沉降系数常在 1×10^{-13}s 左右，因此将沉降系数 1×10^{-13}s 称为一个 Svedberg 单位，简写为 S，单位为秒（s）。

二、离 心 方 法

（一）差速离心法

差速离心法是采用逐渐提高离心速度，将不同沉降速度的物质分步离心沉淀的方法，主要用于分离大小及密度差异较大的混合样品。

（二）密度梯度离心法

密度梯度离心又称速度区带离心，是将样品置于一定惰性梯度介质中通过离心力或重力的作用使样品颗粒按其不同的沉降速度在离心管中沉降进行分离的方法，又可分为差速区带离心法和等密度区带离心法两种。

三、离心机的结构及分类

离心机是进行离心操作的装置，一般由驱动系统、离心室、转子、冷冻系统、真空系统、操作系统等组成。

离心机分类方法较多。按离心速度可分为低速离心机、高速离心机和超高速离心机；按分离方式可分为沉降式离心机和过滤式离心机；根据实验用途可分为分析型离心机和制备型离心机。

四、离心机的使用方法

1. 使用离心机分离试剂前，应先在天平上配置配平管，使其总重量与盛装待离心试剂的试管或离心管相等。

2. 若使用低温冷冻离心机，应提前打开离心机预冷。

3. 根据离心要求选择合适的转子，根据待离心液体的性质选择合适的离心管。

4. 将离心管放置于转子中时，两个配平管应对角线对称放置。

5. 将转子的盖子拧紧，盖好离心机盖，设置好转速和时间，启动离心机。

五、离心机操作注意事项

1. 离心机在预冷状态时，离心机盖必须关闭，离心结束后应将转子取出倒置于实验台上，使其晾干水分。

2. 启动离心机前应仔细检查离心管是否配平，是否对称放置，转子盖是否拧紧，检查完毕后方可启动离心机。

3. 离心机在运转时，操作人员不得离开实验室，一旦发现异常情况应立即按 "STOP" 键停止离心机。

4. 使用有盖的离心管离心时应将盖子盖紧，以防离心时盖子飞出造成事故。

5. 离心结束后应在离心机的转速降为 0 后方可打开离心机盖，取出样品。

（辛佳璇　孔丽君）

第五节　分光光度技术

有色溶液对光线有选择性的吸收作用，不同物质由于其分子结构不同，对不同波长光线的吸收能力不同，因此每种有色溶液都具有其特异的吸收光谱。有些无色溶液则对特定波长的光线具有吸收作用。分光光度技术主要根据朗伯-比尔（Lambert-Beer）定律来鉴定物质的性质及含量。

一、基 本 原 理

根据 Lambert-Beer 定律，当一束单色光通过溶液时，部分光线被吸收，吸光度和物质的浓度成正比。吸光度也与通过溶液的距离成正比，这种关系可用下式表示：

$$A \propto CL \ \text{或} \ A=KCL$$

式中，A 为吸光度；C 为物质浓度；L 为光通过溶液的距离；K 为比例常数。

在用比色法测定时，待测溶液的浓度要与已知浓度的标准液相比较而得到。将上述两种溶液分别称为溶液 1 和溶液 2，它们的浓度分别以 C_1 和 C_2 代表，测得的吸光度分别为 A_1 和 A_2，根据 Lambert-Beer 定律：

$$A_1=K \cdot C_1 \cdot L_1$$
$$A_2=K \cdot C_2 \cdot L_2$$

操作时所用波长一样，且标准液与待测溶液性质相同，所以 K 值相同。又因为比色时用相同厚度的比色杯，所以 $L_1=L_2$，故：

$$\frac{A_1}{A_2}=\frac{C_1}{C_2}$$

$$C_2=\frac{A_2}{A_1}C_1$$

$$\text{即待测液的浓度}=\frac{\text{待测液吸光度}}{\text{标准液吸光度}} \times \text{标准液浓度}$$

二、分光光度计的基本结构

（一）光源

可见光范围的光源是钨丝灯，紫外光范围的光源则用氢弧灯或氙弧灯，为使发出的光线稳定，光源的供电需要由稳压电源或稳流电源供给。

（二）单色器（分光系统）

光电比色计所用的单色器是滤光片，可通过一定波长的光，但滤光片滤过的光线光谱范围比较宽。分光光度计的单色器有棱镜及衍射光栅两种，通过它们可形成一定波长范围的单色光可根据需要选择。单色光的波长范围越狭窄，测量的结果越可靠。

（三）比色杯

可见光范围选用玻璃比色杯，而紫外光范围要采用石英比色杯。

（四）测光机构

最简单的光电测量装置就是利用硒光电池的系统，其接受光后产生的微弱电流可直接用灵敏的电流计检出。光电比色计及简单的分光光度计通常采用这种类型的检测装置。较精密的分光光度计是采用光电管或光电倍增管作为受光器，它们接受光线后产生的电流极小，用高灵敏度放大线路将弱电流放大，以便准确地将它测量出来，提高了分光光度计的精度。

三、722 型光栅分光光度计的使用方法

这是一种采用光电管作受光器的较高级可见分光光度计，它的单色器是光栅。单色光的光谱纯度较高，而且其光能量的变化情况通过数字显示器反映出来，可以直接读出透光度 T 或吸光度 A。

1. 开启电源，指示灯亮，打开样品室盖将仪器预热 20min，选择模式键将光标置于透射比"T"。

2. 转动波长旋钮，选择合适的测量波长。

3. 将空白管、标准管、盛装试剂的待测管分别置于比色杯中，并依次放置于样品池中，拉动拉杆使空白管对准光路。

4. 打开样品室盖（此时光门自动关闭），按"0%"按键，使透射比 T 显示为"0.00"。

5. 盖上样品室盖（此时光门打开），按"100%"按键，使透射比 T 显示为"100.0"。

6. 按模式键将透射比"T"挡转换为吸光度"A"挡，此时空白管的吸光度值应显示为"0.00"。若不为"0.00"则可再次按"100%"键直至空白管吸光度为 0.00。

7. 拉动拉杆，依次测量其余各管的吸光度，显示值即为待测液的吸光度 A 值。

8. 使用完毕，关闭开关，切断电源，将比色皿取出，用蒸馏水充分洗涤干净。

四、分光光度计操作注意事项

1. 比色杯使用之前应用蒸馏水冲洗干净，盛装试剂前应用擦镜纸将其表面水分擦干。

2. 取用比色杯时应用手接触其磨砂面，液体装入的高度为其高度的 2/3～3/4，放置于样品池时应使其光滑面对准光路。

3. 使用分光光度计时应轻开和轻关样品室盖。

4. 严禁在仪器上方倒取试剂及放置物品，若不慎将试剂溅出应立即用棉花或纱布擦干。

5. 比色杯使用完毕应用蒸馏水清洗干净并倒置于滤纸上。

6. 每一次测量之前都应重新将空白管吸光度值调零。

（辛佳璇　孔丽君）

第六节　PCR 技术

聚合酶链反应（polymerase chain reaction，PCR）是体外酶促扩增特异 DNA 片段的技术。它以拟扩增的 DNA 分子为模板，在 DNA 聚合酶的催化下，两个特定寡核苷酸引物为延伸起点，通过变性、退火、延伸 3 个步骤反复循环，使生成的目的 DNA 产物以指数方式增加。PCR 有特异性强、灵敏度高、简便快速、对标本的纯度要求低等特点。

一、PCR 技术的基本原理

PCR 是一种体外模拟体内 DNA 复制过程技术，其特异性依赖于与靶序列两端互补的寡核苷酸引物。引物分别与拟扩增片段的两侧的 DNA 序列互补结合，并为产物片段提供 3′-OH 端。在 DNA

聚合酶作用下，遵循半保留复制的机制沿模板链延伸，得到"半保留复制链"。这种新链又作为下次扩增的模板，不断重复以上过程，可以实现极微量 DNA 成百万倍的扩增。

PCR 扩增产物有长产物片段和短产物片段两种。在第一轮反应周期中，以两条互补的 DNA 单链为模板，引物通过碱基配对结合于模板的 3′端，由此产生的新生链 5′端是固定的，3′端没有固定的止点，此扩增产物为"长产物片段"。进入第二轮循环，以"长产物片段"为模板，新延伸片段的起点和终点都严格限定于两引物扩增序列之内，形成需要扩增的特定"短产物片段"。随着循环次数的增加，"短产物片段"呈指数倍数增加，而"长产物片段"几乎可以忽略不计，被大量扩增的"短产物片段"产物稀释掉。

二、PCR 反应体系

PCR 反应体系包含特异性寡核苷酸引物、DNA 模板、DNA 聚合酶、脱氧核糖核苷三磷酸（deoxyribonucleoside triphosphate，dNTP）和含有必需离子的反应缓冲液。

（一）寡核苷酸引物

寡核苷酸引物（primer）为一小段单链 DNA 或 RNA，核酸合成反应时作为每个多核苷酸链进行延伸的出发点而起作用的多核苷酸链。引物是 PCR 特异性反应的关键，PCR 产物的特异性取决于引物与模板 DNA 互补的程度。PCR 反应中的寡核苷酸引物一般为 20～24 个核苷酸（20～24nt）长度。为保证扩增反应的特异性，至少应含有 18 个与模板序列完全互补的核苷酸，浓度在 0.1～1.0μmol/L。浓度过高会引起模板与引物的错配，影响反应特异性。非特异性产物和引物二聚体可与模板竞争使用酶、引物和 dNTP 等，导致 PCR 产量下降，且引物浓度过高，形成引物二聚体的概率也增大。反之，引物浓度不足，也会导致 PCR 效率降低。

（二）缓冲液

PCR 标准缓冲液的主要成分通常有三羟甲基氨基甲烷盐酸（Tris-HCl）、KCl 和 MgCl$_2$。其中二价镁离子（Mg^{2+}）的浓度至关重要，直接影响 DNA 聚合酶的活性和 DNA 双链的解链温度。浓度过低会使 DNA 聚合酶活性降低，PCR 产量下降；浓度过高会影响 PCR 反应特异性。最佳浓度为1.5～2.0mmol/L。

（三）耐热DNA聚合酶

各种耐热的 DNA 聚合酶均具有 5′→3′聚合酶活性，能够在 95℃持续温育保持活性，使得 PCR 产物的延伸得以进行。目前应用最广泛的是 *Taq* DNA 聚合酶。

天然的 *Taq* DNA 聚合酶是从嗜热水生菌（*Thermus aquaticus*）YT-1 菌株中分离获得，热稳定性高。该酶在 92.5℃、95℃、97.5℃条件下，半衰期分别为 40min、30min 和 5～6min，完全满足 PCR 反应的需要。*Taq* DNA 聚合酶催化 DNA 合成的最适温度为 75～80℃，延伸速率为 150～300 个核苷酸/秒，温度下降，合成速率下降，当温度高于 80℃时，高温破坏了引物-模板结合的稳定性，几乎无 PCR 产物，所以，PCR 反应中变性温度不宜高于 95℃。*Taq* DNA 聚合酶具有 5′→3′聚合酶活性，但不具备 3′→5′外切酶活性，所以，在 PCR 过程中对单核苷酸错配没有校正功能。*Taq* DNA 聚合酶还具有非模板依赖性活性，可在 PCR 双链产物的每一条链 3′端加入单核苷酸尾，可以使 PCR 产物具有 3′端突出的单 A 核苷酸尾。一个典型的 PCR 反应约需酶量 2.5U（总反应体积为 100μL 时），酶浓度过高，可引起非特异性产物的扩增；浓度过低，扩增产物量会减少。

Taq DNA 聚合酶在–20℃条件下储存至少 6 个月。

（四）脱氧核苷三磷酸

脱氧核苷三磷酸 dNTP 的常用浓度为 20～200μmol/L，高浓度的 dNTP 易产生错误碱基的掺入，浓度过低会降低反应产量，且 4 种 dNTP 的摩尔浓度应相等，若任何一种 dNTP 浓度明显不同于其他几种时，会诱发核苷酸的错误掺入，降低新链合成速度。

（五）模板DNA

模板DNA亦称为靶序列，它可以是基因组DNA、质粒DNA、噬菌体DNA、扩增后的DNA、cDNA等。闭环模板DNA的扩增效率略低于线状DNA，因此用质粒作模板时最好先将其线状化。模板DNA中不能混有蛋白酶、核酸酶、DNA聚合酶抑制剂及能与DNA结合的蛋白质等。PCR反应中模板的含量一般为1μg左右，质粒DNA的含量一般为10ng左右。该操作需要在冰上进行，依次在0.2mL离心管中加入如下PCR反应试剂（表2-7）。

表2-7 PCR反应的标准扩增体系（20μL）

试剂及浓度	体积（μL）
10×缓冲液（Mg^{2+}浓度为15～20mmol/L）	2
dNTP（10mmol/L）	0.4
正向引物（10μmol/L）	0.5
反向引物（10μmol/L）	0.5
*Taq*酶（5U/μL）	0.1～0.2
模板	1～5
灭菌水	补齐至20

三、PCR反应的基本步骤

视频7-质粒的酶切及PCR鉴定实验操作技术

PCR反应的基本步骤是在反应管中加入反应缓冲液、dNTP、引物、DNA模板和DNA聚合酶，混匀后将反应管置于PCR仪中，开始以下循环反应：变性、退火、延伸。

（一）模板DNA的变性

模板DNA是需要复制的靶DNA片段。反应开始时，模板DNA在95℃左右的高温条件下，连接碱基的氢键断裂，DNA双链解开成为单链，游离于反应液中，成为扩增反应的模板。此过程称为变性（denaturation）。

PCR对模板的纯度要求不太严格。一般10^2～10^4拷贝数的模板即可满足各种PCR反应，模板DNA中目的序列所占比例越高，非特异产物越少。传统的DNA纯化方法通常采用SDS和蛋白酶K处理标本，SDS通过溶解细胞膜上的脂类与蛋白质破坏细胞膜，解离细胞中的核蛋白，并与蛋白质结合使之沉淀；蛋白酶K的作用是消化蛋白质，尤其是与DNA结合的组蛋白。蛋白质消化后，用有机溶剂酚与三氯甲烷抽提蛋白质和其他细胞组分，乙醇或异丙醇沉淀核酸，用此方法抽提的核酸可作为模板用于PCR反应。临床检测标本中DNA的纯化，也可采用快速简便的方法溶解细胞，裂解病原体，消化除去染色体的蛋白质，使靶基因游离，直接作为PCR扩增的模板。RNA模板的提取一般采用异硫氰酸胍或蛋白酶K法，要防止RNase降解RNA。

（二）模板DNA与引物的退火

引物是PCR反应中的复制起始点，一个反应体系中要加入一对引物。上下游引物分别与待扩增的靶区域两端特异性互补，这个过程称为退火（annealing）。一般在55℃左右，寡核苷酸引物与模板DNA单链互补配对结合，之后，DNA聚合酶以引物为起始点，催化新链合成。由于加入的引物分子数目远大于模板DNA的分子数，所以引物与模板DNA形成复合物的概率远远高于模板DNA分子自身配对的概率。

引物是PCR特异性的关键，PCR产物的特异性取决于引物与模板DNA互补的程度。理论上，只要知道任何一段模板DNA序列，就能根据其序列设计互补的寡核苷酸序列做引物，利用PCR反应进行体外扩增。

（三）引物的延伸

在最适作用温度下，以 4 种 dNTP 为原料，靶序列为模板，单核苷酸按碱基互补配对原则从引物的 3′端掺入，沿 5′→3′方向延伸（extension）合成新 DNA 链。新合成的 DNA 链并不是整条 DNA 模板链，而是由引物界定的 100～600 个碱基对的靶序列。

Mg^{2+}对 PCR 扩增的特异性和产量有显著的影响。一般 PCR 体系中，dNTP 浓度为 200μmol/L，Mg^{2+}浓度为 1.5～2.0mmol/L，Mg^{2+}浓度过高，反应特异性降低，出现非特异扩增，Mg^{2+}浓度过低会降低 DNA 聚合酶活性，产物减少。

整个 PCR 反应一般需进行 25～30 个循环。每一循环生成的子链再继续作为下一循环的模板，初始阶段，原来的 DNA 长链起着模板的作用，随着循环次数的递增，新合成的引物延伸链急剧增多，成为主要模板。因此，PCR 的扩增受到引物 5′端的限制，终产物介于上下游引物 5′端之间。

四、PCR 技术的应用

1. 目的基因获取只要知道待扩增目的基因序列，就可通过 RT-PCR 技术和重组技术进行基因克隆，快速获得目的基因片段。还可以通过在 PCR 引物序列上加上合适的限制性核酸内切酶的酶切位点或者启动子等重要元件，甚至是通过改变几个碱基序列，对基因进行简单的修饰。

2. 目前，广泛采用的二代基因测序技术需要首先进行待测 DNA 片段的 PCR 扩增，直接或克隆到特定载体后进行序列测定。

3. 异常基因分析 PCR 技术能够快速、灵敏地放大目的基因，所以可用于鉴定基因缺失、突变等基因结构异常及外源基因侵入（如病毒感染）所引起的各种疾病。

五、PCR 的引物设计、反应条件的优化

获得特异性强、产量高的 PCR 反应产物需要正确设计引物和最佳的反应条件。

（一）PCR 引物的设计

引物直接影响 PCR 反应的特异性和产量。增强特异性可能会减少产量，引物设计的目的是在特异性和效率两方面取得平衡，找出最佳引物。但是在医学诊断中，降低假阳性远比扩增产物的产量更为重要，所以需要牺牲效率提高引物的特异性。目前，引物的来源主要有 2 个：可以搜索已发表文献中目的基因 PCR 引物；也可以利用计算机软件进行引物设计，常用的引物设计软件如 Oligo7 和 Primer5.0 等。以下是引物设计的基本原则。

1. 引物长度以 15～30 个碱基为宜，常用 18～27 个碱基，上下游引物碱基长度不能相差太大。引物过短，会降低产物的特异性，每增加 1 个核苷酸，引物的特异性可提高 4 倍；引物过长，会使反应退火不完全，与模板结合不充分，使引发的模板数减少，导致扩增产物明显减少。值得注意的是，这里引物的长度指与模板 DNA 序列互补的部分，不包括为后续克隆而加的酶切位点等额外序列。

2. 模板的位置和引物扩增跨度若以互补 DNA（complementary DNA，cDNA）为模板，应根据基因核酸序列保守区域设计引物，最好位于编码区内，减少引物与基因组 DNA 的非特异结合，提高反应的特异性；为避免 DNA 污染，上下游引物最好跨一个内含子，以便使特异的 PCR 产物与从污染 DNA 中产生的产物在大小上相区别；引物扩增跨度以 200～500bp 为宜，特定条件下可扩增长至 10kb；荧光定量 PCR 产物长度为 80～150bp 最好，一般<300bp。

3. 引物碱基 G+C 含量以 40%～60%为宜，满足退火温度在 55～62℃内。在此范围内，PCR 反应既可以保持有效的退火，又能维持良好的特异性。引物碱基最好随机分布，尽量均匀，避免 5 个

以上的相同碱基连续排列；一般 20 个碱基以下引物的 T_m 值可用下方公式计算：$T_m=4$（G+C）+2（A+T）。

4. 避免引物之间互补，否则会形成引物二聚体；避免引物自身形成二级结构，如避开模板富 GC 区域，避免产物因单链自我配对形成茎环结构。

5. 引物的特异性：引物应与核酸序列数据库的其他序列无明显同源性。

6. 引物量：每条引物的浓度为 0.1~0.5μmol/L，以最低引物量产生所需要的结果为宜。

7. 引物的 3′端：引物 3′端的设计对于 PCR 反应是非常关键的。引物的 3′端碱基错配时，会影响 *Taq* DNA 聚合酶对新合成链的引发，降低 PCR 反应的扩增效率。不同碱基错配的引发效率有很大差异，当 3′端末位碱基为 A 时，错配时引发效率大大降低；当末位碱基为 T 时，即使错配情况下亦能引发链的合成，所以，引物 3′端最好选用 T、G、C。引物 3′端不可修饰。

8. 引物 5′端修饰：引物 5′端的碱基并无严格限制，当引物的长度足够时，引物 5′端的碱基可不与模板 DNA 互补而呈游离状态，因此，可以在引物 5′端加上限制性内切核酸酶识别位点、启动子序列或其他序列等，便于 PCR 产物的分析克隆。

（二）引物设计操作步骤

登录 NCBI 主页，输入目的基因名称（注意物种），查找基因 mRNA 序列。以 Primer Premier5 为例，打开软件工具栏的"file"按钮，点击"new sequence"，将序列拷贝到界面中，设定参数，primer 一般 21bp 左右，点击"OK"；在结果中选择分值高的引物，因为引物退火温度 56℃略低，可以适当增加 5′端或 3′端碱基，点击 Edit primer 操作完成，一般增加 1~2 个碱基；最后，BLAST 检测引物是否符合要求：BLAST 网址：http://www.ncbi.nlm.nih.gov/BLAST/，设计好的引物序列提交至生物公司进行合成。注意：合成后的引物是干粉，使用前要先离心再打开盖子。

（三）循环参数和反应条件的优化

PCR 方法操作简便，但是反应的温度、每个步骤的时间和循环次数需要随实验目的不同或者模板不同进行摸索与优化。所以，操作前要对每步反应的温度和时间进行设定，以满足反应的高特异性和高扩增效率。

基于 PCR 原理三步骤，设置变性—退火—延伸三个温度点。在标准反应中采用三温度点法，双链 DNA 在 94℃左右变性，再冷却至 55℃左右退火，然后快速升温至 72℃左右使引物链沿模板延伸。对于较短靶基因（长度 100~300bp）可采用二温度点法，将退火与延伸温度合二为一，一般采用 94℃变性，60~65℃退火与延伸。

1. 预变性温度和时间　模板 DNA 完全变性与 DNA 聚合酶的完全激活对 PCR 是否成功至关重要，建议加热时间参考试剂说明书，一般未修饰的 *Taq* 酶激活时间为 30s 至 2min。

2. 变性温度与时间　变性温度低或时间过短，靶序列变性不彻底，解链不完全，引物无法与模板结合是导致 PCR 失败的最主要原因。变性温度过高或变性时间过长也会导致 DNA 聚合酶活性的丧失，扩增失败。通常情况下，95℃、20~30s 即可使各种 DNA 分子完全变性。

3. 引物退火温度和时间　退火温度是影响 PCR 特异性的重要因素。退火温度取决于多方面，与退火时间、引物的长度、GC 含量及其浓度、靶基因序列的长度有关。一般以引物的 T_m 值为参考和预估，通常不低于 T_m 值 5℃，退火温度要根据经验来确定。提高退火温度可大大减少引物与模板的非特异结合，提高 PCR 反应的特异性；降低退火温度则可增加 PCR 反应的敏感性。退火时间一般为 20~40s，足以使引物与模板之间完全结合，时间过短会导致延伸失败，时间过长则易产生引物二聚体或导致非特异性配对。

4. 引物延伸温度和时间　引物延伸一般在 72℃进行（*Taq* DNA 聚合酶最适温度），一般不随意更改。延伸时间随扩增片段长短而定。*Taq* DNA 聚合酶的生物学活性：70~80℃ 500bp/30s。目的片段＜150bp 时可以省略延伸步骤，因为退火温度下 DNA 聚合酶的活性已足以完成短序列的合成。目的片段＜500bp 时，所需延伸时间为 20s；目的片段在 500~1200bp 时，所需延伸时间 40s；目的片段＞1200bp 时，需增加延伸时间。延伸时间过长会导致非特异性扩增带的出现。对低浓度模板的扩增，延伸时间要稍长些。

5. 循环次数 PCR 反应的循环次数主要取决于模板 DNA 的浓度，一般含 25～30 个循环，此时 PCR 产物的累积达到最大值。随着循环次数的增加，一方面由于产物浓度过高导致自身发生结合，不与引物结合导致扩增效率降低；另一方面，随着循环次数增多，DNA 聚合酶活性逐渐下降，使产物的量不再随循环次数的增加而增加，出现所谓的"平台期"。同时，循环次数增多容易发生错误掺入，非特异性产物的量会随之增多。因此在得到足够产物的前提下应尽量减少循环次数。

六、PCR 产物的检测方法

（一）琼脂糖凝胶电泳

琼脂糖凝胶电泳是检测 PCR 产物最常用、最简单的方法，通过判断产物大小进行产物的定性鉴定。该电泳是以琼脂糖作支持介质，分离范围为 0.5～10kb。根据产物分子的大小选择合适的琼脂糖浓度（见第三节），对于分子量较大的样品，用低浓度的琼脂糖凝胶进行电泳分离；分子量较小的样品，用浓度比较高的琼脂糖凝胶进行电泳。凝胶中加入非特异性的嵌入性荧光染料，电泳时，染料嵌入核酸；电泳后，直接在紫外灯下观察电泳结果，用紫外检测仪观察、拍照并分析结果，既可以定性分析，也可以通过扫描光密度来进行定量分析。电泳上样的同时加 DNA 分子量标准品（DNA marker）作对照，据此推测 PCR 扩增产物的长度。

（二）实时定量PCR检测技术

实时定量 PCR（quantitative real-time PCR，qPCR）是在普通 PCR 反应体系中加入荧光基团，利用荧光信号的积累来实时监测 PCR 进程。实时定量 PCR 用 qPCR 仪对反应体系中荧光强度进行检测，实时收集每个循环的荧光强度，并建立实时扩增曲线，准确确定起始 DNA 拷贝数，从而对样品浓度进行精确定量。

七、PCR 技术的主要类型及应用

（一）主要类型

1. 逆转录 PCR（reverse transcription PCR，RT-PCR） 将 RNA 的逆转录和 cDNA 的聚合酶链式扩增相结合的技术，以 mRNA 逆转录而来的 cDNA 为模板，再以 cDNA 为模板，扩增合成目的片段，此产生出来的 DNA 不带有内含子，常应用于测定基因的表达量和分子克隆技术（直接克隆特定基因的 cDNA 序列）。RT-PCR 技术灵敏而且用途广泛，可用于检测组织或细胞中基因 mRNA 的表达水平，细胞中 RNA 病毒的含量。作为模板的 RNA 可以是总 RNA、mRNA 或体外转录的 RNA 产物。

RT-PCR 的基本步骤包括 RNA 提取、逆转录、PCR 反应。RT-PCR 实验的成败在很大程度上取决于 RNA 的纯度和完整性。所以，RNA 提取后用 Nano Drop 分光光度计评估样品的纯度，琼脂糖凝胶变性电泳分析其完整性。纯净的 RNA 样品，A_{260}/A_{280} 为 2.0（RNA）；$A_{260}/A_{280}<2.0$，表示存在蛋白质或者酚类物质的影响（蛋白质的吸收峰是 280nm）；Trizol 法提取的总 RNA $A_{260}/A_{280}>1.8$ 即可使用。

利用 TAKARA 逆转录试剂盒 37℃逆转录。逆转录引物的选择应结合实验的具体情况，常见以下 3 种引物：Random primer、Oligo dT primer、特异性下游引物。对没有发夹结构的短链 mRNA，上述三种引物都可以使用。一般情况下的逆转录引物的选择可参照以下说明。

（1）Random primer：适用于长的或具有发夹结构的 RNA。rRNA、mRNA、tRNA 等所有 RNA 的逆转录反应都可使用此引物。得到的产物 cDNA 96% 来源于 rRNA。

（2）Oligo dT primer：适用于具有 Poly（A）+tail 的绝大多数真核细胞 mRNA[注意：原核生物的 RNA、真核生物的 rRNA、tRNA 及某些种类的真核生物的 mRNA 等不具有 Poly（A）+tail]。

（3）特异性下游引物（PCR 时的下游引物）：与模板序列互补的寡核苷酸。

2. qPCR　qPCR 过程中在 PCR 反应体系中加入荧光基团，利用荧光信号累积实时监测整个 PCR 进程，最后通过标准曲线对未知模板进行定量分析。

常规 PCR 可以指数级扩增特定 DNA 片段，但有一定的局限性。例如，无法对起始模板准确定量，只能对终产物进行分析，无法对扩增反应实时检测；必须在扩增后用电泳方法分析，费时费力，而且凝胶染料有毒。实时定量 PCR 是在 PCR 反应体系中加入荧光基团，利用荧光染料或荧光标记的特异性探针，对 PCR 产物进行标记跟踪，通过荧光信号积累实时监测整个 PCR 反应进程，结合软件，通过 C_t 值（threshold cycle value）和标准曲线对样品中的目的基因的起始量进行准确定量的方法。该技术是目前确定样品中目的基因拷贝数最敏感、最准确的方法。

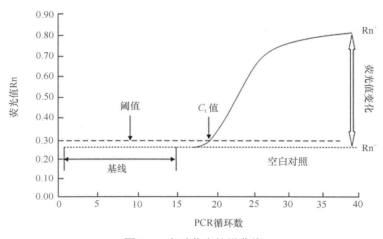

图 2-1　实时荧光扩增曲线

在 qPCR 反应中，随着反应进行，产物不断累积，荧光信号强度也等比例增加。通过荧光强度的变化监测产物量的变化，得到一条荧光扩增曲线，横坐标是 PCR 循环数（cycle），纵坐标是荧光强度（图 2-1）。曲线分 3 个阶段：荧光背景信号阶段、荧光信号指数扩增阶段和平台期。在荧光背景信号阶段，扩增的荧光信号被荧光背景信号所掩盖，无法判断产物量的变化；在平台期，扩增产物已不再呈指数级的增加，PCR 的终产物量与起始模板量之间没有线性关系，所以，根据最终的 qPCR 产物量不能计算出起始 DNA 拷贝数；只有在荧光信号指数扩增阶段，qPCR 产物量的对数值与起始模板量之间存在线性关系，我们可以选择在这个阶段进行定量分析。为了定量和比较的方便，在 qPCR 技术中引入了几个非常重要的概念：荧光阈值和 C_t 值。荧光阈值是在荧光扩增曲线上人为设定的一个值，它可以设定在荧光信号指数扩增阶段任意位置上，一般荧光域值的默认缺省设置为 0.2，设置成 3～15 个循环的荧光信号的标准偏差的 10 倍。C_t 值中，C 代表反应循环数（cycle），t 代表阈值（threshold），指每个反应管内的荧光信号到达设定的阈值时所经历的循环数。实验发现，对相同模板进行 96 次扩增，终点处产物量不恒定，但 C_t 值极具重现性；且荧光达到阈值的循环数越少，即 C_t 值越小，起始模板 DNA 量越多。通过对已知起始拷贝数的标准品绘制标准曲线，横坐标代表 C_t 值，纵坐标代表起始拷贝数的对数，浓度对数值与循环数成线性关系。利用标准曲线，结合未知样品的 C_t 值，就可以计算出样品中所含的模板起始拷贝数，实现绝对定量（图 2-2）。

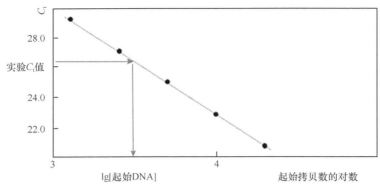

图 2-2 实时荧光标准曲线

（1）实时定量 PCR 中的荧光染料和特异性荧光探针实时定量 PCR 常用两种方法：非特异性荧光标记法（SYBR Green 荧光染料渗入法）和特异性荧光标记法（如 TaqMan 探针法、分子信标法）。

1）SYBR Green 荧光染料渗入法：在 PCR 反应体系中加入过量的 SYBR 荧光染料。染料处于游离状态时，荧光信号强度低，一旦与 DNA 双链小沟结合，荧光强度大大增强，所以，DNA 变性时，双链分开，无荧光；在复性和延伸时，形成双链 DNA，此阶段采集荧光信号。荧光信号强度与反应体系中双链 DNA 的量成正比，由此可获得 PCR 产物量的多少。该方法最大的优点是染料能与双链 DNA 结合，不须特别设计，通用性强，价格低。但因为 SYBR Green 荧光染料与非特异的双链 DNA 结合后也可以发光，所以需要做熔解曲线进行分析；如果要进行绝对定量，需要对每种基因的引物分别制作标准曲线。SYBR Green qPCR 反应体系见表 2-8。

表 2-8 PCR 反应的标准扩增体系（25μL）

试剂及浓度	体积（μL）
SYBR Green qPCR Mix	12.5
正向引物（10μmol/L）	0.5
反向引物（10μmol/L）	0.5
DNA（cDNA）模板	1～5
灭菌水	补齐至 25

注意：①上下游引物请按照引物合成单要求先溶解为储存浓度 100μmol/L，然后取出一部分再稀释为使用浓度 10μmol/L。②DNA（cDNA）模板是否稀释，要根据具体情况，通常先将逆转录后的浓度稀释 5 倍。③使用准确的移液器将除 DNA（cDNA）模板外其他试剂进行预混。若需配制相同体系 18 份，则预混约 20 份的混合物，依次加入 0.2mL 小型离心管中，最后加入 cDNA 模板。为保护 Taq 酶，在加入 SYBR 之后不要剧烈振荡试剂。④以上所有均冰上操作。

加样后简短离心，上机检测，设置反应参数（一般采用三步法扩增）：95℃ 2min，95℃ 10s，60℃ 20s，72℃ 30s，循环 40 次。参数不固定，可根据引物、产物长度等进行更改。

2）TaqMan 探针法：在扩增体系中除常规加入一对引物外，需再加入一个特异性寡核苷酸荧光探针。探针根据上下游引物之间的序列进行配对设计，两端分别标记一个报告荧光基团（reporter，R，如 FAM 和 VIC 等）和一个猝灭荧光基团（quencher，Q，如 TAMRA）。探针完整时，5'端报告基团发射的荧光信号被 3'端猝灭基团吸收，无荧光。在 Taq 酶催化延伸时，Taq 酶的 5'→3'外切酶活性会将探针 5'端切断，使荧光报告基团和猝灭基团分离，报告基团发射荧光信号。

所以，每产生一条 DNA 链，就切断一条探针，产生一个单位信号。随着扩增循环数的增加，释放出来的荧光基团不断积累。信号强度与新生成的 DNA 分子数成正比（图 2-3）。该方法的优点是信号和产物一一对应，特异性高，无须做熔解曲线辨别非特异产物。但是不同目的基因需分别设计探针，价格较高。

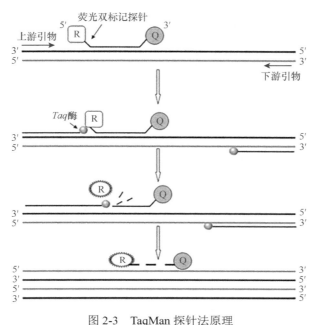

图 2-3　TaqMan 探针法原理

R. 报告基团（reporter）；Q. 猝灭基团（quencher）

A. TaqMan PCR 引物、探针的设计：探针 T_m 为 68～70℃，<30bp，5′端不能有 G，G 可能会猝灭荧光素；引物尽量靠近探针，扩增片段<400bp，引物 T_m 为 59～60℃；防止出现引物-探针二聚体（为防止探针与引物的 3′端杂交，可将探针 3′端完全磷酸化）。

B. 优化引物和探针浓度：获得最小 C_t 值，信号/背景比值的最大值。引物浓度为 50～900nmol/L，探针浓度为 50～250nmol/L。

C. 其他与常规 PCR 相同。

此外，分子信标法使用发夹型杂交探针。探针环与目标序列互补，茎由互补配对序列组成。没有模板互补时，报告基团接近猝灭基团，监测不到荧光信号；有模板时，茎环结构打开，序列与靶标序列配对，报告基团与猝灭基团分离，报告基团不再被猝灭而发出荧光；在延伸阶段，则脱离靶序列而不干扰扩增。随着循环次数的增加，与模板结合的探针量也增加，作为分子信标，荧光强度与模板量呈正相关。

（2）qPCR 常见问题和优化方案：为了提高特异性，qPCR 引物退火温度较一般 PCR 引物退火温度高，一般设定为 60℃左右；qPCR 上下游引物的 T_m 值要近似；qPCR 仪同普通 PCR 仪一样，存在边缘效应；保证足够的样本数，每组至少设置 3 个生物学重复样品（3 个独立实验处理的样品）；SYBR Green Ⅰ染料、荧光探针等避光保存；此外，qPCR 要求熔解曲线只有单一峰，且不是在很低温度下出现，这说明无非特异性荧光，定量准确，C_t 值有意义；若出现峰图的杂峰，说明其他产物出现非特异性荧光，定量不准确。以下是 qPCR 常见问题和解决办法。

1）熔解曲线无 C_t 值出现（熔解曲线低平）：模板保存时间过长导致模板降解，应进行琼脂糖凝胶电泳检测器完整性；适当降低退火温度，适当延长退火和延伸时间；PCR 各反应成分（引物或探针）是否存在漏加或加量不足。

2）熔解曲线 C_t 值出现过晚（C_t 值＞32）：增加模板的加入量；适当降低退火温度；改用三步法进行反应；引物扩增效率低，重新设计引物。

3）阴性对照有扩增信号：35 个循环后出现为正常现象；配合熔解曲线进行分析，降低引物的加入量，提高退火温度；整个加样过程冰上操作。

4）扩增重复性差：加样不准确、样品起始浓度过低、定量不准确。

5）熔解曲线有杂峰：若杂峰出现温度低于 80℃，引物扩增产物特异性较差，降低引物的加入量或重新设计引物，避免引物二聚体、发夹结构或非特异性扩增；若杂峰在主峰后，出现温度＞80℃，说明扩增出大于目的产物的非特异片段，或有可能存在基因组 DNA 污染。

（3）qPCR 技术的应用：广泛应用于基础研究、临床疾病诊断、疾病研究及药物研发等领域。基因表达分析

1）绝对定量：准确检测样本中核酸的拷贝数，包括病原微生物或病毒含量的动态检测，转基因动植物转基因拷贝数的检测等。

2）相对定量：基因表达差异分析，如不同处理样本间特定基因的表达差异，cDNA 芯片结果的验证等。

3）基因型分析，如检测基因的突变、重排、易位，SNP 分析，等位基因检测，甲基化检测。

除以上几种 PCR 外，还有反向 PCR、修饰引物 PCR 等。PCR 技术简便、灵敏，在生命科学领域中应用非常广泛。

（二）扩展和变体

1. 巢式 PCR （nested PCR） 先用低特异性引物扩增几个循环以增加模板数量，再用高特异性引物扩增。巢式 PCR 是一种变异的 PCR，使用两对（而非一对）PCR 引物扩增完整的片段，第一对 PCR 引物扩增片段和普通 PCR 相似；第二对（另一对）引物称为巢式引物，结合在第一次 PCR 产物内部，使得第二次 PCR 扩增片段短于第一次扩增。第一对引物称外引物（outer-primer），第二对引物称内引物（inter-primer）。

巢式 PCR 的优点在于，即使第一次扩增产生了错误的片段，第二次能在错误片段上进行引物配对并扩增的概率极低，因此，巢式 PCR 的扩增非常特异。巢式 PCR 主要用于极少量模板的扩增。

2. 原位 PCR（in situ PCR） 是 Hasse 等于 1990 年建立的技术，直接用于细胞涂片、爬片或石蜡包埋组织切片，在组织细胞里进行 PCR 反应。利用完整的细胞作为一个微小的反应体系，在不破坏细胞的前提下，利用特定手段来检测细胞内的扩增产物。它结合了具有细胞定位能力的原位杂交和高度特异敏感的 PCR 技术的优点，是细胞学科研与临床诊断领域里的一项有较大潜力的新技术，其灵敏性和特异性高于一般 PCR。

原位 PCR 的关键步骤是细胞的固定处理。通常用 1%～4%多聚甲醛固定细胞，蛋白酶 K 消化，保证细胞形态不受到破坏且保持组织细胞的粘连性。此时，细胞具有一定的通透性，一般的 PCR 试剂，如 Taq 酶和引物等可以进入细胞，利用标记引物在原位进行 PCR，直接显色或者利用特异探针与扩增产物进行杂交。原位 PCR 扩增后虽然有少量产物可扩散到细胞外的周围环境中，但大部分仍留在细胞器中。所以，原位 PCR 既能分辨鉴定带有靶序列的细胞，又能标出靶序列在细胞内的位置，在分子和细胞水平上研究疾病的发病机制、临床过程及病理转归有重大的实用价值。原位 PCR 结合原位杂交的方法适用于病理切片中含量较少的靶序列的检测。

3. 梯度 PCR 退火温度是影响 PCR 扩增的关键因素之一。对于一对新的引物，通常需要优化其退火温度，以找到一个最佳退火温度。梯度 PCR 使仪器中每一行或者每一列保持不同的温度，设置成 8 个或 12 个不同的退火温度，减少试验次数，提高工作效率。

（于　媛）

第七节　分子杂交和印迹技术

分子杂交（molecular hybridization）是利用核酸的变性与复性、蛋白质抗原与抗体特异结合等特点，定性定量分析 DNA、RNA 或蛋白质等生物大分子的实验技术。根据研究对象不同分为核酸分子杂交与印迹技术和蛋白质分子印迹技术。在进行杂交之前，常先利用凝胶电泳技术分离待测的核酸或蛋白分子，再将分离后的大分子转移到固定化介质上进行检测分析。由于生物分子在凝胶和固定化膜上的相对位置对应，故而称为印迹（blotting）。

核酸分子杂交（nucleic acid hybridization）以 DNA 变性复性为理论基础，是指不同来源但拥有互补序列的核苷酸单链可以在一定条件下（适宜的温度和离子强度）通过碱基配对形成双链。只要拥有互补序列，核酸分子杂交可以发生在 DNA 和 DNA 之间，也可发生在 DNA 和 RNA 及 RNA 和 RNA 之间，形成杂化双链分子。核酸分子杂交与印迹技术作为生命科学和医学领域应用最广泛的技术之一，常用于基因工程中特定重组体的筛选、基因组特定基因序列的定性和定量检测及基因突变分析，还可用于基因诊断、多态性与疾病相关分析、法医鉴定、个体识别等。

核酸分子杂交根据被分析样品的性质不同可分为液相杂交和固相杂交两种。根据待检测的靶分子不同可分为鉴别 DNA 的 DNA 印迹法（Southern 印迹法）和鉴别 RNA 的 RNA 印迹法（Northern 印迹法）。

一、核酸探针的选择及标记

应用核酸分子杂交技术寻找待测核酸序列，需要碱基排布与待测序列互补且带有明显标志的单链核酸片段与之杂交，这种片段称为探针（probe）。探针可以通过基因组克隆获得，也可以人工合成。

（一）探针的种类及选择

探针根据来源和性质特点不同分为以下几种。可根据具体实验目的和要求选择合适类型的探针。探针选择需要考虑探针的特异性及来源，选择是否正确直接影响杂交结果分析。

1. 基因组 DNA 探针　通过基因工程技术把 DNA 片段克隆到质粒或噬菌体载体中，可以获得大量高纯度的基因组 DNA 探针，这是最广泛应用的核酸探针。此外，PCR 技术也可以高效制备基因组 DNA 探针。质粒中制备的是双链探针，噬菌体和化学合成的是单链探针。这类探针要尽量使用真核生物基因组中基因的外显子区域，且应注意避免高度重复序列和内含子的影响，防止假阳性结果。

2. cDNA 探针　由 mRNA 逆转录得到 cDNA，以 cDNA 为模板克隆或 PCR 扩增 cDNA 探针。cDNA 探针不存在内含子和其他高度重复序列，杂交效果比较理想，但获得步骤烦琐，需注意其 poly（dT）产生的非特异性杂交。

3. RNA 探针　RNA 探针是单链探针，可以通过含有 T7、T3、SP6 等 DNA 依赖的 RNA 聚合酶启动子的质粒载体制备合成。RNA 探针与单链 DNA 探针相比标记效率更高、易于纯化、杂交信号更强；但是容易被环境中的 RNA 酶所降解，限制了其广泛应用。

4. 寡核苷酸探针　根据已知基因序列或氨基酸序列反推 DNA 序列，利用 DNA 合成仪人工合成探针。寡核苷酸探针长度为 15～30 个碱基，避免了天然核酸探针中高度重复序列的影响，探针复杂性低。不足之处是由于寡核苷酸探针片段短，所带标志物较少，灵敏度较低。设计寡核苷酸探针应遵循的原则：①探针长度为 10～50 个碱基；②G-C 含量在 40%～60%；③探针内部不含互补序列；④避免同一碱基连续出现；⑤进行同源性检测，避免非靶基因同源。

（二）标志物选择

为了便于后续示踪检测，探针须带有特定标记。理想的核酸探针标记应具有高度的灵敏性和稳定性，标记和检测简单，使用安全，同时不影响探针与目标序列的结合。常见的核酸标志物有放射性同位素、半抗原类标记（生物素、地高辛等）、荧光素和酶等。

1. 放射性同位素　用于核酸探针标记的放射性同位素主要有 ^{32}P、^{3}H 和 ^{35}S 等，其中 ^{32}P 应用最为广泛。同位素标记灵敏度极高，不影响碱基配对、杂交效果和酶促反应，假阳性率低。但存在放射污染，操作要求高，而且半衰期短，不能长期存放。长期以来人们一直寻找能代替放射性同位素的高灵敏度标志物。

2. 半抗原标记　半抗原标志物主要有生物素、地高辛、二硝基苯、雌二醇等。生物素可与抗生物素蛋白和链霉抗生物素蛋白（链亲和素）特异结合，所以可以通过偶联有荧光素或特定酶的抗生物素蛋白或链亲和素来检测。地高辛可以通过偶联有荧光素或特定酶的抗地高辛单抗来检测。

3. 荧光素标记　荧光素标记主要包括异硫氰酸荧光素（FITC）、罗丹明等，通过酶促反应经荧光素化的 dNTP 掺入到探针分子中，杂交后直接利用荧光显微镜观察杂交结果。不同的荧光素在不同激发光下可发出不同颜色，实现同时检测多个目的基因。荧光素标记操作简单无污染，但没有放大作用，灵敏度较低。

4. 酶标记　以增强化学荧光法为例，在戊二醛作用下将碱性磷酸酶（alkaline phosphatase，ALP）或辣根过氧化物酶（horseradish peroxidase，HRP）直接与寡核苷酸探针片段共价连接。该方法步骤简便无污染，而且灵敏度高。但是由于酶易变性，整个反应过程需要温度和环境（低于 $42℃$，合适的离子强度，无强酸、强碱、去垢剂等）。

以上非放射性标记安全无污染，稳定性高，实验周期短，操作简单，具有巨大的发展潜力。

（三）探针标记

在核酸探针上进行标记的方法主要有化学法和酶促法两类。化学法是把标志物分子上的活性基团与寡核苷酸分子上特定基团连接，如荧光素标记。酶促法是预先将标志物连接在核苷酸上，然后用酶促反应将标记的核苷酸掺入探针中。酶促法对各种标记均适用。放射性同位素的酶促标记又分为切口平移法、随机引物法、DNA 探针末端标记、RNA 探针标记、cDNA 探针标记和寡核苷酸探针标记等。

二、Southern 印迹

Southern 印迹杂交是指 DNA 与 DNA 分子之间的杂交，因 1975 年英国爱丁堡大学萨瑟恩（Southern）发明而得名。其基本过程是将琼脂糖凝胶电泳分离的待测 DNA 片段变性后，将凝胶中的 DNA 分子转移到一定的固相支持物上，然后用标记的探针检测待测的 DNA。

（一）前期准备及条件选择

1. 选择固相支持物　用于 Southern 印迹的固相支持物需要有结合核酸的能力，且与核酸结合后不影响核酸与探针的杂交。实验室常用的有硝酸纤维素膜和尼龙膜两类。早期常用的硝酸纤维素膜依赖疏水作用结合核酸，但结合不牢固，反应需要较高的离子强度，不适用于碱性环境。另外硝酸纤维素膜质地脆，易碎，操作要求较高。目前常用的尼龙膜与核酸结合更牢固，且适用于酸性、中性、碱性等各种环境，韧性强，操作相对方便，经正电荷修饰后尼龙膜与核酸分子结合力更强，灵敏度更高。

2. 选择印迹方法　核酸经琼脂糖电泳分离后需要转移到固定支持物上，常用的印迹方法有毛细虹吸转移、电转移和真空转移 3 种。毛细虹吸转移是利用毛细管虹吸作用将凝胶中的核酸分子转移到固相支持物上，这种方法不需要其他特殊设备，操作简单，重复性好，是实验室常用的转移方法。毛细虹吸转移时，转移效率取决于核酸片段的大小和凝胶的浓度：核酸片段越小，凝胶浓度越低，转移效率越高。电转移法是利用电场力把带负电的核酸转移到固相支持物上，转移效率取决于核酸片段大小、凝胶浓度和电场强度，适用于大片段核酸和聚丙烯酰胺凝胶中的核酸。电转移法又分为干转和湿转两类。湿转法采用铂金电极，电极间充满缓冲液，缺点是无法提供匀强磁场，电转过程产热量大，需要冷却系统。干转采用石墨电极，提供了匀强磁场，但不适用于硝酸纤维素膜，一般使用尼龙膜。真空转移法是利用抽真空使核酸分子随着缓冲液由凝胶转移到固定化膜上，操作简单、高效，需要特殊的真空转移装置。

3. 探针的制备　进行 Southern 杂交前需要准备探针。探针可以由基因组 DNA、cDNA 或 RNA 获得，也可以人工设计合成。探针合成后须连接可识别的信号标志，方便杂交结果的识别和获取。

4. 条件摸索　核酸分子杂交包括变性和复性杂交两部分。变性过程需要摸索变性温度、离子强度、pH 及合适的变性剂。复性杂交需要摸索离子强度、DNA 浓度、温度及杂交时间等，还需要选择封闭物封闭非特异性 DNA 位点，减少非特异性杂交。

（二）Southern 印迹基本步骤

1. 待测 DNA 的制备及酶切　基因组 DNA 常利用 SDS 和蛋白酶 K 消化细胞，酚、三氯甲烷、异戊醇抽提去除蛋白质，乙醇沉淀洗涤获得。提取的基因组 DNA 片段较长，需要用限制性核酸内切酶切成大小不一的片段，最后由琼脂糖凝胶电泳分离后才能转移到固相支持物上用于杂交。

2. 酶切 DNA 片段电泳　限制性内切酶消化的 DNA 片段经琼脂糖凝胶电泳分离。DNA 分子的迁移率取决于 DNA 的片段长度，片段越长，移动速度越慢，距离点样点越近。琼脂糖凝胶电泳需配制凝胶的浓度取决于 DNA 片段的长度，DNA 片段越大需要琼脂糖凝胶浓度较低，一般情况下常用 0.8%～1.0% 琼脂糖凝胶进行电泳。

3. DNA 变性和印迹转移　电泳结束后将琼脂糖凝胶置于碱性变性液中室温 1h，使双链 DNA 变性为单链，再用缓冲液中和至中性。变性的 DNA 根据实验目的选择合适的印迹方法，转移到特定的固相支持物上，以方便后续杂交。

4. Southern 杂交　将印迹后的固相膜干烤或紫外交联仪照射，使核酸固定在膜上。由于固相膜也能够与探针 DNA 结合，为减少非特异性吸附，杂交前需要进行预杂交，即将膜上的 DNA 结合部位封闭。预杂交采用不含探针的杂交液，其中所含的鲑精 DNA、牛血清等分子可以封闭膜上非特异性结合位点。固定后的固相膜浸泡在预杂交液中，选择合适温度置于杂交仪中滚动 1～2h。弃去预杂交液，加入含有标记探针的杂交液，适当的温度和离子强度杂交 16h 以上。杂交结束后弃去杂交液，洗膜除去非特异性杂交。

5. 结果检测　如果探针携带放射性同位素标记，需将膜置于暗盒中，X 线胶片压片、曝光、显影、定影，显示 Southern 杂交的区带结果。如果探针携带生物素等非同位素标记，可在杂交结束后加入结合有 HRP 或 ALP 的链亲和素或抗生物素蛋白，通过特异的显色反应，显示杂交区带结果。

（三）Southern 杂交印迹注意事项

1. 杂交膜要用平头镊子操作，避免手指接触影响杂交背景。

2. 尼龙膜可用紫外交联仪促进核酸片段与其共价结合，硝酸纤维素膜只能干烤固定核酸分子。

3. 常用预杂交液有两类：一类是变性的非特异性 DNA，如小牛胸腺 DNA 或鲑精 DNA；另一类是高分子化合物，如常用的 Denhardt 溶液，也可用脱脂奶粉代替。

4. 杂交反应体系越小，杂交效果越好，少量 DNA 短时间杂交可以减少背景影响。

5. 杂交固相膜可以重复利用。结合着待测 DNA 的固相膜与一种探针杂交后，可用热变性洗去结合的探针，再与其他探针进行杂交。尼龙膜韧性大，且与核酸结合牢固，适合重复利用。

三、Northern 印迹

Northern 印迹是 1977 年斯塔克（Stark）基于 Southern 印迹技术建立的用来对组织或细胞中的 RNA 进行定性或定量分析的实验方法。由于研究对象 RNA 分子通常是单链且分子量较小，Northern

印迹不需要酶切，只需要将凝胶电泳分离的 RNA 转移到固相支持物上，然后利用探针进行杂交。

（一）Northern印迹基本步骤

1. RNA 电泳 提取并纯化 RNA，电泳前变性保证其单链结构。为防止电泳过程中 RNA 分子内折叠形成局部双链，在配制电泳凝胶时需要加入变性剂。常用的变性剂有甲醛、乙二醛、二甲基亚砜等，能维持 RNA 的单链线性状态。Northern 印迹的对象可以是总 RNA，也可以是 mRNA。

2. RNA 转移 Northern 印迹的转移方法与 Southern 印迹相同，但由于电泳凝胶中加入了变性剂，需要在转移前用焦碳酸二乙酯（DEPC）水淋洗除去甲醛。之后 RNA 转移到固相膜上，固定、预杂交、杂交、洗膜和结果检测都与 Southern 印迹相同。

（二）Northern印迹注意事项

RNA 稳定性差，极易被降解，所以 Northern 印迹用到的各种试剂和器皿都需要处理猝灭 RNA 酶。整个操作过程应戴一次性口罩和手套，防止 RNA 酶污染。

四、其他核酸印迹技术

（一）斑点印迹

斑点印迹是由 Southern 印迹衍生出来的核酸检测技术，将 DNA 或 RNA 变性后不经过凝胶电泳，直接点样在硝酸纤维素膜或尼龙膜上，烘烤固定，再用特异探针进行杂交。斑点印迹操作简单、快速，可以在同一张膜上同时进行多个样本的检测，适用于核酸粗提样品的检测。缺点是由于没有电泳，无法鉴定待测核酸片段的分子量，而且特异性不高，有一定假阳性率。

（二）原位杂交

原位杂交（in situ hybridization）是直接在组织切片或细胞涂片上进行杂交，核酸保持在细胞或组织切片的原位置，不需要提取 DNA 或 RNA。原位杂交不仅能对待测核酸进行定性定量分析，还能对待测核酸进行亚细胞或染色体定位。原位杂交灵敏度高，能保持细胞形态和 DNA 的完整性，适用于组织细胞中核酸片段定位检测。

1. 菌落（噬菌斑）原位杂交 1975 年，格伦斯坦（Grunstein）和霍格内斯（Hogness）设计将琼脂培养皿中生长的细菌菌落或噬菌斑印迹到硝酸纤维素膜上，在膜上用碱变性的方法原位裂解菌落，烘烤使菌落中的 DNA 固定在膜上。后续预杂交、杂交、洗膜、杂交结果检测与上述 Southern 印迹和 Northern 印迹相同。菌落（噬菌斑）原位杂交常用于基因克隆和基因文库筛选，以获得含有目的片段的阳性克隆。

2. 荧光原位杂交 荧光原位杂交（fluorescence in situ hybridization，FISH）技术是将用荧光素标记的探针与染色体或间期染色质杂交，探针上标记的报告分子通过免疫化学反应对待测 DNA 进行定性、定量和定位分析。作为非放射性原位杂交，FISH 技术的荧光探针安全、稳定、灵敏度和特异性高，而且实验周期短，可以用不同颜色同时检测多个目的 DNA 序列。

（三）基因芯片

基因芯片（gene chip）又称 DNA 芯片、DNA 微阵列或寡核苷酸微芯片等，是利用核酸分子杂交原理，将大量已知序列的特异 DNA 片段按一定顺序高密度排列并固定在固相载体表面，制成 DNA 芯片（微阵列），然后将荧光标记的待测核酸样品与芯片上的探针进行杂交，利用激光共聚焦显微镜扫描检测杂交探针信号强度，利用计算机处理数据分析核酸样品的数量和序列信息。基因芯片技术包括样品制备、芯片制备、杂交和信号检测分析 4 个步骤。

1. 待测样本可以是组织细胞中分离纯化的 DNA，也可以是由 RNA 逆转录形成的 cDNA。待测样本用荧光、生物素或放射性同位素标记，常用的标记类型有荧光素、丽丝胺、Cy3 等。

2. 与待测样本的种类对应，芯片也分为 DNA 芯片和 cDNA 芯片，常用的固相载体有玻片、硅片、尼龙膜等。

3. 芯片杂交方法与 Southern 印迹的方法相同，但由于探针与固相载体的结合会干扰探针与待测分子的结合，因此芯片杂交需要增加待测分子的浓度并延长杂交时间。

4. 基因芯片杂交信号获取常用激光共聚焦扫描仪，分辨率和灵敏度很高，但扫描速度较慢，价格昂贵。一个基因芯片可承载大量的序列信息，可对样品进行高通量检测，杂交结果需要生物信息学专门的应用软件进行数据处理。

基因芯片技术因其高通量和高灵敏度特点，被广泛应用于基因表达检测、基因突变检测、基因诊断、药物筛选、基因多态性分析等领域，成为生命科学重要的研究方法。

（四）液相分子杂交

除了上述介绍的几种固相杂交之外，待测核酸样品也可以和探针在均匀液相中进行杂交，杂交完成后用含变性剂的聚丙烯酰胺凝胶电泳分离杂交产物并进行信号分析。

1. 核酸酶 S1 保护分析法　核酸酶 S1 保护分析法（nuclease S1 protection assay）是一种准确定量检测 RNA 的杂交技术，利用 M13 噬菌体合成含有放射标记的单链 DNA 探针，待测 RNA 样品与探针在液相中杂交形成 DNA-RNA 杂化双链。核酸酶 S1 能降解没有杂交的 DNA 和 RNA 单链，而杂化双链不被降解，经聚丙烯酰胺凝胶电泳分离后可分析杂交结果，灵敏度比 Northern 印迹更高。

2. RNA 酶保护分析法　RNA 酶保护分析法（RNase protection assay，RPA）与核酸酶 S1 保护分析法原理相同，探针为单链 RNA 分子，杂交形成 RNA-RNA 双链，RNA 酶可降解未配对单链RNA，双链 RNA 不被降解。此方法灵敏度又高于核酸酶 S1 保护分析法，适用于 RNA 定量、RNA末端定位及内含子定位。

3. 引物延伸分析法　引物延伸分析法（primer extension analysis）是将待测 mRNA 与 5′标记的单链 DNA 引物杂交，然后由引物逆转录出互补 cDNA。利用变性聚丙烯酰胺凝胶电泳检测 cDNA，可用于 mRNA 定量、定位及长度检测。

五、蛋白质印迹技术

蛋白质印迹（Western blotting）又称免疫印迹（immunoblotting），是利用抗原抗体间特异的免疫反应对蛋白质进行定性定量的技术。蛋白质印迹先用聚丙烯酰胺凝胶电泳把分子量大小不同的混合蛋白质分离开，再把凝胶中分开的蛋白质电转移到硝酸纤维素膜（NC 膜）或其他固体支持物上，最后用带标记的抗体检测目的蛋白。目的蛋白的特异性抗体称为第一抗体，与膜上目的蛋白结合，然后携带碱性磷酸酶、辣根过氧化物酶或放射性同位素标记的第二抗体，通过与第一抗体结合附着在膜上。通过化学发光剂、底物显色或放射自显影检测目的蛋白信号。蛋白质印迹技术常用于样品中特异性目的蛋白的定性和半定量分析，另外蛋白质分子间相互作用也依赖于此技术。

蛋白质印迹常用的固体支持物有硝酸纤维素膜、尼龙膜和聚偏二氟乙烯（PVDF）膜。硝酸纤维素膜与蛋白质结合主要靠疏水作用，转移缓冲液使蛋白质部分脱水，从而与膜结合更持久。尼龙膜通过静电吸引与蛋白质结合，强度更高，可用不同抗体进行多次检测，缺点是非特异性结合较多，背景强。PVDF 膜与蛋白质强疏水结合，膜强度更高，转移前必须用甲醇浸泡活化。

六、蛋白质芯片

蛋白质芯片（protein chip）又称为蛋白质阵列（protein array），也是利用蛋白质之间特异性的识别结合（如抗原抗体结合），把作为探针的蛋白质以高密度点阵的形式固定在固相支持物上，当加入待测蛋白质样品与之发生反应时，捕获待测样品中的目的蛋白，再经过检测系统对目的蛋白进行定性和定量分析。蛋白质芯片常用检测方法有标记检测法和直接检测法两种：标记检测法是在样品蛋白上做荧光、化学发光或放射性同位素标记，样品中目的蛋白与蛋白质芯片特异结合后，再用特定仪器分析标记信号获得目的蛋白信息；直接检测法是用表面增强激光解吸离子化飞行时间质谱（SELDI-TOF-MS）或表面等离子体共振检测技术等直接检测蛋白质信息。蛋白质芯片能同时检测多种蛋白质表达，灵敏度可达 ng 级，常用于蛋白质表达谱、蛋白质的功能、蛋白质相互作用、药物筛选、肿瘤相关抗原检测等研究。

（岳　真）

第八节　基因克隆技术

克隆（clone）是指来源于一个共同祖先、拥有相同遗传物质的 DNA 分子、细菌、细胞或个体的集合。获取这类相同拷贝的过程称为克隆化（cloning），即无性繁殖。

基因克隆（gene cloning）又称为 DNA 克隆、分子克隆（molecular cloning）或重组 DNA 技术（recombinant DNA technology）。基因克隆是指在体外利用各种工具酶，将不同来源的目的基因或 DNA 片段插入载体分子上，连接成能自我复制的重组 DNA；继而将重组 DNA 导入宿主细胞，使其在细胞内扩增；筛选出成功导入带有目的基因重组子的细胞，扩增培养获取大量相同重组 DNA 分子（即"克隆"）的技术。

基因克隆技术依托于 20 世纪 60 年代末限制性核酸内切酶和 DNA 连接酶等工具酶的发现。1972 年，美国斯坦福大学的 Paul Berg 等将 sv40 的 DNA 片段与 λ 噬菌体连接，导入受体菌，完成了世界首例体外 DNA 重组实验。Berg 因此获得了 1980 年诺贝尔化学奖。之后更多的限制性核酸内切酶和载体被发现，DNA 琼脂糖凝胶电泳技术、核酸分子杂交技术、DNA 序列分析技术、PCR 技术的发明也大大推动了基因克隆技术的发展。基因克隆技术极大地促进了生命科学和医学的进步，是分子生物学的核心技术。

一、基因克隆技术的基本流程及参与元件

基因克隆技术基本流程如下：①获取带有目的基因的 DNA 片段；②选择并改造载体 DNA；③用限制性核酸内切酶处理目的基因和载体；④将目的基因连接到载体分子上，构建重组 DNA 分子；⑤将重组 DNA 分子导入宿主细胞，并随之复制扩增；⑥从宿主细胞群中筛选出包含重组 DNA 分子的宿主细胞；⑦含有重组 DNA 的宿主细胞克隆扩增及结果鉴定；⑧目的基因的表达。

基因克隆技术必要的参与元件包括常用工具酶、目的基因、载体和宿主细胞。

二、常用工具酶

基因克隆技术中包含 DNA 片段的剪切、拼接和修饰，是由多种工具酶实现的。其中最重要的是对目的基因和载体进行特异性识别与切割的限制性核酸内切酶、将目的基因与载体连接起来的 DNA 连接酶、DNA 聚合酶和 DNA 修饰酶等。

（一）限制性核酸内切酶

限制性核酸内切酶（RE）是指能识别并切割双链 DNA 分子中的特异核苷酸序列，又称为限制酶或内切酶，天然存在于原核生物中。20 世纪 60 年代末阿尔韦尔（Alber）等在大肠杆菌中发现了一种可以降解外源 DNA，限制其在菌体内复制，防止细菌被噬菌体感染的 DNA 酶，命名为限制酶。之后人们发现纯化的限制酶对被降解的 DNA 片段有高度的特异性，因此命名为限制性核酸内切酶。限制性核酸内切酶和与之相伴甲基化酶共同构成了细菌的限制修饰系统，在限制降解外源 DNA 的同时，甲基化酶修饰自身 DNA 防止被降解，对细菌基因信息遗传的稳定性有重要意义。

1. 限制性核酸内切酶的命名　限制性内切酶的命名采用来源微生物属名和种名，通常由英文字

母加罗马数字表示。第一个字母为内切酶来源细菌的属名首字母，用斜体大写表示；第二、三个字母为来源菌的种名，用斜体小写表示；第四个字母（有时无）代表来源菌的菌株，正体表示；后面的罗马数字表示来源同一菌株的多种限制性内切酶的发现顺序。如流感嗜血杆菌（*Haemophilus influenzae*）d 株中分离出三种限制性内切酶，其中第二种命名为：*Hind* Ⅱ。

2. 限制性核酸内切酶的分类　已发现并纯化鉴定的限制性内切酶根据结构及作用特点分为三种类型。Ⅰ型和Ⅲ型通常分子量较大，兼具甲基化酶活性，切割位点不精确，特异性差。Ⅱ型酶通常是一种多肽链以二聚体形式存在，只有核酸内切酶活性，切割序列特异性强，可对目标 DNA 的特异序列进行精准切割，在基因克隆 DNA 技术中应用广泛，被称为基因工程的"手术刀"。

3. Ⅱ型限制性核酸内切酶的作用特点　Ⅱ型限制性核酸内切酶能够识别的特异序列大多数由 4～8 个核苷酸组成，识别的特异序列越长，符合切割条件的概率越小，切割位点越少。识别序列通常是回文结构（palindrome），即由两个序列相同方向相反的单链互补形成的 DNA 双链结构。每条单链核苷酸排列顺序都与另一条链同向读码的顺序一致。限制酶特性见表 2-9。

表 2-9　部分限制酶的特性

名称	识别序列及切割位点	名称	识别序列及切割位点
*Bam*H Ⅰ	5′GGATCC 3′ CCTAGG	*Hind*Ⅲ	5′AAGCTT3′ TTCGAA
Cla Ⅰ	5′ATCGAT 3′ TAGCTA	*Not* Ⅰ	5′GCGGCCGC3′ CGCCGGCG
*Eco*R Ⅰ	5′GAATTC 3′ CTTAAG	*Pst* Ⅰ	5′CTGCAG 3′ GACGTC
*Eco*R Ⅴ	5′GATATC 3′ CTATAG	*Pvu* Ⅱ	5′CAGCTG 3′ GTCGAC
*Hae*Ⅲ	5′GGCC 3′ CCGG	*Tth*111 Ⅰ	5′GACNNNGTC 3′ CTGNNNCAG

注：↓所指为限制酶的切割位点，N 代表任意一种碱基

Ⅱ型限制性内切酶在识别序列内特异位点断裂磷酸二酯键，切割 DNA 分子。不同的限制性内切酶识别的特异序列不同，切割后产生的末端也不同。有的限制性内切酶断裂双链同一位置的磷酸二酯键，末端平齐没有单链突出，称为平末端或钝端（blunt end），如 *Eco*R Ⅴ。有的限制性内切酶在 DNA 双链识别区域交错的位置断裂磷酸二酯键，末端带有单链核苷酸突出，称为黏性末端（cohesive end）。黏性末端根据突出单链的方向可分为 3′突出黏性末端（如 *Pst* Ⅰ）和 5′突出黏性末端（如 *Bam*H Ⅰ）。不同来源 DNA 经同一限制酶切割形成的黏性末端相同，可互补配对并由 DNA 连接酶拼接成重组 DNA 分子。

有些来源不同的限制性内切酶识别序列相同，称为同裂酶（isoschizomer）。有些来源和识别序列都不相同的限制性内切酶，却能切出相同黏性末端，成为同尾酶（isocaudarner）。例如，限制性内切酶 *Bam*H Ⅰ（G│GATCC）、*Bcl* Ⅰ（T│GATCA）、*Bgl* Ⅱ（A│GATCT）就是一组同尾酶，切割 DNA 后形成相同的黏性末端（GATC），可彼此互补连接形成重组 DNA。

4. 限制性核酸内切酶的酶切效率　限制性内切酶的活性单位定义：1h 内完全酶解 1μg λ 噬菌体 DNA 中所有该酶酶切位点需要的酶量为一个活性单位。酶的切割效率取决于 DNA 的结构、纯度、甲基化程度及反应温度、作用时间和缓冲体系等。不同酶最佳酶切条件是不同的，如果需要两种限制性内切酶切割，需要协调反应条件。若两种酶的反应条件无法兼容，需要分阶段进行。

（二）DNA连接酶

DNA连接酶是能够催化不同来源DNA分子的相邻3′-羟基和5′-磷酸形成3′-5′磷酸二酯键的酶，催化过程需要消耗能量。已发现的DNA连接酶有大肠杆菌DNA连接酶和T4噬菌体DNA连接酶两种。大肠杆菌DNA连接酶分子质量为74kDa，由大肠杆菌基因 lig A 编码，催化DNA双链中的缺口或黏性末端连接，不能催化平端连接，需NAD+作为辅助因子。T4噬菌体DNA连接酶从T4噬菌体感染的大肠杆菌中分离获得，分子质量为68kDa，由噬菌体基因30编码，可催化相邻的黏性末端或平末端连接，由ATP提供能量。

DNA连接酶在自然界DNA复制、损伤修复及剪接重组中发挥连接缺口的作用，同时应用于人为将不同来源的DNA片段连接组装成重组DNA，是重组DNA技术中不可缺少的基本工具酶。T4噬菌体DNA连接酶由于制备方便，在基因工程中应用尤为广泛。

（三）DNA聚合酶

DNA聚合酶是以DNA或RNA为模板，以游离的3′-OH端为基础，依次添加脱氧核苷酸，催化核苷酸间通过3′-5′磷酸二酯键聚合的反应。基因克隆技术中常用的DNA聚合酶有DNA聚合酶Ⅰ、克列诺（Klenow）片段、Taq DNA聚合酶和逆转录酶等。

1. DNA聚合酶Ⅰ　DNA聚合酶Ⅰ（DNA-pol Ⅰ）是由大肠杆菌 pol A 基因编码的一条多肽链，同时拥有5′→3′聚合酶、5′→3′及3′→5′核酸外切酶三种活性。DNA-pol Ⅰ可催化DNA链上缺口平移，在基因克隆技术中常用于制备DNA探针和序列分析。

2. Klenow片段　DNA-pol Ⅰ可被枯草杆菌蛋白酶水解成两段，其中大片段称Klenow片段，又称为Klenow聚合酶。Klenow片段具有5′→3′聚合酶活性和3′→5′核酸外切酶活性，失去5′→3′核酸外切酶活性。在基因克隆技术中常用于cDNA第二链合成、填补限制性内切酶消化的3′端、DNA序列分析等。

3. Taq DNA聚合酶　Taq DNA聚合酶是从耐热菌 Thermus aquaticus 中分离获得的一种耐热的以DNA为模板的DNA聚合酶，分子质量为65kDa，最佳反应温度在75℃左右。Taq DNA聚合酶具有5′→3′聚合酶活性和5′→3′核酸外切酶活性，酶活性对Mg^{2+}浓度敏感，在基因克隆技术中主要用于PCR和DNA序列分析等。

4. 逆转录酶　逆转录酶（reverse transcriptase）又称反转录酶，是一种依赖RNA的DNA聚合酶，模板可以是RNA或DNA，具有5′→3′DNA聚合酶活性和RNA水解酶活性。已在多种RNA肿瘤病毒中分离到逆转录酶，其中应用最广的是禽类髓细胞瘤病毒（avian myeloblastosis virus，AMV）和莫洛尼鼠白血病病毒逆转录酶（Moloney murine leukemia virus，M-MLV），在基因克隆技术中主要用于cDNA法获得目的基因、补齐和标记DNA双链的5′突出端、以单链DNA或RNA为模板制备探针等。

（四）其他酶

1. 碱性磷酸酶　碱性磷酸酶（alkaline phosphatase）能切除DNA和RNA片段末端的5′-磷酸基团。在基因克隆技术中用于去除载体分子或目的基因的5′-磷酸基团，防止自身连接，提高重组效率。也用于DNA末端标记。

2. 多核苷酸激酶　多核苷酸激酶（polynucleotide kinase）催化多核苷酸的5′-OH端发生磷酸化，加入的磷酸基由ATP的γ-磷酸转移获得。在基因克隆技术中，多核苷酸激酶常用于标记DNA 5′端，先用碱性磷酸酶去除5′-磷酸基团，再用多核苷酸激酶对5′端进行标记。

3. 末端转移酶　末端脱氧核苷酸转移酶（terminal deoxynucleotidyl transferase，TdT）简称末端转移酶，催化DNA的3′-OH端加入脱氧核苷酸，反应需要Mg^{2+}参与。在基因克隆技术中主要用于3′-OH同聚物加尾，形成人工黏性末端，便于DNA重组；也可用于DNA 3′端标记。

三、载体的种类及选择

载体（vector）是指能容纳外源 DNA 片段且具备自我复制能力的 DNA 分子，在基因工程中可以携带目的基因进入受体细胞，实现目的基因扩增或其表达产物表达的运载工具。为满足以上目的，载体需具备以下条件。①自我复制能力，能保证所携带的外源 DNA 在宿主细胞扩增。②有多个限制性核酸内切酶单一酶切位点，即多克隆位点，以便目的基因与载体重组。③具有选择性遗传标记（如抗生素的抗性、营养缺陷等），以便于重组 DNA 的筛选和鉴定。④在宿主细胞中能够稳定遗传。⑤分子相对较小，可容纳较大的外源目的基因。

天然载体往往有各种缺陷，目前满足上述要求的常用载体都是以天然载体为基础，人工改造构建而成。载体根据最终用途不同可分为克隆载体（cloning vector）和表达载体（expression vector）。克隆载体主要用于扩增插入的外源目的基因，表达载体主要用于表达外源目的基因的蛋白质产物。表达载体除了满足以上载体需具备条件外，还需要包含启动子等表达元件及有利于表达产物合成、修饰、分泌的元件。

根据来源和结构不同，基因克隆技术常用载体包括质粒、噬菌体、黏粒、病毒、人工染色体和穿梭质粒等。在基因克隆技术中具体选择何种载体，需要根据实验目的、目的基因来源和大小、对应宿主细胞等因素判断。

（一）质粒

质粒（plasmid）是天然存在于细菌染色体之外、具有自主复制能力的环状双链 DNA 分子，分子质量从几 kb 到数百 kb。有些质粒分子量大、拷贝数少，随细菌染色体同步复制，称为严紧型质粒（stringent plasmid）；有些质粒分子量小，拷贝数多（10~200 个/细胞），与细菌染色体复制不同步，称为松弛型质粒（relaxed plasmid）。松弛型质粒有复制起始点（origin），能独立进行复制并传给子代细胞。质粒特有的遗传信息使包含质粒的细菌拥有一些新的遗传性状，如抗生素的抗性、显色反应等，可作为筛选、鉴定重组 DNA 的标志。

基因工程常用质粒载体大多是以天然松弛型质粒为基础，人工改造而成。质粒作为载体可用于对外源目的基因的克隆或表达；一般可容纳 10kb 以下的外源目的基因插入；宿主细胞既可以是细菌，也可以是酵母、哺乳动物或昆虫细胞。常用的质粒克隆载体有 pBR322 和 pUC 系列，表达载体有 pGEM 等多种。

1. pBR322 质粒　pBR322 质粒长 4.36kb，结合三种天然质粒中的理想元件，于 1977 年构建成功。pBR322 质粒结构上拥有：①一个复制起始点 ori，保证其在细菌中高拷贝复制。②含有氨苄青霉素抗性（Amp^r）和四环素抗性（Tet^r）标记，可用于筛选阳性克隆。非抗性的大肠杆菌转化 pBR322 质粒后可获得对抗生素的抗性。③有多个单一的限制性内切酶酶切位点。其中 9 种酶切位点位于 Tet^r 基因，3 种酶切位点位于 Amp^r 基因。外源目的基因插入这些酶切位点时导致细菌失去 Amp 或 Tet 抗性，称为插入失活。④分子量小拷贝数高，易于纯化制备。

2. pUC 系列质粒　pUC 系列质粒是在 pBR322 的基础上插入了一个来源 M13 噬菌体的 LacZ′ 基因，使得 pUC 可以通过营养缺陷筛选重组克隆。pUC 系列质粒大多成对设计，只是 LacZ′ 基因上包含的多克隆位点（MCS）的排列方向相反，应用最广泛的是 pUC18/19。pUC19 质粒分子量更小，拷贝数更高。其中 LacZ′ 基因编码 β-半乳糖苷酶氨基端肽链，与宿主细胞中 F′ 因子上的 LacZ′$\Delta M15$ 基因产物互补组成有活性的 β-半乳糖苷酶。该酶可分解生色底物 X-gal（5-溴-4 氯-3-吲哚-β-D-半乳糖苷）形成蓝色菌落。当外源目的基因插入 MCS 后，无法组成活性 β-半乳糖苷酶，底物 X-gal 不能被分解，菌落呈白色。这种筛选重组克隆的方法称为"蓝白斑"筛选。

（二）噬菌体

噬菌体（bacteriophage，phage）是指能感染细菌等微生物的病毒，蛋白质衣壳包被在基因组外。按照生活史不同分为溶菌型噬菌体和溶源型噬菌体，按照 DNA 结构分为双链噬菌体和单链丝状噬菌体。常用于基因克隆技术的噬菌体有λ噬菌体和M13噬菌体两大类。

1. λ噬菌体　野生型λ噬菌体的基因组为线状双链DNA分子，全长48.5bp，两端带有长12bp的互补5′单链突出黏性末端，即cos位点。感染宿主细胞后线性DNA借助cos位点互补连接成环状，既可大量繁殖使宿主裂解，进入溶菌型生命周期，也可整合到细菌基因组，进入溶源生长周期。λ噬菌体基因组中间约1/3的序列不是病毒生活所必需，可切除后插入外源基因完成重组。λ噬菌体载体比质粒载体容纳外源基因片段更长，重组效率更高。

基因克隆技术中常用的λ噬菌体有插入型和置换型两类，均是在野生型基础上改造而来。插入型载体（insertion vector）只有一个限制性内切酶切割位点，供外源目的基因插入，如λgt10/11载体，能容纳8kb以下的外源DNA，适用于cDNA的克隆和构建cDNA文库。置换型载体（replacement vector或substitution vector）具有成对的限制性内切酶切割位点，一对位点之间的DNA区段可被外源目的基因取代之置换型，如EMBL系列载体，重组效率很高，可容纳30kb以内的外源片段，常用于构建基因组DNA文库。

2. M13噬菌体　M13是一种单链丝状噬菌体，DNA呈单链闭合环状，全长6.4kb。M13在细菌内复制时复制成双链DNA，可用作基因克隆技术的载体，称为复制型（replication form，RF）M13。当复制型M13在细菌内达到拷贝后，复制合成单链DNA，包装成噬菌体分泌排出。M13噬菌体可容纳1.5kb外源基因片段，常用于DNA序列分析、体外定点突变和核酸杂交等。

（三）黏粒

黏粒又称柯斯质粒（cos site-carrying plasmid，cosmid），是λ噬菌体的cos黏性末端和质粒组装构建而成。黏粒含有质粒的自主复制区和抗性标记，克隆重组的黏粒包装成病毒颗粒感染细菌后，可在细菌中以质粒方式进行复制、扩增和筛选。黏粒还含有λ噬菌体DNA的cos黏性末端及相关包装序列，目的基因可被包装进入噬菌体蛋白质衣壳，在选择性培养基上形成菌落。黏粒可容纳50kb以内的外源目的基因，添加上真核元件后常用于真核细胞基因组文库的构建。

（四）病毒

质粒、噬菌体常用于原核细胞基因克隆技术，真核细胞常用病毒作为基因克隆技术的载体。常用的病毒载体分为游离型（腺病毒载体）和整合型（逆转录病毒载体）。游离型载体游离于染色体外，不整合到宿主染色体DNA上，瞬时表达外源基因，安全性较高。整合型载体与宿主细胞DNA整合，随宿主染色体一起复制，可持续表达外源基因，但存在突变风险。

（五）人工染色体

人工染色体（artificial chromosome）是为了容纳更大的目的基因片段人工设计的新型载体，容量高达500kb。常用的有细菌人工染色体（BAC）、噬菌体人工染色体（PAC）、酵母人工染色体（YAC）和哺乳动物人工染色体（MAC）。其中YAC和MAC含有着丝粒、端粒、复制起点等染色体结构功能单位，能稳定遗传；YAC是第一个构建成功的人工染色体载体，可插入100~2000kb的外源目的基因。BAC和PAC无着丝粒等结构，不是严格意义上的染色体；BAC可插入100~300kb的外源目的基因，比YAC更稳定、更易分离。

（六）穿梭质粒

穿梭质粒是具有两套复制起点和筛选标记的人工质粒，能携带外源目的基因在不同的宿主细胞，特别是原核和真核细胞之间穿梭繁殖。

四、目的基因的获取及准备工作

基因克隆技术的第一步是获得外源目的基因。目的基因（target DNA或interest DNA）是指待研究或待克隆、表达的特异基因。获得目的基因可根据研究目的和基因来源不同，从以下方法中进行选择。

（一）PCR扩增

目前实验室最常用 PCR 获得目的基因。PCR 可以在很短的时间内，从染色体 DNA 或 cDNA 上高效扩增目的基因片段，还可以根据实验需要在引物序列上设计适当的酶切位点、起始或终止密码子等，对目的基因进行的修饰。用 PCR 扩增目的基因，需已知目的基因两端的 DNA 序列，并设计合成适当引物。PCR 扩增的原理及操作详见第六节。

（二）基因组DNA断裂分离

直接从生物材料中分离纯化，用机械（超声波）或限制性内切酶消化后分离获得。此法仅适用于基因结构简单的原核生物中拷贝数多的基因，真核细胞基因组结构复杂，很难得到纯化的目的基因。

（三）人工化学合成

对于已知核苷酸排列顺序的目的基因，可利用 DNA 全自动合成仪合成。化学合成法合成效率高，可以对目的基因进行改造和修饰，适合小片段目的基因的获得。缺点是大片段基因合成难度大，需分段合成后拼接，成本较高。

（四）逆转录合成cDNA

真核生物基因组是断裂基因，并含有大量重复序列，基因结构复杂。可以从细胞中提取 mRNA 作为模板，逆转录成 cDNA，然后再以 cDNA 为模板 PCR 扩增合成目的基因。逆转录和 PCR 联合应用，获得的目的基因已去除了内含子，是目前获得已知目的基因的主要方法。

（五）从基因文库获取

对于未知的目的基因，经典方法是先构建基因组文库（genomic library）或 cDNA 文库（cDNA library），然后利用分子杂交或 PCR 等技术，从中筛选出含有目的基因的克隆，扩增、分离、收集，最后获取目的基因。随着人们对基因组了解的日渐深入，此方法逐渐被 PCR 和逆转录 PCR 技术所取代。

（六）已获得目的基因的修饰、准备

获得目的基因后，需要利用各种工具酶对其末端进行加尾或酶切等修饰，以保证后续操作顺利进行。例如，PCR 法获得目的基因时可以通过引物设计加入特定的限制性酶切位点，或利用末端转移酶在双链 DNA 末端加上单链多聚核苷酸尾，方便与互补载体相连。

五、目的基因与载体的重组连接

获得的目的基因需插入合适的载体中才能在宿主细胞内扩增或表达。将目的基因与载体连接的过程本质是一个酶促反应，由 DNA 连接酶催化将外源目的基因与载体连接成重组 DNA。由于来源、分子大小、种类和实验目的的不同，目的基因与载体间的连接有多种方式。

（一）黏性末端链接

具有相同黏性末端的目的基因和载体，末端单链碱基通过氢键互补配对，DNA 连接酶催化相邻 5'-磷酸基团与 3'-OH 间生成磷酸二酯键，连接切口形成重组 DNA。

同一种限制性内切酶切割形成的目的基因和载体，由于分子两端带有相同的黏性末端，容易发生载体的自身环化或目的基因自连成多聚体，而且目的基因的插入可能有两种不同的插入方向，有效重组率低。针对此问题可以用碱性磷酸酶处理载体酶切后的末端，去除 5'-磷酸基团，防止自身环化。也可以选用两种不同的限制性内切酶切割目的基因和载体分子的两端，形成两边不同的黏性末端或一边黏性末端另一边平末端。这样不仅可以防止载体和目的基因环化自连，还能保证目的基因以特定方向插入载体分子中，保证有效重组率，称为定向克隆。

（二）平末端连接

如果目的基因和载体经限制性内切酶消化后形成平末端，DNA 连接酶也可以催化平末端连接成重组 DNA。但由于平末端连接需要目的基因和载体彼此靠近相互碰撞才能发挥连接作用，其连接效率比黏性末端连接低得多，需要靠增加目的基因和载体浓度，提高 DNA 连接酶用量，延长连接时间来提高连接效率。另外，平末端连接也经常发生载体自身环化、目的基因多聚体和双向插入现象。为提高平末端连接有效重组率，可以对平末端进行人工接头或同聚物加尾修饰。

（三）人工接头连接

人工化学合成一段内含限制性内切酶识别位点的寡核苷酸片段，即人工接头（linker）。利用 DNA 连接酶将人工接头连接在目的基因或载体的平末端上，然后用接头中所含切割位点对应的限制性内切酶消化，使 DNA 分子两侧形成黏性末端，方便目的基因与载体重组连接。

（四）同聚物加尾连接

利用末端转移酶在目的基因或载体 DNA 分子平末端的 3′-OH 上逐一添加同种脱氧核苷酸，形成同聚物尾，如多聚腺苷酸（poly A）或多聚胸腺嘧啶核苷酸（poly T）。目的基因和载体两端可以修饰上互补的同聚物尾，互补同聚物尾之间类似黏性末端，退火后可用 DNA 连接酶封闭缺口连接成重组 DNA。

六、重组 DNA 导入宿主进行克隆

体外构建的重组 DNA 分子需导入宿主细胞才能进行扩增克隆。宿主细胞可以是原核细胞或真核细胞，需根据重组 DNA 性质和实验目的选择合适的宿主细胞。理想的宿主细胞通常是 DNA/蛋白质降解系统缺陷株或重组酶缺陷株，称为工程细胞。工程细胞容易接纳外源重组 DNA 分子，不对外源 DNA 进行修饰，对载体的扩增和表达没有严格限制，能保证外源 DNA 长期稳定地遗传或表达。由于宿主细胞的不同，重组 DNA 分子导入方法也有差异：导入原核细胞的过程称为转化，导入真核细胞的过程称为转染，病毒载体导入细胞称为感染。

（一）转化

转化（transformation）是指将质粒或重组 DNA 分子导入原核宿主细胞（细菌），并使其获得新表型的过程。最常用的宿主菌是大肠杆菌，其突变株丧失了在人体中的生存能力，核酸酶活性缺陷，重组酶基因失活，不会降解导入细胞的外源 DNA。大肠杆菌经处理后细胞膜通透性增加，更易于外源重组 DNA 的导入，称为感受态细胞（competent cell）。

指数生长期的大肠杆菌经低渗 $CaCl_2$ 溶液处理，细胞壁和细胞膜的通透性增加，处于感受态。将重组 DNA 或质粒与感受态细胞共同保温，即可进入受体菌细胞内。也可采用电穿孔法（electroporation），将外源 DNA 与大肠杆菌混合置于电穿孔杯中，高频电流作用使细菌细胞壁出现微孔，使外源 DNA 进入细菌。电穿孔法无须制备感受态，转化效率较高，但会造成部分细菌死亡。

（二）转染

转染（transfection）是指将非病毒载体（质粒、噬菌体）构建的重组 DNA 导入真核细胞的过程。外源重组 DNA 进入真核宿主细胞后，可以整合到宿主细胞染色体上并指导目的蛋白的合成，称为稳定转染（stable transfection）；也可以不整合到宿主染色体，游离存在短暂表达目的蛋白，称为瞬时转染（transient transfection）。目前常用的转染方法有以下几种。

1. 磷酸钙共沉淀法　重组 DNA 和磷酸钙混合形成共沉复合物，吸附在宿主细胞膜表面，通过细胞内吞作用进入宿主细胞。此方法可用于稳定转染和瞬时转染，操作简便但重复性差，不适用于原代细胞。

2. 二乙氨乙基（DEAE）-葡聚糖法　带正电的 DEAE-葡聚糖可与外源 DNA 结合，一方面防止 DNA 被降解；另一方面介导宿主细胞内吞 DNA。此方法适用于瞬时转染，比磷酸钙共沉淀法重复

性好，但对细胞有一定毒性作用。

3. 脂质体法　带正电的脂质体包裹外源 DNA，通过脂质体与细胞膜融合使外源 DNA 进入宿主细胞。此方法可用于瞬时或稳定转染，操作简单，重复性好，转染效率高，是目前广泛应用的转染方法。缺点是脂质体价格较高，操作过程需去除血清。

4. 电穿孔法　利用高脉冲电压破坏细胞膜电位，在宿主细胞膜上形成微孔，外源 DNA 通过微孔进入细胞。该方法可用于稳定转染和瞬时转染，操作简单、适用面广、转染效率较高。缺点是需要专门仪器，细胞致死率高。

5. 显微注射法　通过显微操作将外源 DNA 直接注入宿主细胞核。该法可用于稳定转染和瞬时转染，转染效率高。缺点是仪器和操作技巧要求高，转染细胞数目少。

（三）感染

感染（infection）也称转导（transduction），指噬菌体或病毒载体构建的重组 DNA 介导外源目的基因进入宿主细胞的过程。噬菌体、逆转录病毒和腺病毒等经包装成携带外源目的基因的重组噬菌体颗粒或病毒颗粒，侵染宿主细胞介导外源重组 DNA 进入。感染的效率很高，但需考虑安全因素。

七、含有重组克隆宿主细胞的筛选鉴定

外源目的基因与载体重组导入受体细胞后，需要用特殊的方法从培养所得的大量菌落或噬菌斑中筛选出含目的基因的重组克隆；并鉴定其中确实带有外源目的基因。筛选和鉴定的方法有两类，一类是利用宿主细胞遗传表型的改变进行筛选，如抗药性、营养缺陷显色反应和噬菌斑形成能力等；另一类是通过分析重组克隆的结构特征进行筛选，如限制性内切酶酶切及电泳、探针杂交、核酸序列分析等。

（一）遗传学标志筛选

重组克隆转化宿主细胞后，载体上的筛选标志基因的表达使细菌表型发生改变，此时往培养皿中加入相应的筛选物质，可以直接筛选出含重组子的克隆。这类筛选操作简单，适合阳性重组子初筛。

1. 根据载体抗性标记筛选　大多数载体带有抗生素抗性基因，如 Amp^r、和 Tet^r 等。当抗性基因载体转化无抗性细胞后，成果转入载体的细胞都获得了耐药性，能在含有相对应抗生素的琼脂培养皿上生长，而未转入重组载体的细胞不能生长。此方法可能出现假阳性，自身环化的载体、未完全酶切的载体及非目的基因插入的载体均可能耐药生长，因此需要进一步筛选鉴定。

2. 根据载体抗性标记插入失活筛选　插入失活是指由于外源基因的插入，使重组克隆失去了原来具有的某些特征。例如，含有 pBR322 质粒的细胞，因质粒含有两种抗性基因，能够在含氨苄青霉素（Amp）和四环素（Tet）的培养基中生长，若通过限制性酶切位点设计外源目的基因插入质粒中的 Tet^r 基因，细胞丧失对 Tet 的抗性。这样不能在含 Tet 的培养基中生长，只能在含 Amp 的培养基中生长的菌落即含重组克隆的阳性菌落。

3. 根据 β-半乳糖苷酶显色反应筛选（蓝白斑筛选）　pUC18/19 系列载体及其他一些载体中含有 β-半乳糖苷酶基因（LacZ′）的部分片段，能编码 β-半乳糖苷酶氨基端 146 个氨基酸的 α 链。而突变的大肠杆菌能表达该酶的羧基端 ω 片段。当载体转染突变菌时，两片段互补产生有活性的 β-半乳糖苷酶。该酶分解半乳糖，在含有诱导剂异丙基硫代-β-D-半乳糖苷（IPTG）和底物 5-溴-3-氯-3-吲哚-β-D-半乳糖苷（X-gal）的培养基中，生成蓝色菌落。若外源基因插入载体 LacZ′区域，不能形成有活性的 β-半乳糖苷酶，菌落呈现白色，这样通过菌落颜色即可筛选重组克隆。

（二）核酸杂交筛选

限制性核酸内切酶消化重组 DNA 分子，利用带有放射性同位素或生物素标记的探针与之进行

分子杂交（如 Southern 印迹法），对重组克隆中插入片段进行鉴定。

原位杂交也是从基因文库中挑选含目的基因阳性克隆的常用筛选方法。先将菌落或噬菌斑铺于纤维素膜或琼脂板，再转移至另一硝酸纤维素膜上，菌落 DNA 经碱裂解原位吸附在膜上，然后用带标记的特异性探针进行分子杂交，挑选阳性菌落。

（三）PCR/DNA测序筛选鉴定

若已知目的基因两端的序列与全长,可设计一对引物,以转化菌中的重组 DNA 为模板进行 PCR 扩增,若 PCR 产物与预期长度一致,即可初步筛选出含重组体的阳性菌落。例如,pGEM 系列载体的 MCS 两侧存在保守序列 T7 及 SP6 启动子,可据此设计引物,PCR 扩增并进行 DNA 序列分析筛选阳性克隆。

（四）限制酶酶切鉴定

对经初步筛选的阳性重组克隆菌落，提取 DNA，用插入位点的限制性内切酶酶切，电泳分析插入片段的大小，判断目的基因是否成功插入到载体分子。

（五）外源基因表达产物鉴定

如果导入细胞的目的基因能表达出蛋白质产物，可应用放射免疫、化学发光或显色反应，利用特异抗体与目的基因表达产物的相互作用来筛选含有重组 DNA 的转化菌。

八、外源基因的表达

外源基因的表达涉及目的基因的克隆、复制、转录、翻译、蛋白质产物的加工、分离纯化等,这些过程需要在特定的表达体系中完成。根据受体细胞的不同,表达体系可分为原核表达系统和真核表达系统。

（一）原核表达系统

原核表达系统即外源基因导入原核细胞并在细胞内快速、高效地表达，主要包括大肠杆菌、芽孢杆菌及链霉菌系统等，其中大肠杆菌是最常用的原核表达系统。多种临床药物，如人胰岛素、生长因子、干扰素等基因已实现在大肠杆菌系统中成功表达。

原核表达系统可以根据目的蛋白的性质及用途，选择融合型、非融合型和分泌型等不同的表达方式。融合型表达是指将外源目的基因与另一基因拼接构建成融合基因进行表达，表达出的融合蛋白（fusion protein）包括外源目的蛋白与其他功能的多肽，可用酶解法切除融合蛋白中的其他多肽成分而获得外源目的蛋白。融合型表达效率高，融合蛋白较稳定，能抗细菌蛋白酶水解，大多为水溶性，常带有特殊标记，易于分离纯化。非融合型表达是指外源目的基因不与其他基因融合，直接表达目的蛋白。非融合型表达的蛋白质具有类似天然蛋白质的结构，生物学功能更接近天然蛋白，但容易被细菌蛋白酶水解。分泌型表达是利用分泌型表达载体将表达的蛋白质由细胞质跨膜分泌到细胞外，需要信号肽引导。分泌型表达可防止细菌蛋白酶水解目的蛋白，利于蛋白质折叠和纯化，但表达量较低。

原核表达系统操作简单、迅速、经济，适合大规模生产。但由于缺乏转录和翻译后加工机制，原核表达系统只适合表达 cDNA，不能表达真核基因组 DNA。而且表达出的蛋白质不能正确折叠和进行糖基化、磷酸化、乙酰化等修饰，常以包涵体形式存在，易被细菌蛋白酶降解。

（二）真核表达系统

真核表达系统是指能在真核细胞中表达外源目的基因的体系，主要包括酵母、昆虫、植物和哺乳动物等系统。要把外源基因导入真核细胞可以通过转染和病毒感染。转染是利用物理或化学方法将外源基因导入真核细胞，病毒感染是利用病毒包装把外源基因导入细胞。

真核系统表达根据实验目的、外源基因、载体和宿主细胞的不同，分为瞬时表达和稳定表达两大类。瞬时转染是指外源基因在宿主细胞中的表达和对细胞的影响只能维持较短的时间，操作方法相对简单，不需要筛选，各种转染方法都可使用。稳定转染是获得能持续表达外源目的基因的转染细胞，此方法需要药物筛选，耗时长，操作难度大。

相对于原核表达系统，真核表达系统具有转录和翻译后加工系统，能表达真核基因组 DNA，能对表达产物进行糖基化、磷酸化、乙酰化等修饰，还可以将表达产物直接分泌细胞外，方便分离纯化。

（李有杰）

第九节　生物大分子相互作用技术

一、免疫共沉淀

蛋白质互作网络与转录调控网络对调控细胞及其信号转导有重要意义。验证蛋白质之间相互作用的方法有很多，如 GST pull-down、酵母双杂交等，这两种技术存在共同的缺点，即检测到两种蛋白质发生相互作用，但在生物体内因为亚细胞定位等原因，其实不可能真正相互识别并结合。而免疫共沉淀（co-immunoprecipitation，Co-IP）是确定两种蛋白在完整细胞内生理性相互作用的有效方法。

Co-IP 是以抗体与抗原之间的专一性作用为基础来研究蛋白质相互作用的经典方法，其原理是当细胞在非变性条件下被裂解时，完整细胞内存在的蛋白质相互作用得以保持，获得蛋白质后，加入能够识别目的蛋白的与琼脂糖凝胶交联的抗体，孵育后进行离心，琼脂糖凝胶珠-抗体-目的蛋白-互作蛋白形成的复合物，一起沉淀下来。将粗提物用提取缓冲液洗涤数次，以消除所有杂蛋白质。然后从复合物上洗脱蛋白质复合物，最直接的方法是加入 SDS-PAGE 上样缓冲液后处理样品。用 SDS-PAGE 检测粗提物（以分析所产生的蛋白质的表达水平）和洗脱产物（以检测目的蛋白之一的免疫沉淀和互作蛋白的免疫共沉淀），然后将特异性条带送质谱分析；也可以使用特异性抗体进行蛋白质印迹以验证。

如果目的蛋白在细胞中表达量很低，可以构建过表达载体，将目的蛋白融合一个商业化的标签，通过特异识别标签抗体珠子来实现。使用较多的商业化标签主要有 HA（hemagglutinin）、Flag 或 c-myc 肽段。

二、染色质免疫沉淀

在活细胞状态下，如果蛋白质与 DNA 存在相互作用，则会形成复合物。染色质免疫沉淀（chromatin immunoprecipitation，ChIP）是先稳定该复合物，然后将整个 DNA 随机切断为一定长度的片段，复合物中的 DNA 区域因为有蛋白质的保护从而不被切断。利用免疫学方法特异性识别与富集复合物中的蛋白质，从而获得相结合的 DNA。下一步是分析鉴定 DNA 的序列，相应的技术包括实时定量 PCR 或者 DNA 印迹杂交，以验证预期与目的蛋白结合的 DNA 序列是否确实存在。免疫共沉淀技术与高通量测序技术结合，可以对组蛋白修饰和转录因子在全基因组范围内的分布进行客观、无预期检测。目前，染色质免疫共沉淀技术已广泛应用于检测各类转录因子及组蛋白结合位点的体内定位。

染色质免疫共沉淀通常包括 2 种类型：交联免疫共沉淀（cross-linked ChIP，X-ChIP）和无交联免疫共沉淀（native ChIP，N-ChIP）。X-ChIP 一般采用甲醛作为可逆的交联剂，通过超声波将染色质破碎为 200～500bp 的片段；免疫沉淀后，将蛋白质-DNA 复合体解交联，蛋白质可通过蛋白酶进行降解，然后纯化提取 DNA。由于甲醛固定增强了 DNA 与蛋白质的结合程度，降低了蛋白质重排的可能性，因此 X-ChIP 的灵敏度较高，适用于转录因子等与 DNA 结合程度不是很强的蛋白质研究。N-ChIP 是利用核酸酶消化未经固定的染色质，由于未经固定的蛋白质-DNA 复合体保持在自然状态，因此 N-ChIP 适用于与 DNA 结合紧密的组蛋白修饰的表观遗传学研究；同时，由于抗体与未固定的目标蛋白质结合程度高，因此 N-ChIP 的特异性较强，DNA 富集效率高。

三、GST 融合蛋白沉降技术

细胞生命活动中每一个重要功能的实现是基于分子与分子之间的相互作用，尤其是蛋白质之间的相互作用。具有信号传递作用或功能执行作用的蛋白质，与其他分子结合并进行信号传递，对于活细胞中每个进程都十分重要，蛋白质互作网络与转录调控网络对调控细胞及其信号转导有重要意义。GST 融合蛋白沉降技术（GST pull-down）是通过重组技术将谷胱甘肽 S-转移酶与探针蛋白融合，通过 GST、融合蛋白与固相化在载体上的谷胱甘肽（glutathione，GTH）亲和结合。当与融合蛋白有相互作用的蛋白质通过层析柱或与此固相复合物混合时，可被吸附而分离，该法可以鉴定与已知蛋白质相互作用的未知蛋白质，也可鉴定两个已知蛋白质间是否存在相互作用。

（许　森）

第十节　基因编辑技术

基因编辑技术是指通过核酸酶对靶基因进行定点改造，实现特定 DNA 的定点敲除、敲入及突变等，最终下调或上调基因的表达，以使细胞获得新表型的一种新型技术。目前基因编辑技术主要包括锌指核酸酶技术（ZFN）、转录激活因子样效应物核酸酶技术（TALEN）、RNA 引导的 CRISPR/Cas 核酸酶技术（CRISPR/CasRGNs）。

随着全基因组测序方法的发展，揭示特定基因功能及开发个性化药物等引起了全球科学家的兴趣。应对这些挑战，需要高效可靠的工具来获取基因型对表型影响的信息，有针对性的基因组编辑技术在攻克这些挑战方面胜过其他分子工具。因此，有针对性的基因组编辑已成为最热门的研究课题之一。基因功能获得/缺失的核心：①在基因组的特定区域产生双链断裂；②纠正内源性缺陷基因或引入外源基因；③双链断裂（DSB）修复。真核生物中的 DSB 通过两种内源性修复机制之一进行修复：非同源末端连接或同源定向修复。在非同源末端连接（NHEJ）中，蛋白质因子直接或在有核苷酸插入删除（INDEL）时重新连接断裂的 DNA 链。这个过程发生时，因没有一个同源 DNA 作为模板，通常会导致修复链中 DNA 的突变及缺失。因此，NHEJ 的特点是容易出错。NHEJ 可以发生在细胞周期的任何阶段，是主要的细胞 DSB 修复机制。相比之下，同源定向修复（HDR）使用同源修复模板精确修复 DSB。HDR 通常发生在 S 期或 G_2 晚期，此时，姐妹染色单体可以作为修复模板。总的来说，DSB 修复的 HDR 发生率与 NHEJ 相比极低。鉴于 HDR 能够实现显著的基因编辑，因此提高 HDR 的发生率/效率，从而使用位点特异性核酸酶进行基因编辑成为一个热门的研究领域。一般来说，在 DNA 水平上对基因组信息进行精确编辑或调控需要的分子机器应具备两方面能力：一是 DNA 结合域介导序列特异性 DNA 识别和结合，二是通过使用序列特异性核酸内切酶在 DNA 结合位点附近造成 DSB（图 2-4），激活 DNA 修复途径，并极大地促进特定序列的基因修饰率。因此，人们对修复系统的组成进行了广泛的研究，并对核酸酶进行了修饰，以创建能够结合特定 DNA 序列并精确实现所需修饰的人工系统。这些系统的特殊性在于，它可以在基因组水平上工作，实现原位改变，从而推动大量基因组编辑系统的发展。

使用位点特异性核酸酶和 NHEJ 或 HDR 通常会产生以下 4 种基因编辑产物之一：基因敲除、插入缺失、修正或添加。利用 NHEJ 的易错特性，可以在基因的编码区引入插入缺失和框移突变。

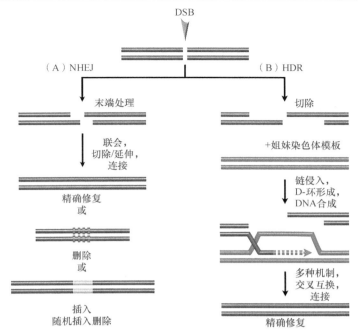

图 2-4 真核生物中 DSB 形成后的两种内源性修复机制

DSB 形成后，内源性 DNA 修复可以通过 NHEJ 产生随机的插入缺失（A），或 HDR，它使用一个模板 DNA 链进行精确修复（B）

因而可通过无意义介导的 mRNA 衰减来敲除基因。在基因缺失中，成对的核酸酶切除编码基因的区域，导致蛋白质提前截断和敲除，这种方式比引入移码更有效。基因修正和基因添加都需要可以被引入的单链或双链外源 DNA 模板。DNA 模板包含同源序列臂，其侧翼包含所需突变或基因盒的区域。常用的基因编辑技术如下。

（一）锌指核酸酶技术

锌指核酸酶是一种人工融合蛋白（图 2-5），具有两个由连接序列连接的结构域：一个是负责特

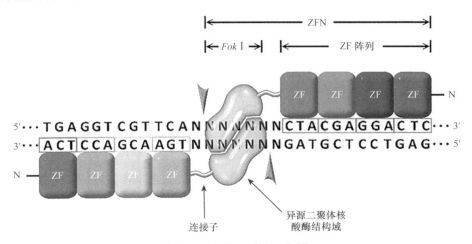

图 2-5 锌指核酸酶示意图

每个 ZFN 在 N 端包含一个锌指蛋白结构域，在 C 端包含一个 Fok I 核酸酶结构。Fok I 裂解结构域以二聚体形式在 5～7bp 间隔序列中切割目标序列

异性识别 24bp DNA 序列的锌指结构域,另一个是限制性核酸内切酶 *Fok* I 介导的 DNA 切割结构域。第一个结构域由三组锌指结构组成,每组锌指由约 30 个与单个锌原子相连的氨基酸残基组成,这些氨基酸残基折叠成了 α-β-β 的二级结构,且围绕着中间的锌离子形成了独立的四面体结构并结合 3~4bp 的 DNA 基序。因此在设计 ZFN 时只需针对目的基因设计 8~10 个锌指蛋白(zinc finger protein,ZFP),再将这些 ZFP 与 *Fok* I 核酸酶结合,就构成了具有特异性切割功能的 ZFN。*Fok* I 核酸酶属于 II 型限制性内切酶,来源于海床黄杆菌。*Fok* I 核酸酶与 ZFP 的 C 端结合形成 ZFN,且只有当两个 *Fok* I 核酸酶单体结合成二聚体时,才具有内切酶活性,因此 ZFN 一般需要成对使用。ZFN 是第一项广泛应用的基因编辑技术,目前该技术已经成功应用于很多动植物细胞的基因敲除或修饰。近年来,研究者已成功设计可以用于疾病基因治疗的特异性 ZFN,表明 ZFN 在医学领域有着广阔的应用前景。但是 ZFN 技术存在一些缺点:ZFN 设计成本高、耗时长、工作量大;ZFN 的识别结构域中存在上下文依赖效应,使得 ZFN 的筛选效率大大降低;对特异性结合靶序列也有一定影响,因此不能针对任意目的序列设计相应的 ZFN;ZFN 的脱靶效应容易对细胞产生毒性,应用时有一定的风险。

(二)转录激活因子样效应物核酸酶技术

转录激活因子样效应器核酸酶(TALEN)是 2010 年由 Christian 等将 TALE 蛋白与 *Fok* I 核酸酶融合构成人工 TALE 核酸酶,建立了理论上能够对任意目的序列进行靶向遗传修饰的 TALEN 基因编辑技术,这表明基因编辑领域出现了一种比 ZFN 更有优势的新方法。TALEN 的构造和作用原理与 ZFN 相似,其中特异性识别并结合 DNA 序列的结构域是位于 N 端的转录激活因子样效应器(TALE),而非特异性切割结构域是位于 C 端的 *Fok* I 核酸酶。核酸酶结构域与 DNA 结合结构域由一个称为间隔序列的 12~25bp 序列分隔。TALEN 以二聚体形式发挥作用,使双链断裂,结合位点位于相反的链上。DNA 结合域由含有串联重复序列的单体组成,其中两个高度可变,每个重复序列识别并结合目标序列中的单核苷酸。这种变异性负责识别特定的 DNA 序列,因此比 ZFN 更容易进行工程设计。TALAN 的靶序列长度通常为 30~40bp。TALE 蛋白的作用和真核生物转录因子的作用相似,可以通过特异性识别宿主内源基因 DNA 序列并调控其表达,从而使宿主细胞对该病原体产生超敏反应。TALE 蛋白由 3 部分构成(图 2-6),包括 C 端序列、N 端序列及一段可以特异性识别 DNA 序列的中间重复序列。其中 C 端具有核定位信号和转录激活结构域;N 端具有可分泌转运信号的易位结构域;中间的重复序列是 DNA 结合域。每个重复的单体包含 33~35 个氨基酸,其中大部分重复氨基酸是高度保守的,但第 12 和 13 个氨基酸是可变的,称为重复可变双残基,它们参与对 DNA 双链上碱基的特异性识别。每一个重复可变残基识别 4 种碱基中的一种或几种,其识别对应的密码为天冬酰胺-组氨酸(NH)识别 G,天冬酰胺-异亮氨酸(NI)识别 A,天冬酰胺-甘氨酸(NG)识别 T,组氨酸-天冬氨酸(HD)识别 C,天冬酰胺-天冬酰胺(NN)识别 G 或 A。因此,TALEN 在识别目标位点的特异性方面比 ZFN 更有优势,且构建方式较简便。

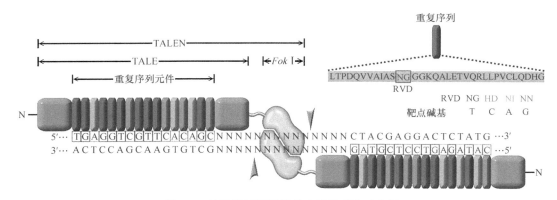

图 2-6 转录激活因子样效应器核酸酶示意图

利用 ZFN 和 TALEN 进行基因组编辑，在靶向基因编辑中发挥了重要作用。然而，TALEN 技术也存在脱靶现象、费用昂贵且费时、可能会引起机体免疫反应等问题。因此，研究人员不得不提出一种新的简单、可靠、高效且价格合理的精确基因组修饰方法，这促进了基因组编辑技术 CRISPR/Cas9 系统的发展。

（三）CRISPR/核酸酶技术

CRISPR/Cas9 是规律成簇间隔短回文重复序列（clustered regulatory interspaced short palindromic repeats）/CRISPR 相关蛋白 9（CRISPR- associated protein 9）的缩写，CRISPR/Cas9 技术作为一种简单的 RNA 引导的细菌免疫系统在多种生物中可以高效和特异地实现基因组编辑和调控，为生物医学研究创造了革命性的工具，为基因治疗创造了新的可能性，成为第三代基因编辑技术，故在此重点介绍。

CRISPR/Cas9 系统包括两个组分：特异性核酸内切酶 Cas9 和向导 RNA（guide RNA，gRNA）分子。目前，CRISPR/Cas9 系统正迅速发展成为全球范围内靶向基因组编辑的主要工具。

1. CRISPR/Cas 基因座 CRISPR/Cas 系统是一种适应性免疫系统，能够抵抗原核生物中的外源基因。CRISPR 基因座在约 90% 的古细菌和 40% 的细菌基因组中被发现。CRISPR 阵列由几个重复序列组成，由间隔子隔开。这些间隔子是从外源 DNA 获得的独特片段，可提供针对外源 DNA 的序列特异性免疫。Cas 基因簇通常位于这些重复间隔单元的附近。在噬菌体或质粒等外源 DNA 入侵宿主后，外来核酸被加工成短片段，并被作为新的间隔子整合到宿主染色体内的 CRISPR 重复间隔子序列中，这个过程相当于宿主的一次"免疫记忆"。重复间隔单元的数量可以从几个到几百个不等，平均数量为 65 个。重复序列的长度可以在同一基因组的不同位点之间变化。最近的研究发现，重复序列的长度范围为 18～50 个核苷酸，而间隔序列的长度范围为 17～84nt。有一个 20nt 长的 DNA 靶序列或 gRNA，与上游 3nt 序列 PAM 相邻，PAM 是入侵外来元素的组成部分，但不是 CRISPR 基因座的一部分。

2. CRISPR/Cas 系统的分类 2020 年 CRISPR/Cas 系统被分为两种形式，并进一步分为 6 种类型（Ⅰ～Ⅵ）和 50 个亚型。已知大量古菌（如整个嗜热菌）和细菌的基因组中包含 1 类 CRISPR/Cas 系统，而 2 类系统存在于细菌中，但不存在于嗜热菌中。基于核酸酶载体的特性，1 类系统包括Ⅰ型、Ⅲ型和Ⅳ型，它们具有多亚基 Cas 蛋白载体复合物，而 2 类系统包括Ⅱ型、Ⅴ型和Ⅵ型的单个蛋白载体模块。核酸酶载体蛋白在干扰阶段是必要的。针对 DNA 病毒的 CRISPR/Cas 系统是Ⅰ型、Ⅱ型和Ⅴ型，而Ⅵ型针对的是 RNA 病毒。然而，Ⅲ型同时靶向 DNA 和 RNA 的 CRISPR/Cas 系统，Ⅳ型系统的靶标尚未被确定。Ⅱ型系统分为两个亚型Ⅱ-A 和Ⅱ-B。Ⅱ型 CRISPR/Cas 系统编码 Cas1、Cas2 和 Cas9 蛋白，有时还编码第四种蛋白（Csn2 或 Cas4）（图 2-7）。鉴于Ⅱ型 CRISPR/Cas9 系统的简单性，研究人员首次利用 CRISPR 进行基因编辑使用化脓链球菌的 Cas9 系统。2012 年，Doudna Charpentier 展示了首次使用 CRISPR/Cas9 在靶 DNA 中引入 DSB。此外，他们还证明，两个 tracrRNA:crRNA 单元可以被设计成一个单一的、截短的 RNA 嵌合体，并且仍然可以直接、高效地切割 DNA。如图 2-7B 所示，这进一步将 CRISPR/Cas9 简化为一个双组分系统：一个 Cas9 蛋白和一个单一导向 RNA（single guide RNA，sgRNA）。这种简单性使 CRISPR/Cas9 系统成为目前可用的最方便、简单和灵活的定点基因编辑工具。

Ⅱ型 CRISPR 系统只需要一种蛋白质 Cas9 就可以完成扫描、结合并切割目标 DNA 序列的工作。CRISPR 基因座由 3 部分组成：反式激活 CRISPR RNA（tracrRNA）基因、Cas 基因及 CRISPR 重复序列和间隔序列。这些被转录成 tracrRNA、Cas9 蛋白和前 crRNA。RNaseⅢ通过在重复序列处切割前 crRNA 将其加工成 crRNA，tracrRNA 和 crRNA 通过碱基互补配对形成 crRNA:tracrRNA 复合物，此复合物引导核酸酶 Cas9 蛋白在与 crRNA 配对的序列靶点剪切双链 DNA。而通过人工设计 crRNA 和 tracrRNA 这两种 RNA，改造成具有引导作用的 sgRNA，从而引导 Cas9 对 DNA 的定点切割。

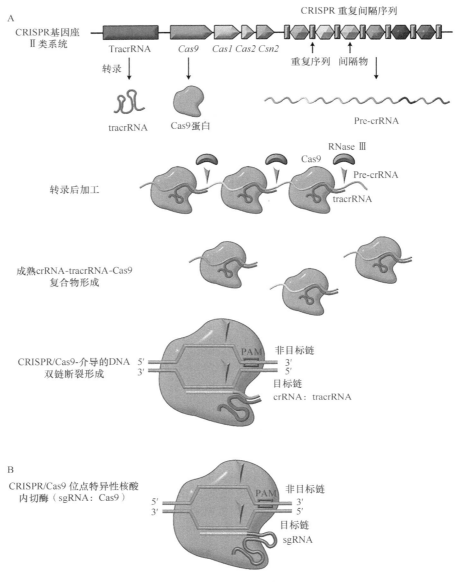

图 2-7　II型 CRISPR/Cas 系统生物学

A. 内源性 CRISPR/Cas9 及其相关转录/翻译产物的表达。B. 用于位点特异性基因编辑的工程化 CRISPR/Cas9（sgRNA:Cas9）。
灰色箭头表示单链核苷酸断裂的位置

3. CRISPR/Cas9 参与防御过程　CRISPR/Cas9 作为一种适应性免疫系统参与防御过程可分为 3 个阶段。①适应（adaptation，A），获取新的间隔物或使其适应 CRISPR 阵列；②表达（expression，E）CRISPR RNA 或 crRNAs 的表达和加工；③干扰（interference，I）CRISPR 干扰。而在 II、III、IV 型 CRISPR 中还存在信号传输或者其他辅助阶段。

（1）适应：当外源质粒或者噬菌体侵入细菌/古菌之后，原核生物内部的 CRISPR/Cas 系统便开始工作，通过一些特定的 Cas 蛋白将外源 DNA 的一些基因片段（称作前间隔序列或者原间隔序列，proto-spacer）插入原本 CRISPR 阵列当中，从而使细胞能够适应环境中存在的入侵者。因此，这一阶段也被称为"适应"。存储在间隔区的信息可用于对抗类似的入侵者。Cas1 和 Cas2 在适应过程中起着重要作用，Cas1 和 Cas2 是 CRISPR 获得间隔区阶段最重要的两种蛋白质。这两个蛋白单独作用切割效率不高，但是它们一同作用的时候会表现出很强的协同作用。事实上，在适应阶段，Cas1 和 Cas2 会组装成为一个复合体，该复合体会结合双叉 DNA 构成一个 DNA-蛋白质复合体，在 PAM 的识别及间隔区的俘获过程中起关键作用。PAM 的存在是区分目标和 CRISPR 阵列的先决条件。具有回文结构的重复序列在获取间隔序列的过程中提供方向和位置。

（2）CRISPR RNA 和 Cas 基因的表达：获得新的间隔子后，表达 CRISPR RNA（crRNAs）和 Cas 蛋白。上述 CRISPR 阵列经过转录会得到重复序列和间隔序列的互补序列，这个互补序列被称作 pre-crRNA，但是该序列存储了所有外来侵入者的信息，因此 CRISPR/Cas 系统会对该序列进行剪切，将每个重复序列-间隔序列单元分别切开，切割位点位于重复区内。与其他 CRISPR 类型不同，Ⅱ型使用 Cas9 蛋白处理 pre-crRNA。新生成的成熟 crRNA 与短 tracrRNA 相互作用，并引导 cas9 介导的靶 DNA 切割。

（3）CRISPR 干扰：每个 crRNA 都只含有一段和某种外源 DNA 的原间隔序列匹配的间隔序列。在二次入侵时，一旦 crRNA 上的间隔序列和外源入侵 DNA 上的原间隔序列产生了匹配（crRNA 介导的 DNA 识别），则会激活单个的 Cas 蛋白对外源 DNA 进行基因干扰，使外源 DNA 发生裂解。

在基因组工程时代，CRISPR/Cas9 系统作为基因组编辑工具已被修改为一种通用的、适应性强的、针对特定目标的基因组编辑工具。这种改良的 CRISPR/Cas9 系统利用 gRNA 引导的 Cas 蛋白切割目标 DNA 序列。CRISPR/Cas9 系统中有两种不同的成分：gRNA 和一种核酸内切酶。

4. Cas9 蛋白结构　SpCas9 和 SaCas9 采用双叶的模式（图 2-8）：核酸酶（nuclease，NUC）叶和 α-螺旋识别（recognition，REC）叶组成的双叶结构。NUC 叶包含 HNH 核酸酶结构域，RuvC 样核酸酶结构域、PAM 相互作用（PI）结构域和楔形域（WED）。RuvC 和 HNH 核酸酶域分别使用双金属机制（two-metal mechanism）和单金属机制（single-metal mechanism）来切割 DNA 双链的两条单链。PI 结构域通过碱基特异性相互作用与 DNA 的 PAM 区域相互作用，并有助于 Cas9 的 DNA 靶向特异性。WED 结构域对于 sgRNA 脚手架的正交识别非常重要，并且它还与 PAM 区域的主干相互作用。螺旋状 REC 叶在不同的 Cas9 中也存在差异，它包含有助于识别向导 RNA-靶 DNA 异源双链的区域，以及同源 sgRNA 脚手架的特异性识别。

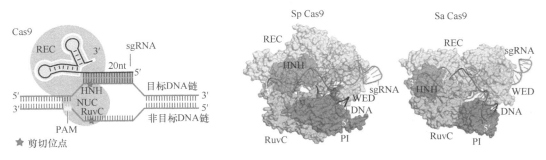

图 2-8　Cas9 蛋白结构

5. 靶 DNA 位点选择和 sgRNA 设计　CRISPR/Cas9 系统的一个强大优势是能够针对任何一条 DNA 链上含有 PAM 基序的约 23bp 的序列。对于化脓性链球菌的 Cas9（SpCas9）PAM，这样的基序平均每 8 个 bps 出现一次，来自其他物种的 Cas9 蛋白质被发现具有不同的 PAM 序列。例如，脑膜炎奈瑟菌（*Neisseria meningitidis*）的 Cas9（SaCas9）的 PAM 为 5′-NNNNGATT-3′，这在靶序列选择方面提供了更大的灵活性，并且随着具有不同 PAM 的新 Cas9 蛋白的鉴定，这种灵活性将增加。在脱靶率方面，一份报告显示 CRISPR/Cas9 由于相对较短的靶向序列，可能不如 ZFN 或 TALEN 特异，脱靶效应是向导 RNA 特异性的，因此 sgRNA 的合理设计成为了一项重要的工作，需要仔细规划才能达到期望的结果。

在使用化脓性链球菌的 Cas9 时，潜在的靶位点是[5′-20nt-NGG]和[5′-CCN-20nt]。在用同源重组修复时，靶位点的选择有更多的限制，当切割位点距离修复模板的近端>30nt 时，效率急剧下降。sgRNA 设计需要注意以下几点。①sgRNA 的长度：S. pyogenes Ⅱ 型 CRISPR 系统（SpCas9）一般为 20nt。②sgRNA 序列的碱基组成：基因特异的 sgRNA 模板序列为位于 PAM 序列前，PAM 序列的特征为 NGG（N 可以为任意核苷酸），所以选择 3′端含有 GG 的 sgRNA，这样可以构成 PAM 序列。同时，sgRNA 的序列应避免以 4 个以上的 T 结尾，GC%含量最佳为 30%～70%（40%～60%）。③sgRNA 的序列与 On-target 和 Off-target 的匹配数都应尽可能提高，一般大于 60，认为是可用的。④如果构建 U6 启动子或 T7 启动子驱动的 sgRNA 表达载体，需要考虑 sgRNA 的 5′碱基为 G 或 GG，来提高其转录效率。如不是 G 可以人为加上 G。⑤全基因的脱靶效应分析，需要考虑脱靶位点的错配碱基数，尽量不超过 5 个。⑥如果想要造成基因移码突变，需要尽量靠近基因编码区的 ATG 下游，选择 ATG 下游通常 100aa 以内范围内的 sgRNA，尽量位于第一或第二外显子上。要位于 CCDS 区域，CCDS 是 consensus CDS，即公共的 CDS 区域，是针对很多个转录本。现在有很多计算工具以及有助于 sgRNA 设计的软件包可供使用。

6. CRISPR/Cas9 介导的细胞和动物模型的产生 基于 CRISPR 的基因组工程技术促进了体内和体外疾病模型的快速生成。新的替代方案如下。

（1）通过直接注射 sgRNA 和 Cas9 mRNA 在单细胞胚胎中进行基因组编辑。这种方法已被成功用于生成小鼠、大鼠和猴子模型，从而显示了 CRISPR/Cas9 系统在高效快速创建转基因动物方面的潜力，可使一个或多个基因同时被改变。

（2）体内基因编辑，涉及将 CRISPR/Cas9 系统直接递送到特定细胞，从而绕过了对种系修饰突变菌株的需求。该替代方案可应用于现有的疾病模型和转基因菌株，是很有希望的基因治疗策略。

（3）基因编辑与人类诱导多能干细胞相结合，从而能够产生复杂的遗传疾病模型。使用这种方法，可以研究各种遗传背景下的人类基因组改变，来自患者的 iPSCs 可以在培养物中分化，可用于在体外鉴定受疾病影响的细胞。

7. CRISPR 系统的递送 最广泛使用的 CRISPR/Cas 系统可分为两大类组分：货物和运载体。关于货物有 3 种常见类型：①DNA 质粒同时编码 Cas9 蛋白和向导 RNA；②翻译 Cas9 的 mRNA 和单独的向导 RNA；③Cas9 蛋白与向导 RNA（核糖核蛋白复合物 RNP）。用于运送基因编辑系统货物的运载体可分为三大类：物理递送、病毒载体和非病毒载体。

（1）物理递送系统

1）显微注射：显微注射被认为是将 CRISPR 组分导入细胞的"金标准"，效率接近 100%。使用这种方法时，无论是编码 Cas9 蛋白的质粒 DNA 和 sgRNA，或者编码 Cas9 的 mRNA 和 sgRNA，或带有 sgRNA 的 Cas9 蛋白质，都可以直接注射到单个细胞中。使用显微镜和直径为 0.5～5.0μm 的针头，刺穿细胞膜，将货物直接运送到细胞内的目标位置。这一方法绕过了通过细胞外基质、细胞膜和细胞质成分传递的障碍。此外，微量注射不受货物分子量的限制，而这是病毒载体递送系统的一个重要限制因素。这种方法还允许控制货物的量，改善对脱靶效应的控制。当然，微量注射最适合于体外和离体工作，是制作动物模型最常用的方法。

2）电穿孔：这项技术利用脉冲高压电流在悬浮细胞的细胞膜内瞬时打开纳米大小的孔，允许直径为几十微米的组分流入细胞。电穿孔适用于各种细胞类型，在其他传统递送方法很难实现时可以有效递送货物。与微量注射一样，电穿孔最常用于体外实验的方法。由于需要在细胞膜上施加一定量的电压，电穿孔通常不适合在体内应用，研究者试图改进电穿孔法使其更适合于体内实验。

3）水动力输送：流体动力给药是一种体内给药技术，方法是将含有基因编辑系统的大量溶液（体重的 8%～10%）通过静脉注入血液中。大量液体的进入导致水动力压力增加，暂时增强对内皮细胞和实质细胞的渗透性，允许通常无法穿过细胞膜的货物进入细胞。这包括裸 DNA 质粒和蛋白质。使用这种方法运送的货物明显富集于肝，但也包括肾、肺、肌肉和心脏的细胞。流体动力传递具有吸引力，因为它在技术上很简单，不需要任何外源性传递成分就可以成功地将基因编辑成分导入细胞。而且流体动力输送通常仅用于体内应用，已有研究通过流体动力输送将编码 Cas9 和 sgRNA 的 DNA 质粒成功输送到肝细胞，从而在模拟遗传性酪氨酸血症的小鼠肝细胞中纠正了 Fah 突变。但由于效率低、副作用大（对心血管功能的破坏和严重的肝损伤）等原因，该方法目前尚无法应用于临床治疗。

（2）病毒载体递送方法

1）腺相关病毒（AAV）：AAV 是一种已被广泛利用的单链 DNA 病毒，由于许多原因，AAV 是基因治疗的极好载体。病毒本身能够有效地感染具有不同特异性的多种细胞。且几乎不会引起先天性或适应性免疫反应或相关毒性，最后 AAV 用于基因治疗与其他一些方法不同，AAV 递送的基因组物质可以无限期地存在于细胞中，可以作为外源 DNA，也可以通过一些修饰直接整合到宿主 DNA 中。目前尚不清楚 AAV 是否会导致或与人类的任何疾病有关。然而，AAV 容量有限，仅允许 4.5～5kb 的基因组件包装在其中，同时也极难包含其他元素（如报告者、荧光标记、多个 sgRNA 或 HDR 的 DNA 模板），以帮助确保 CRISPR/Cas9 成分成功输送到细胞中，并达到预期的基因编辑目标。

2）慢病毒和腺病毒：虽然慢病毒（LV）和腺病毒（AdV）明显不同，但它们用于输送 CRISPR/Cas9 成分的方式非常相似。LV 递送系统骨架病毒是艾滋病毒的前病毒；而 AdV 骨架病毒是已知 ADV 的多种不同血清型之一。最常用的血清型是 AdV 5 型。LV 和 AdV 均可感染分裂细胞和非分裂细胞；然而，与 LV 不同，AdV 不会整合进基因组。与 AAV 病毒颗粒一样，LV 和 AdV 病毒颗粒可用于体外和体内实验。LV/AdV 递送系统和 AAV 递送系统之间最大的区别，是 LVs 和 ADV 病毒颗粒直径为 80～100nm，而 AAV 颗粒直径为 20nm，在这些系统中，插入量越大，耐受性越好。AAV 传送系统的一个显著优势是可以为不同大小的 Cas9 或多个 sgRNA 提供额外的包装空间，以便进行复合基因组编辑。

然而，LV 或 AdV 输送系统也有缺点，那就是典型的 AdV 和 LVs 会引发强烈的免疫反应。此外，尽管已采取措施使 HIV 前病毒缺失整合能力，并且 AdV 天然性的整合能力低，但目前尚不可能完全消除整合入靶细胞基因组的可能性。如果随机插入发生在一个重要的细胞蛋白质基因中，可能对细胞造成损害。因此在利用 LV 和 ADV 进行基因组编辑时必须始终注意上述问题。

（3）脂质纳米粒/脂质体：脂质纳米粒长期以来一直被用作递送工具将各种不同的分子导入细胞，特别是在核酸的递送中。由于核酸的高度负离子性质，使其不容易通过细胞膜。然而通过将核酸封装在典型的阳离子脂质体中，它们可以相对容易地输送到细胞中。脂质纳米粒不含有任何病毒成分，有助于将安全性降至最低以及避免免疫原性问题。它们也可以像病毒颗粒一样，在体外、离体和体内利用。当用于递送 CRISPR/Cas9 组件时，脂质纳米粒主要有两种使用方法：递送 Cas9 和 sgRNA 遗传物质（质粒 DNA 或 mRNA）或递送 Cas9:sgRNA RNP 复合物。如果递送 Cas9 mRNA 和 sgRNA，这种方法在功能上类似于微量注射。然而，一些研究小组在使用 Cas9:sgRNA RNP 复合物方面取得了良好的效果。CRISPR/Cas9 似乎特别适合这种类型的传递，因为 Cas9 和作为核糖核蛋白复合物的 sgRNA 是高度负离子的，这使得它们可以利用通常用于输送核酸的方法进行包装。

使用脂质纳米粒递送 CRISPR/Cas9 组分也有许多缺点。首先，一旦纳米颗粒穿过细胞表面，它通常被包裹在胞内体中，包装物很快被导入溶酶体，在溶酶体内被降解，因此，货物必须逃离胞内体。此外，如果 Cas9:sgRNA 复合物可以逃逸胞内体，它也必须转移到细胞核，这也可能是一种潜在的失败点。最后，脂质纳米粒就像病毒颗粒，即货物的性质和大小，以及靶细胞类型的不同，对转染效率会有很大影响。

其他的递送方式还有脂复合物/复合物（lipoplexes/polyplexes）、脂丛/多聚体穿透肽（CPPs）、纳米线 DNA（DNA nanoclew）、纳米金颗粒（AuNPs）、iTOP 等。

8. 脱靶效应和特异性 简单的碱基互补设计原则，识别不受基因组甲基化影响，能靶向几乎任意细胞任意序列，方便同时靶向多个靶点，切割效率高等是 CRISPR/Cas9 系统的优势。然而脱靶问题成为限制基因编辑技术走向临床应用的最大瓶颈。任何一个基因的变化，哪怕仅仅是一个碱基的改变，都可能带来功能的变异或导致疾病。因此，开发安全高效的基因编辑工具仍然是该领域的研究重点。自 CRISPR/Cas9 系统开发以来，围绕它的主要担忧是其产生的高脱靶率。然而，随后证明脱靶效应可能特定于不同的细胞类型，并且高度依赖于细胞 DSB 修复机制的正确功能。事实上，在具有功能性 DSB 修复机制的人类多能干细胞中，脱靶的发生率已被证明较低，而在 DSB 途径已被改变的人类细胞系中，脱靶突变的发生率较高。目前已经开发了以下几种替代方案来克服脱靶效应。

（1）通过缩短 sgRNA [trugRNA（截断的引导 RNA）]，在引导序列的 5′端添加额外的核苷酸，甚至优化 sgRNA 结构来改变引导序列。

（2）Nickases，即突变的 Cas9 版本，具有一个催化结构域改变（D10A 或 H840A），仅切割一条链并且必须成对使用。该策略几乎消除了脱靶现象，而没有减少靶向切割效率。

（3）调节 CRISPR 成分的量：CRISPR/Cas9 的一些脱靶效应也归因于 CRISPR 组分过量使用。这个问题可以通过在特定实验环境中使用正确数量的 CRISPR 组分来优化解决。

（4）融合：为了提高 DNA 切割的特异性，将野生型 Fok I 核酸内切酶的功能结构域与催化功能区失活的 Cas9 蛋白（dCas9）进行融合。这些融合可实现更高的特异性，并达到与核酸内切酶成对使用相当的脱靶效应。应用截断的向导 RNA 同时将 dCa9-Fok I 融合在一块使用，可以实现在人类细胞系中进行高度特异性的基因编辑。

（5）调节组分（Cas9 和引导序列）在靶细胞中的时间：包括使用诱导载体，或者使用 Cas9 RNP 代替质粒 DNA 或病毒载体。Cas9 RNP 具有快速发挥作用的特点（由于预组装配合物的存在）并且能够迅速被降解，从而降低了脱靶效应的发生率。

9. CRISPR/Cas 技术的应用

（1）基因治疗：基于 CRISPR 系统的基因组编辑实验表明，该技术在基因治疗领域具有巨大的潜力，可以修改或消除疾病基因。基于 CRISPR/Cas 的基因组编辑已成功地应用在范科尼贫血和晶体伽马 c（Crygc）相关性白内障等疾病的治疗中。

（2）神经病学：研究表明，CRISPR/Cas9 系统具有治疗杜氏肌营养不良、亨廷顿病等神经退行性疾病的潜力。

（3）农学：在植物基因组中，最广泛使用的 CRISPR 系统是 CRISPR/Cas9 和 CRISPR-Cpf1，该技术已被应用于小麦、甜橙、大米和拟南芥等植物基因组的编辑。不但可以用于作物改良，还可用于分析表型变化的结果及基因型和表型之间的相关性。最新采用的两步 CRISPR/Cas9 技术允许基因组编辑无痕地进行。

（4）微生物学：基因编辑技术为工业微生物的改造与模式微生物设计提供了高效的工具，为生物燃料、化学品、新材料、医药产品、环境修复微生物等研发提供了新的选择。CRISPR/Cas9 系统也成功地突变或删除了酵母中的基因、梭状芽孢杆菌的基因组等。用于有效生产生物燃料、抗癌药物和抗生素。酵母如酿酒酵母具有 HDR 修复途径，使其能够准确地进行基因组编辑。CRISPR/Cas9 技术已应用于这些真核生物，以操纵其菌株，以便其用于合成生物学和代谢工程领域。

（5）病毒检测与治疗：在 CRISPR/Cas 技术的帮助下，对病毒引起的疾病，如乙型肝炎，乳头瘤病毒、猪内源性逆转录病毒和人类免疫缺陷病毒 1（HIV-1）进行了单独治疗。利用基于 CRISPR/Cas13 的 SHER LOCK 系统快速检测新型冠状病毒，有研究人员已经利用 CRISPR/Cas13d 基因编辑技术清除新型冠状病毒且可以有效应对病毒可能出现的变异，具备治疗和预防包括新冠肺炎在内的多种 RNA 病毒感染疾病的潜力。

（6）药物发现和靶点：CRISPR/Cas9 技术在药物发现和治疗遗传性疾病领域具有巨大的潜力。通过 CRISPR/Cas9 系统进行基因组筛选，可以检测与耐药相关的突变基因，或用于分析药物对感染因子、癌细胞及相关蛋白质或基因活性的影响。

（7）抗生素：基于 CRISPR 的抗生素可以通过序列特异 sgRNA 的设计靶向各种微生物。但与传统抗生素相比其面临的主要挑战在于 CRISPR/Cas9 系统递送策略的改进。

（8）癌症：CRISPR/Cas9 系统介导的体细胞基因组编辑为癌症建模铺平了道路。由于许多癌症中的癌基因改变导致细胞增殖和恶性程度增加，因此可以直接使用 CRISPR/Cas9 方法来靶向癌基因，如受体酪氨酸激酶 ErbB2。

（9）其他应用：除了基因组编辑外，基于 CRISPR/Cas9 系统的技术最近已被应用于活体染色质成像、染色质拓扑操作、基因组调控、RNA 靶向和表观基因组编辑。

10. 潜在的问题

（1）伦理问题：基因编辑技术在为人类各种疑难和重大疾病治疗带来潜在的革命性影响的同时，也蕴含着威胁人类基因谱系安全与侵犯个人权利的伦理风险。如果基因编辑技术将人的遗传物质进行了永久性的改变，在当前的科学认知情况下，尚无法判断将来对人类后代产生的潜在影响。

（2）基因污染：随着基因编辑技术的不断进步，其应用领域将不可避免地由修复突变基因向增强原有基因功能扩展。这样的新基因引入在整个生物界的扩散速度如何控制及其对于整个生物界的影响是难以评估的也是难以控制的。

（3）物种保护：对动物的基因编辑操作，有可能导致动物进化方向发生永久性的不可逆转折。主张者支持通过基因编辑技术再造已经灭绝的动物，或保护濒危动物；而反对者则担心操纵自然可能会带来更多的伤害，可能会创造出威胁人类生存的"新"物种。

（4）生物安全：基因编辑技术如果被非法使用，在缺乏严格监管的情况下，会带来极大的生物安全风险。基因编辑技术还存在被恶意用于编辑各类病原菌从而人工创造出危害性未知的生物武器，对人类社会带来极大的安全挑战。

（胡金霞　马　颖）

第十一节　RNA 干扰技术

一、RNA 干扰现象的发现

1998 年，当法尔（Fire）、梅洛（Mello）及其同事发现双链 RNA 具有沉默线虫基因表达的能力后，RNA 干扰（RNAi）在国际上引起了关注。3 年后，图施（Tuschl）及其同事发表研究报告证实合成的 21bp 小干扰 RNA（siRNA）可在哺乳动物细胞中实现序列特异性基因敲除，并阐述了其工作原理。自那时以来，生物技术行业一直在以应用 siRNA 治疗包括病毒感染和癌症在内的各种疾病为目标不断努力。作为一种转录后抑制单个基因表达的工具，RNAi 已被广泛用于基因功能研究。

RNAi 是由长片段的双链 RNA 触发的，是一个多步骤的过程（图 2-9）。进入细胞内的长双链 RNA（dsRNA）被核糖核酸酶Ⅲ家族核糖核酸酶 Dicer 识别并加工成 21～23 碱基对小干扰 RNA（siRNA）。在实际工作中，siRNA 也可直接合成并被导入细胞内，这样既可以绕过 Dicer 的作用，又可避免潜在的先天免疫干扰素反应及双链长片段 RNA（>30 核苷酸）与细胞内 RNA 受体相互作用后发生的细胞蛋白表达关闭。随后这些短干扰 RNA 被整合到一种被称为 RNA 诱导沉默复合物（RISC）的蛋白质复合物中，Argonaute 2 是 RISC 中的一种多功能蛋白质，它将 siRNA 展开，然后 siRNA 的正义链被切割。激活的 RISC 含有 siRNA 的反义链（或引导链），选择性地寻找并降解与反义链互补的 mRNA。mRNA 的切割发生在与反义链 5′端第 10 和 11 个核苷酸对应的位置之间，激活的 RISC 复合体随后可以继续移动破坏额外的 mRNA 靶点，从而传播基因沉默。这种额外的效力确保在快速分裂的细胞中干扰效力可以持续 3～7 日，在不分裂的细胞里则持续几周。

最后 siRNA 被稀释到一定的阈值以下或在细胞内降解，因此需要反复给药以实现持久效果。理论上，RNAi 机制可以被用来沉默几乎所有的基因，这使得它比典型的小分子药物具有更广泛的治疗潜力。

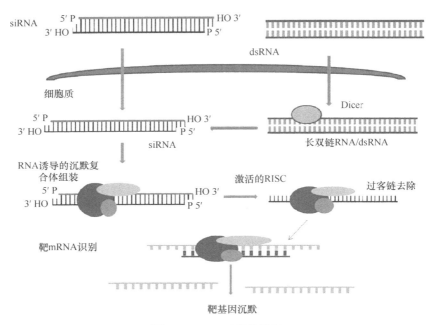

图 2-9　RNA 干扰的机制

长 dsRNA 被导入细胞质，随后被 Dicer 切割成 siRNA。或者，siRNA 直接被导入细胞。siRNA 与其他蛋白质组装为 RISC，
RISC 中的蛋白质 Argo-2 降解了正义链。剩下的反义链作为向导去识别对应的 mRNA。
激活的 RISC-siRNA 复合物结合并降解靶 mRNA，导致靶基因沉默

二、siRNA 序列的设计

实验表明，针对同一靶基因的不同 siRNA 序列具有不同的沉默效率，运用 RNAi 技术沉默靶基因时，siRNA 序列的设计是其成功与否的关键。以下设计原则仅供参考。

1. 从 mRNA 起始密码子 AUG 下游 50～100 个核苷酸开始搜寻理想的 siRNA 序列，越靠近靶基因的 3′端，其基因沉默效果可能越好，但是，如果 CDS 区无合适的靶点，也可在 5′非翻译区（5′UTR）和 3′非翻译区（3′UTR）寻找。

2. siRNA 序列最好为 AA（Nn）UU（N 代表任意碱基；n 为碱基数目，在 19～29nt），NA（Nn）UU 和 NA（Nn）NN 序列也可以。最近发现 27nt 或 29nt 的 siRNA 与 21nt siRNA 相比其抑制活性可提高数倍以上，并且不易诱导干扰素反应；一些对 21nt siRNA 不敏感的基因，或许可以被 27nt siRNA 有效的抑制。而且，与 21nt siRNA 相比，27nt siRNA 在相对低的浓度下即可达到对靶基因的最大抑制率。

3. 当 siRNA 的 3′端突出碱基为 UU 时，其基因抑制效率最高；然而目前为了增强 siRNA 双链复合体的稳定性，通常用 dTdT 取代正义链 3′端的 2 个碱基突出，但是反义链 3′端突出碱基需要与靶 mRNA 序列相同。

4. 具有较低 G/C 含量（30%～52%）的 siRNA，往往具有较高的基因沉默效率。

5. siRNA 序列中应避免连续的单一碱基和反向重复序列，原因是连续 2 个以上的 G 和 C 可以降低双链 RNA 的内在稳定性，从而抑制 RNAi 作用；由于 4～6 个核苷酸成为 RNA pol Ⅲ 的终止信

号，如果需要用 RNA pol Ⅲ 启动进行表达，要避免 4 个以上 T 或 A 连续出现在目标序列中，siRNA 序列中的重复序列或回文结构可能形成发夹状结构，这种结构的存在可以降低 siRNA 的有效浓度和沉默效率。

6. 反义链 5′端的第一个碱基为 A 或 U，siRNA 正义链的 5′端第一个碱基为 G 或 C，有利于反义链与 RISC 的结合，而抑制正义链与 RISC 的结合。

7. 正义链的第一位和第十九位碱基为 A，正义链的第十位碱基为 U，正义链的第十三位碱基不为 G，正义链的第十九位碱基不为 G 或 C 时，siRNA 序列具有较高的基因沉默效率。

8. 研究发现，通常超过一半的随机设计 siRNA 可以使得靶向的 mRNA 在 RNA 水平上至少降低 50%，约 1/4 的 siRNA 会得到 75%～95% 的降低。在实验中通常选择 2～4 个靶向序列。在基因序列的全长上将 siRNA 序列间隔开，以降低 mRNA 靶定区域高度结构化或与调控蛋白相结合的可能性。

9. 为了确保候选的 siRNA 序列只沉默单一的靶基因，候选 siRNA 序列应在美国国家生物技术信息中心（National Center for Biotechnology Information，NCBI）的 EST 或 Unigene 数据库进行 BLAST 同源性比对。

10. RNA 结合蛋白的结合情况，mRNA 的二、三级结构，mRNA 的丰度、半衰期，以及所表达蛋白质的半衰期等也可能影响 siRNA 的效能。

11. 完整的 siRNA 实验应当包含一系列对照，以确保数据的有效性。阴性对照 siRNA 往往是必需的，阴性对照 siRNA 与候选的 siRNA 具有相同的核苷酸成分，可以由候选 siRNA 序列打乱而得到，但与基因组无明显的序列同源性。

尽管 siRNA 引起的基因表达沉默已经广泛应用于哺乳动物系统，然而 RNAi 技术引起的基因表达下调是瞬时的，这种方法对于短期研究是可靠的，但它不能取代敲除小鼠模型，也不能用于精确的基因功能丧失研究，同时合成 siRNA 的成本较高造成 siRNA 的使用受限。为了解决这些问题，研究人员从内源性 miRNA 的表达获得灵感，已经开发了稳定表达 siRNA 的系统。在大多数情况下，靶向特异性插入由一个与靶位点互补的 19 个核苷酸序列组成，然后是一个短间隔区和相同的反向互补序列，通常由 U6 或 T7 启动子启动 RNA 聚合酶Ⅲ的转录，产物为 19bp 的具有茎环结构的发卡 RNA（shRNA），随后这一发卡结构被 Dicer 酶处理成 siRNA 并导致靶基因的下调。目前有多种商品化的病毒载体或非病毒表达载体可以选择。

三、RNA 干扰的限制

即使遵循 siRNA 设计的推荐规则，也不能确保靶基因的有效沉默。siRNA 介导的基因表达抑制的有效性取决于许多因素，不仅包括所选择的 siRNA 序列，还包括 siRNA 的结构、细胞对 siRNA 摄取的接受性等。此外，需要考虑靶 mRNA 的稳定性和（或）蛋白质的半衰期，以实现最佳沉默。以治疗为目的 RNAi 的使用也取决于其他因素。尽管 siRNA 在细胞培养条件下相对稳定，但它们在体内使用时需要通过化学修饰提高对核酸酶抵抗性，增强热力学稳定性。还需要考虑非特异性和脱靶效应、siRNAs 的 miRNA 样活性及干扰素样反应。

将 RNAi 应用于临床治疗必须考虑的两个因素：①设计出有效的在体内将 siRNA 传递到靶细胞的方法；②避免 siRNA 的非特异性或非靶向效应。然而递送方式限制了所有基于核酸的治疗方法。同时，在基础研究和临床应用中，siRNA 的非特异性和非靶向效应对其有效性存在固有的限制，必须仔细考虑。比如，短 dsRNA 对细胞代谢的多重作用。随着 RNAi 作为一种研究工具的使用越来越多，逐渐发现将 siRNA 分子引入细胞会产生多种效应，而不仅仅是基因特异性沉默。目前观察到两种非特异性效应。①siRNA 可以激活替代性的 dsRNA 反应性细胞途径，导致大量通常与先天性免疫途径相关的基因上调，包括干扰素刺激的基因（ISG）。这代表了一种"siRNA 特异性"而非"靶基因特异性"的半全局基因调控机制，这与 siRNA 序列无关。②当靶基因以外的特定基因在 siRNA 的作用下表现出表达改变时，可以观察到意外的效应，称为 siRNA 脱靶效应。这种序列依赖的脱靶效应可能是由于在某些情况下，对 RNAi 激活的同源性要求较低，如 miRNA 触发。最后，由于细胞内 RNAi 与内源性 miRNA 介导的基因调控所需的细胞机制相同，这两个过程可能相互干扰。

由于 RNAi 应用于基础研究和应用研究的益处是巨大的，因此必须制定策略，以保持高水平的 siRNA 效率，同时最大限度地减少由于与 siRNA 表达相关的非特异性或非靶向效应而导致数据误解的可能性。

（胡金霞　马　颖）

第三章 生物化学与分子生物学基本实验

实验一 蛋白质等电点测定

【实验目的】

1. 记忆蛋白质等电点概念及理化性质。

2. 能利用等电点的概念及特点，测定蛋白质样品的等电点。

3. 具有诚信意识；树立探索精神；培养科研思维。

【实验原理】

蛋白质分子内既含有自由羧基（—COOH），又含有自由氨基（—NH$_2$），都可解离，是两性电解质。在溶液中可存在下列平衡：

$$Pr\begin{matrix} NH_3^+ \\ \diagup \\ \diagdown \\ COOH \end{matrix} \underset{H^+}{\overset{OH^-}{\rightleftharpoons}} Pr\begin{matrix} NH_3^+ \\ \diagup \\ \diagdown \\ COO^- \end{matrix} \underset{H^+}{\overset{OH^-}{\rightleftharpoons}} Pr\begin{matrix} NH_2 \\ \diagup \\ \diagdown \\ COO^- \end{matrix}$$

（pH＜pI） （pH＝pI） （pH＞pI）

蛋白质分子的解离状态和解离程度取决于其所在溶液的酸碱度。当溶液的 pH 在某一定的数值时，某种蛋白质分子上所带的正、负电荷数相等，对外不显电性。此时溶液的 pH 被称为这种蛋白质的等电点。当溶液的 pH 小于其 pI 时，其酸性解离受抑制。因此，将以阳离子的形式在；反之，将以阴离子的形式在。蛋白质分子所带电荷的多少取决于溶液的 pH 与其等电点差值的大小及蛋白质分子中自由羧基、自由氨基的数目。

不同的蛋白质具有的自由氨基、自由羧基数目及其电离度不同。因此所具有的等电点也不同。在等电点时，蛋白质的某些物理性质发生改变，突出表现在溶解度降低，易沉淀。因此，我们就可以利用蛋白质在不同 pH 溶液中的沉淀情况测知蛋白质的等电点。

【实验仪器】

1. 试管。

2. 刻度吸量管。

【实验试剂】

1. 0.01mol/L HAc 溶液。

2. 0.1mol/L HAc 溶液。

3. 1.0 mol/L HAc 溶液。

4. 0.1mol/L 酪蛋白乙酸钠溶液（附录 1 0.1mol/L 酪蛋白乙酸钠溶液配制法）。

【实验操作】

取干燥清洁大试管 5 支，编号，按表 3-1 操作。

表 3-1　蛋白质等电点测定表

	1	2	3	4	5
蒸馏水（mL）	3.4	3.7	3.0	–	2.4
0.01mol/L HAc 溶液（mL）	0.6	–	–	–	–

	1	2	3	4	续表 5
0.1mol/L HAc 溶液（mL）	–	0.3	1.0	4.0	–
1.0mol/L HAc 溶液（mL）	–	–	–	–	1.6
0.1mol/L 酪蛋白乙酸钠溶液（mL）	1	1	1	1	1
	摇匀，放置 10～20min				
pH	5.9	5.3	4.7	4.1	3.5
结果					

观察各管的浑浊度，以–，+，++，+++，++++表示，沉淀最多的那一个管溶液的 pH 最接近酪蛋白的等电点。

实验二　血清蛋白醋酸纤维素薄膜电泳

视频 8-血清蛋白醋酸纤维素薄膜电泳实验技术

【实验目的】

1. 记忆蛋白质的两性解离性质、电泳的原理和电泳的分类。
2. 学会用电泳法分离血清蛋白质；学会点样和使用电泳槽、电泳仪。
3. 能够看懂醋酸纤维素薄膜上的电泳条带并且对条带进行分析。
4. 实事求是。

【实验原理】

蛋白质是两性电解质。其等电点取决于分子中所含有的自由氨基、自由羧基数目及其电离度。不同的蛋白质由不同的氨基酸组成，因而它们的等电点也不同。蛋白质在 pH 等于其 pI 的溶液中，所带净电荷为零，在电场中不移动；在 pH 不等于 pI 的溶液中，分子带有电荷（pH＞pI 时，带负电荷；pH＜pI 时带正电荷），在电场中，将向与其所带电性相反的电极移动，这种现象称为电泳。在同一电场中，电泳速率的大小主要与蛋白质分子的大小、形状及所带电荷的多少有关。

本实验是用醋酸纤维素薄膜作支持剂，血清蛋白（pI＜7）为样品，再浸入 pH 为 8.6 的缓冲液中，通直流电使血清蛋白电泳分离，再用染料染色，即可显示出蛋白质区带，一般为 5 条，从正极→极依次为清蛋白、α_1 球蛋白、α_2 球蛋白、β 球蛋白、γ 球蛋白。

【实验仪器】

1. 电泳仪。
2. 醋酸纤维素薄膜（2cm×8cm），722 型分光光度计等。

【实验试剂】

1. 硼酸-硼酸盐缓冲液（0.08 的离子强度，pH8.6）：称取 5.610g 四硼酸钠，5.60g 硼酸以及 1.316g 氯化钠，用蒸馏水溶解，并定容至 1L。
2. 血清。
3. 染液：称取 0.5g 氨基黑 10B，加蒸馏水 40mL，甲醇（AR）50mL，冰醋酸（AR）10mL 混匀溶解后置具塞试剂瓶中储存。
4. 漂洗液：取 95%乙醇（AR）45mL，冰醋酸（AR）5mL 和蒸馏水 50 mL 混匀置具塞试剂瓶储存。
5. 定量洗脱液（0.4mol/L NaOH 溶液）：称取 16g 氢氧化钠（AR）用少量蒸馏水溶解后定容至 1000mL。
6. 透明液（异丙醇 60mL；冰醋酸 25mL；丙酮 15mL）等。

【实验操作】

1. 点样　将薄膜浸入 pH 为 8.6 的巴比妥缓冲液中约 20min，充分浸湿后取出，用滤纸吸干薄膜表面的水分。在无光泽面距一端约 1.5cm 处，用点样片点血清 5～10μL，待进入膜内后，放置于电泳槽内，点样端放于负极侧（为什么？），点样面朝下，静止平衡 10min。

2. 通电、电泳　电压 10V/cm 长，电流 0.5mA/cm 宽，通电时间 40min（室温低时可稍延长）。到时间后关闭电泳。

3. 染色、漂洗　将膜取出立即放入染液中染 5～10min，取出用 5%乙酸漂洗液漂洗 2～3 次，至背景无色为止，晾干，观察区带分布情况。

4. 定量　将各区带剪下，分别放入试管中，贴上标记。每管加入 0.4mol/L NaOH 溶液 5mL，摇振数次，静置室温 30min，中途摇振几次，使色泽浸出，722 型分光光度计、650nm 波长以 0.4mol/L NaOH 溶液为空白调零点，测各管光密度。使用 Image J 软件进行血清醋酸纤维素薄膜定量分析。

5. 计算各蛋白质相对含量

$$\frac{某种蛋白质的吸光度}{各种蛋白质吸光度总和} \times 100\% = 某种蛋白质相对含量$$

6. 透明保存　载玻片上滴加透明液 3～4 滴，将漂洗后晾干的膜平铺在上面并迅速展平，放置过夜或 37℃温箱烘干，然后在约 40℃温水中浸泡 3～5min，即可将透明的染有蓝色区带图的膜揭起，夹在纸中，待吸干后即可保存或用分光光度计直接测定各区带的吸光度。

人血清蛋白的等电点、分子量及含量正常值见表 3-2。

表 3-2　人血清蛋白的等电点、分子量及含量正常值

蛋白质名称	等电点	分子量	含量
清蛋白	4.88	69 000	57%～73%
α_1 球蛋白	5.06	200 000	2%～5%
α_2 球蛋白	5.06	300 000	4%～9%
β 球蛋白	5.12	90 000～150 000	9%～12%
γ 球蛋白	6.85～7.5	156 000～300 000	12%～20%

实验三　蛋白质的定量分析

一、微量凯氏定氮法

【实验目的】

1. 记忆蛋白质中氮元素的含量特点。
2. 记忆微量凯氏定氮法的原理及方法。
3. 学会蒸馏、滴定等基本操作技术。

【实验原理】

蛋白质是有机体的最主要含氮物质，而氮在蛋白质中含量相当恒定，平均为 16%，即 1.0g 氮相当于 6.25g 蛋白质。因此，只要测定蛋白质样品中的含氮量，即可推算出样品中蛋白质的含量。

如待测样品中还含有非蛋白质的氮物质，测出的总氮量减去非蛋白含氮量，才是样品中蛋白质的含氮量。

含氮有机物可用浓硫酸加热消化成硫酸铵。此反应进行很慢，可加入硫酸铜及硫酸钾（或硫酸钠）促进其反应，其中硫酸铜为催化剂，硫酸钾或硫酸钠可提高消化液的沸点，使消化能在较高的温度下进行。

消化作用所产生的硫酸铵与氧化钠作用而放出氨。用蒸馏法，将氨全部蒸入过量标准无机酸（盐

酸）溶液中，然后用标准碱溶液滴定吸收氨后剩余的酸量，由此可测出含氨量，从而折算出含氮量。其反应式如下：

消化：含氮有机物+H_2SO_4（浓）$\xrightarrow[\triangle]{CuSO_4, K_2SO_4}$（$NH_4$）$_2SO_4+CO_2\uparrow+H_2O+\cdots$

蒸馏：$(NH_4)_2SO_4+2NaOH\xrightarrow{\triangle}Na_2SO_4+2H_2O+2NH_3\uparrow$

$NH_3+HCl\longrightarrow NH_4Cl$

滴定：$NaOH+HCl\longrightarrow NaCl+H_2O$

【实验仪器】

1. 微量凯氏定氮器。

2. 100mL 凯氏烧瓶。

3. 圆底烧瓶。

4. 锥形瓶 125mL。

5. 微量滴定管。

6. 量筒 100mL。

7. 刻度吸量管 10mL。

8. 移液吸量管 20mL。

9. 凯氏消化架。

10. 酒精灯或电炉等。

【实验试剂】

1. 标准 0.01mol/L HCl 溶液。

2. 标准 0.01mol/L NaOH 溶液。

3. 30% NaOH 溶液。

4. 10% $CuSO_4$ 溶液。

5. 浓硫酸（不含氮，比重 1.84）。

6. K_2SO_4（或 Na_2SO_4）不含水。

7. 0.1%甲基红指示剂。

8. 样品等。

【实验操作】

1. **消化** 取样品 200mg，放入凯氏烧瓶内，加入粉状 K_2SO_4（或 Na_2SO_4）约 0.3g，10% $CuSO_4$ 溶液 2mL 及浓硫酸 3mL，将烧瓶固定于消化架上加热煮沸，时常摇动烧瓶将全部样品浸入硫酸内，加热至瓶内硫酸呈清亮的浅蓝色时，消化即告完毕，待冷后加蒸馏水 10mL，然后将瓶内溶液倒入 100mL 量筒内，加蒸馏水冲洗凯氏烧瓶数次，洗液也注入量筒内，并用蒸馏水稀释至刻度备用。

2. **蒸馏**

（1）将仪器如图 3-1 所示安装好，蒸气发生器 2 中装入蒸馏水，加浓硫酸数滴及瓷片数块，加热使水煮沸，除 3 夹外其余各夹关闭，待全部蒸馏器洗净，15min 以后将锥形瓶移换另一锥形瓶，瓶内盛有蒸馏水 10mL、0.01mol/L HCl 1 滴，滴入甲基红试剂 1 滴，继续蒸馏，经过 5min，若瓶内液体仍呈红色则知全部蒸馏器内无氨或其他碱性物质。

（2）取蒸馏洗净的 125mL 锥形瓶，加蒸馏水 10mL，甲基红 1 滴，0.01mol/L HCl 10mL，混匀，将锥形瓶放置于冷凝器下（图 3-1）。将管插入酸液中，用吸量管取一定量的稀释消化液，打开 7 由 7 入 8 中，立即关闭 7，加少量水冲洗，另取 30% NaOH 溶液 7mL 加入，再用少许水冲洗 7，关闭 7。

（3）开始蒸馏：自蒸气初至冷凝管时记录时间，蒸馏 5min，将锥形瓶下放，使冷凝管口离开液面，再继续蒸馏 1min，同时用蒸馏水将管口外面冲洗。

（4）蒸馏完毕后，撤去火，然后关闭 3，8 内的残液即吸入 4，打开 5，水即流出，取蒸馏水

20mL，分数次自 7 注入 8 中，如此冲洗数次，使 8 清洁。

3. 滴定　用 0.01mol/L NaOH 溶液滴定剩余 HCl 至指示剂呈黄色为止，记录所用 0.01mol/L NaOH 量。

4. 计算

$$（10-滴定量）\times0.14\times\dfrac{100}{取用样品质量（mg）}=100g样品中含氮量（g）$$

$$100g\text{ 样品中蛋白质的含量（g）}=100g\text{ 样品含氮量（g）}\times6.25$$

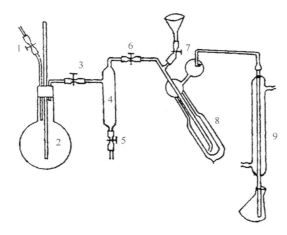

图 3-1　凯氏定氮装置

1、3、5、6、7. 开关；2. 蒸气发生器；4. 缓冲瓶；8. 反应瓶；9. 冷凝器

二、双缩脲法

视频 9-蛋白质的定量分析——双缩脲法实验操作技术

【实验目的】

1. 记忆蛋白质浓度测定的原理、分光光度法的原理。

2. 学会双缩脲法测定蛋白质浓度的方法；会正确使用分光光度计。

3. 能够制作标准曲线，并且会利用标准曲线获得待测液蛋白质浓度。

4. 小组协作；实事求是。

【实验原理】

在碱性条件下，双缩脲（NH_2—CO—NH—CO—NH_2）与 Cu^{2+} 作用形成紫红色的络合物，这个反应称为双缩脲反应。凡具有两个或两个以上肽键的化合物都呈现双缩脲反应。在一定的浓度范围内，生成的紫红色的深浅与蛋白质含量成正比，因此可用比色法进行蛋白质定量测定。

【实验仪器】

1. 721 型或 722 型分光光度计。

2. 试管。

3. 吸量管等。

【实验试剂】

1. 双缩脲试剂（附录 1 双缩脲试剂配制法）。

2. 蛋白质标准溶液（酪蛋白：4.0mg/mL）。

3. 0.9%NaCl 溶液。

4. 血清等。

【实验操作】

1. 标准曲线制作　取 6 支试管，分别按表 3-3 加入试剂：

表 3-3　双缩脲法操作表 1

	1	2	3	4	5	6
蛋白质标准溶液（mL）	—	0.5	1.0	1.5	2.0	2.5
0.9% NaCl 溶液（mL）	3.0	2.5	2.0	1.5	1.0	0.5
双缩脲试剂（mL）	2.0	2.0	2.0	2.0	2.0	2.0

充分摇匀，室温放置 30min，于 540nm 波长下用 721 型或 722 型分光光度计进行比色测定（1 号试管为空白调零点）。最后以吸光度为纵坐标，蛋白质含量为横坐标，利用 Excel 软件和坐标纸手绘两种方法，绘制标准曲线。

2. 未知样品测定　准确量取血清 1mL，直接置于 50mL 容量瓶内，加 0.9% NaCl 溶液稀释至刻度。取 3mL 稀释液，加入双缩脲试剂 2mL，混匀，在 30min 后于 540nm 波长处读吸光度 （用测定标准曲线的同一台分光光度计）。然后将未知样品溶液测定的吸光度值对照标准曲线查出其蛋白质含量，再按照稀释倍数求出每毫升血清中蛋白质的含量。

若不做标准曲线，可以标准曲线中第五管为标准液，测吸光度及未知液吸光度，计算蛋白质含量。

三、福兰（Folin）-酚试剂法

【实验目的】

1. 记忆利用 Folin-酚试剂显色反应定量测定蛋白质浓度的原理及方法。
2. 学会分光光度计的原理及使用。
3. 能够制作标准曲线，并且会利用标准曲线获得待测液蛋白质浓度。
4. 小组协作；实事求是。

【实验原理】

Folin-酚法所用的试剂有两部分：试剂甲是碱性铜溶液，蛋白质分子的肽键与其中的 Cu^{2+} 作用生成蛋白质-Cu^{2+} 复合物；试剂乙是磷钨酸和磷钼酸混合液，在碱性条件下稳定，易被蛋白质-Cu^{2+} 复合物中所含酪氨酸酚基还原生成蓝色物质，在一定范围内，蓝色的深浅与蛋白质含量成正比，因此可用比色法测定蛋白质含量。

此法操作简便，灵敏度高，所以广泛应用于蛋白质的定量分析。但蛋白质特异性不同，即分子中所含酪氨酸比例不同，显色时其强度稍有差别，造成误差；如果在作标准曲线的蛋白质选用与待测蛋白质是同一种蛋白质或其组成（特别是所含酪氨酸的比例）尽量相似的蛋白质，可大大缩小误差。

【实验仪器】

1. 721 型或 722 型分光光度计。
2. 刻度吸量管。
3. 试管等。

【实验试剂】

1. 碱性铜试剂（附录 1 碱性铜试剂配制法）。
2. 酚试剂（附录 1 酚试剂配制法）。
3. 蛋白质标准液（250μg/mL）。
4. 血清。
5. 0.9% NaCl 溶液等。

【实验操作】

1. 标准曲线制作　取试管 6 支，按表 3-4 操作：

表 3-4　Folin-酚试剂法操作法

	1	2	3	4	5	6
蛋白质标准溶液（mL）	—	0.2	0.4	0.6	0.8	1.0
0.9% NaCl 溶液（mL）	1.0	0.8	0.6	0.4	0.2	
碱性铜试剂（mL）	5	5	5	5	5	5
摇匀，室温下放置 10min						
酚试剂（mL）	0.5	0.5	0.5	0.5	0.5	0.5

注：每管加入酚试剂后应立即摇匀（不应出现浑浊，否则会影响效果）。放置 30min 后，以 1 管为空白管，在波长 650nm 比色，读取吸光度

以吸光度为纵坐标，各管蛋白含量为横坐标，绘制出血清蛋白标准曲线。

2. 血清样品测定　准确取血清 0.1mL，置 50mL 容量瓶中，再加 0.9%NaCl 溶液至刻度充分混匀，此为待测样品。

取待测样品 1mL，加碱性铜 5mL 及酚试剂 0.5mL，混匀，30min 后测定吸光度。

由待测样品的吸光度值对照标准曲线查出蛋白质含量，算出血清蛋白的含量。

四、紫外分光光度法

【实验目的】

1. 记忆蛋白质紫外吸收的性质。

2. 学会紫外分光光度计的原理及使用。

3. 能够利用紫外吸光度求算待测液蛋白质浓度。

【实验原理】

蛋白质分子组成中常含有共轭双键的芳香族氨基酸，如酪氨酸、色氨酸，使蛋白质对 280nm 的光具有最大的吸收峰。此波长处，蛋白质溶液的吸光度值与其浓度成正比，可作定量测定。分光光度计及比色分析法见第二章第五节。

由于蛋白质样品常杂有核酸，对 280nm 的光波也有吸收，对蛋白质定量有干扰；但核酸对光的最大吸收峰在 260nm 处，如同时测定样品在 260nm 的光吸收，通过统计计算可消除核酸对蛋白质定量的影响。

Lowry-Kalokar 公式：

$$蛋白质浓度（mg/mL）=1.45A_{280}-0.74A_{260}$$

注：此公式是通过测定一系列的已知不同浓度比例的蛋白质（酵母烯醇酶）和核酸（酵母核酸）混合液得出的数据建立的。

【实验仪器】

1. 紫外分光光度计。

2. 容量瓶（50mL）等。

【实验试剂】

1. 血清（蛋白质样品）。

2. 生理盐水等。

【实验操作】

1. 稀释血清（或其他蛋白质样品） 准确吸取 0.1mL 血清于 50mL 容量瓶中，用生理盐水稀释至刻度。

2. 测吸光度 在紫外分光光度计上，将稀释的蛋白质样品液小心盛于石英比色杯中，以生理盐水作对照，分别测得 280nm 及 260nm 两种波长的吸光度。

3. 计算 根据上述公式计算出蛋白质含量。

此法的优缺点：由于样品中蛋白质、核酸不一样，此法测定的结果误差较大。但此法所用样品量少，测定既快又方便。

实验四　蛋白质的变性与沉淀反应

视频 10-蛋白质的
变性与沉淀反应
实验操作技术

【实验目的】

1. 记忆维持蛋白质胶体稳定性的两大因素。

2. 能够解释蛋白质变性或沉淀的常见理化因素的作用原理。

3. 能够对蛋白质变性与沉淀的应用进行举例。

4. 具有小组协作精神，尊重实验结果，实事求是。

【实验原理】

蛋白质分子在溶液中由于其表面水化层和电荷层的存在，而使蛋白质溶液成为稳定的亲水胶体颗粒，在通常情况下不会相互聚集而沉淀。如果蛋白质溶液的稳定因素被破坏——脱水和失去电荷，蛋白质颗粒则相互聚集而析出，发生沉淀。如果蛋白质受一定的物理或化学因素影响而发生变性，亦易从溶液中沉淀。

使蛋白质沉淀常用的方法有下列几种。

1. 盐析 蛋白质溶液中加入大量中性盐，胶体颗粒被盐脱去水化膜，同时其所带的电荷被中和，蛋白质即可析出而沉淀，这个过程称为盐析。不同的蛋白质由于其等电点不同，在同一 pH 溶液中所带的电荷数不同，且溶解度也不同，它们沉淀时所需的 pH 与离子强度也各不相同，因此可以用逐渐加大盐浓度的方法使不同的蛋白质分段析出加以分离，这种方法称为分段盐析。用盐析法沉淀蛋白质不会引起蛋白质变性，且除去盐后可再溶解，因此盐析是可逆性反应。

2. 有机溶剂 乙醇、丙酮等有机溶剂对水亲和力很大，因此也能脱去蛋白质分子的水化膜，而且能降低水的介电常数，因而使蛋白质的解离程度下降，所带电荷因此减少，故而使蛋白质沉淀。在其等电点时，沉淀则更容易、更完全。

3. 重金属盐沉淀蛋白质 重金属离子（如 Pb^{2+}、Ag^+、Cu^{2+} 等）能与带负电荷的蛋白质分子结合形成不溶性的盐而使蛋白质沉淀。

4. 生物碱试剂沉淀蛋白质 生物碱试剂（如苦味酸、三氯乙酸、磷钼酸、磷钨酸等）能与带正电荷的蛋白质分子结合形成不溶性的盐而沉淀。

矿酸（如 HNO_3、H_2SO_4、HCl 等，H_3PO_4 除外）可引起蛋白质沉淀。这种沉淀作用可能是由于蛋白质胶粒脱水、变性及其他原因引起的。过剩的矿酸能溶解已经沉淀的蛋白质，但硝酸不发生此现象。

5. 加热沉淀蛋白质 加热可使大多数蛋白质发生变性凝固，这种凝固作用是由于变性且成为松散的无规线团的蛋白质分子，或相互缠绕，或相互穿插，组成一团、结成一块而凝固沉淀。在等电点或加入少量中性盐，则加热凝固更容易、更完全。

用盐析法或低温条件下使用有机溶剂沉淀出的蛋白质不变性，并能重新溶解成稳定的胶体溶液，蛋白质的这种沉淀反应称为可逆性沉淀反应。上述其他因素引起蛋白质沉淀的同时也引起蛋白质变性，这种变性沉淀后的蛋白质不会再溶解于水。这种沉淀反应称为不可逆的沉淀反应。

【实验仪器】

1. 试管与试管架。

2. 小漏斗。

3. 刻度吸量管。

4. 滴管。

5. 酒精灯等。

【实验试剂】

1. 1%鸡蛋白溶液。

2. 硫酸铵结晶粉末。

3. 硫酸铵饱和溶液。

4. 1% HAc 溶液，10% HAc 溶液。

5. 95%乙醇溶液。

6. 0.1%NaOH 溶液，10% NaOH 溶液。

7. 1%硫酸铜溶液。

8. 浓硫酸。

9. 3%三氯乙酸溶液。

10. 饱和 NaCl 溶液等。

【实验操作】

1. 蛋白质的盐析

（1）于试管内加 1%鸡蛋白溶液 5mL，再加入硫酸铵饱和溶液 5mL，混匀，静置数分钟，观察有无沉淀析出。

（2）将试管内容物过滤，取滤液 1mL 置入另一试管中用双缩脲反应检验是否含有蛋白质。取沉淀，放入试管中，加少量水溶解，用双缩脲反应检验是否含有蛋白质。

（3）向其余滤液中添加硫酸铵粉末至饱和（不再溶解），观察有无沉淀析出。

（4）将沉淀过滤，再用双缩脲反应检验滤液。沉淀加少量水，溶解，再用双缩脲反应检验，解释结果。

2. 用乙醇沉淀蛋白质　取一支试管，加入 1%鸡蛋白溶液 1mL，再加入 95%乙醇溶液 1mL，观察有无沉淀。再加入 1% HAc 溶液 1 滴，结果如何？请解释。沉淀过滤，取少许，加水能否溶解？请解释。

3. 用重金属盐沉淀蛋白质　取一支试管，加入 1%鸡蛋白溶液 1mL 和一滴 0.1% NaOH 溶液（为什么？）混匀，然后试管内加入数滴 1%硫酸铜溶液，观察有无沉淀发生。如果有沉淀，过滤，取沉淀物少许，加水，能否溶解？请解释。

4. 用酸沉淀蛋白质

（1）有机酸：取一支试管，加入 1%鸡蛋白溶液 1mL，然后加入三氯乙酸数滴，结果如何？

（2）矿酸：取一支试管，加入浓硫酸 0.5mL，然后沿管壁徐徐加入 1%鸡蛋白溶液 0.5mL，观察接触面有何现象发生？请解释。

5. 加热沉淀蛋白质　取试管 4 支，按表 3-5 操作，结果如何？请解释。

表 3-5　蛋白质的变性与沉淀反应表

管号	1%鸡蛋白（mL）	条件	结果	解释
1	2	加热		
2	2	1% HAc 溶液 2 滴，加热		
3	2	10% HAc 溶液 0.5mL，加热		
4	2	10% NaOH 溶液 0.5mL，加热		

实验五　凝胶过滤层析法分离蛋白质
（血红蛋白与鱼精蛋白的分离）

视频 11-凝胶过滤层析分离蛋白质实验操作技术

【实验目的】

1. 能够分析凝胶过滤层析法的工作原理。

2. 能够用凝胶过滤层析操作对蛋白质进行分离纯化。

3. 了解层析的基本概念、分类原则。

4. 具有严谨细致的科学工作态度。

【实验原理】

　　层析法是利用混合物中各组分物理化学性质的差别（如吸附力、溶解度、分子形状、大小和极性等），使各组分以不同程度分布在两相中（其中固定不动的称为固定相，流经此固定相的液体或气体称为流动相），从而使各组分以不同的速度随流动相向前流动而达到分离的目的。按照原理的不同，可将层析法分为：分配层析、离子交换层析、凝胶过滤层析、亲和层析等多种类型。

　　凝胶过滤层析，主要根据混合物中分子的大小及形状不同，在通过凝胶（固定相）时，分子的扩散速率各异而达到分离的目的。所指凝胶，从广义上说是一类具有多孔性网状结构的物质，如天然物质中的马铃薯淀粉、琼脂糖凝胶等人工合成产品中的葡聚糖凝胶及带离子交换基团的葡聚糖凝胶等。把适当的凝胶颗粒装填到玻璃管中制成层析柱，于柱内加入欲分离的混合物，然后用大量蒸馏水或相应的缓冲液洗脱。由于混合物中各物质的分子大小和形状不同，在洗脱过程中，分子量大的物质因不能进入凝胶网孔而沿凝胶颗粒间的孔隙流动，分子量小的物质因进入凝胶网孔而受阻滞，流速减慢、流程加长。致使分子量大的物质最先流出柱外，分子量小的物质后流出柱外（整个过程和过滤相似，故又名凝胶过滤、凝胶渗透过滤、分子筛过滤等。又由于物质分离过程中的阻滞减速现象，有人也称其为组织扩散、排阻层析等）。凝胶过滤操作简便、条件温和，不易引起生物样品变性失活，分离效果好，故广泛应用于蛋白质、酶、核酸的分离提纯（包括脱盐、分子量测定等）。具有分子筛效应的多孔网状凝胶都可用作凝胶过滤的支持物，如淀粉、琼脂糖、聚丙烯酰胺和部分解旋的右旋糖酐，有的物质已制成商品如交联葡聚糖凝胶。它们的分离范围从分子量数百（10^2）到近亿（10^8）。各种凝胶过滤都具有一定的交联度和孔径，交联度越小，孔径越大，反之亦然。根据交联度的高低，Sephadex 分为 G-10～G-200，型号越高，凝胶孔径越大。其物理特性见表 3-6。

表 3-6　交联葡聚糖凝胶的物理性质

商品名称	分离范围	水溶值	柱床体积	水化所需时间（h）	
Sephadex	（分子量）	（mL/g 干胶）	（mL/g 干胶）	22℃	100℃
G-10	700	1.0±0.1	2～3	3	1
G-15	1500	1.5±0.2	2.5～3.5	3	1
G-25	100～5000	2.5±0.2	4～6	3	1
G-50	1500～30 000	5.0±0.3	9～11	6	1
G-75	3000～70 000	7.5±0.5	12～15	24	3
G-100	4000～150 000	10±1.0	15～20	72	5
G-150	5000～400 000	15±1.5	20～30	72	5
G-200	5000～800 000	20±2.0	30～40	72	5

　　试验中先对血红蛋白与二硝基氟苯-鱼精蛋白（DNP-鱼精蛋白）的混合物进行洗脱，血红蛋白

（红色，分子量约 64 500）与 DNP-鱼精蛋白（硫酸鱼精蛋白为无色，与二硝基氟苯结合后为黄色，分子量为 2000～12 000），从颜色的不同，即可观察到血红蛋白洗脱较快，DNP-鱼精蛋白洗脱较慢（图 3-2）。

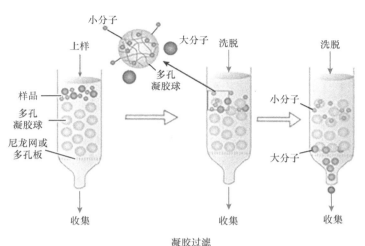

视频 12-凝胶
过滤动态演示

图 3-2　凝胶过滤层析法的基本原理

【实验仪器】

层析柱（直径 1cm，长 20cm），铁架台，蝴蝶夹，螺旋夹，尖吸管，50mL 量筒，50mL 烧杯，400mL 烧杯，玻璃棒，大试管，刻度吸量管等。

【实验试剂】

1. 交联葡聚糖凝胶。

2. 草酸钾抗凝血液。

3. 0.9% NaCl 溶液。

4. 鱼精蛋白。

5. 10% $NaHCO_3$ 溶液。

6. 95%乙醇溶液。

7. 二硝基氟苯等。

【实验操作】

1. 样品的制备

（1）血红蛋白稀释液的制备：取抗凝血于离心管中，以 2000r/min 离心 15min，弃去上层血浆。沉淀加入适量 0.9% NaCl 溶液，用玻璃棒搅拌起沉淀（洗血细胞），以 2000r/min 离心 15min，弃上清。再加入适量 0.9% NaCl 溶液，重复前步操作。然后将沉淀（红血细胞）用 5 倍体积蒸馏水稀释，即为血红蛋白（Hb）稀释液，备用。

（2）DNP-鱼精蛋白的制备：称取鱼精蛋白 0.15g，溶于 10% $NaHCO_3$ 溶液 1.5mL 中（此时该蛋白溶液 pH 应在 8.5～9.0）。另取二硝基氟苯（DNP）0.15mL，溶于微热的 95%乙醇溶液 3mL 中，待其充分溶解后，立即倾入上述鱼精蛋白溶液。然后将此混合液置于沸水浴中，煮沸 5min，冷却后加 2 倍体积的 95%乙醇溶液，可见黄色 DNP-鱼精蛋白的沉淀析出，以 3000r/min 离心 10min，弃去上清，沉淀用 95%乙醇溶液洗 2 次。所得沉淀用蒸馏水 1mL 溶解，即为 DNP-鱼精蛋白溶液。

（3）混合蛋白样品液：取血红蛋白稀释液 0.3mL，加 DNP-鱼精蛋白 0.5mL，混匀。

2. 凝胶的准备　取 Sephadex G-50 1g 置于锥形瓶中，加双蒸水 30mL，室温过夜使其充分溶胀。

3. 柱体积的测定　将层析柱垂直安装在铁架台上，关闭出水口，注入蒸馏水至层析柱顶端 3cm 处，打开出水口，使水全部流入量筒，记下体积。

4. 装柱　关闭出水口，加蒸馏水约至 1/4 柱体积，将溶胀好的 Sephadex G-50 凝胶液轻轻用玻璃棒搅动混匀，自层析柱管口沿玻璃棒徐徐加入至柱顶端，待底部凝胶沉积 1～2cm 时，打开出水口，同时不断加入凝胶，凝胶即逐渐上升，直至凝胶沉积至距层析柱管口 3cm 左右，停止灌胶。用 10mL 左右的蒸馏水进行流洗整个柱床，目的是使凝胶颗粒压实，同时将洗脱速度调节为 1mL/min。操作过程中注意防止气泡与分层的出现，如床面不平，可用细玻璃棒轻轻搅动表面层，让凝胶重新自然沉降，使表面平整（整个灌胶过程中勿使液面低于床面，以免气体进入，导致柱床干裂）。装柱完毕，关闭出水口，等待加样。

5. 加样　①先将出水口打开，使凝胶柱表面的蒸馏水流出，直到床面刚好露出（切不可使床面完全暴露于空气中）立即关闭出水口。②用滴管取混合蛋白样品液 0.2mL（约 4 滴），缓缓沿层析柱内壁小心加于柱床表面（注意尽量不使床面扰动），然后在出水口下放置 25mL 量筒准备记录洗脱体积。③打开出水口，使样品进入柱床内，直至床面重新露出。④用同样方法加入 0.4mL 的蒸馏水（这样可使样品稀释度最小，而样品又完全进入床内），当此少量蒸馏水将近流干时，此步骤再重复一次，直至样品完全进入柱床。然后反复加入适量蒸馏水，进行洗脱。

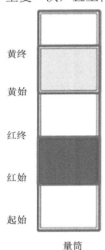

量筒

6. 洗脱和标定　调节流速使液体逐滴均匀流出，同时记录如下数据：起始、红始、红终、黄始、黄终、终止（将 1.5 倍柱体积定为终止）。观察血红蛋白与 DNP-鱼精蛋白的洗脱次序并记录实验现象（注意：洗脱过程中随时添加柱床表面的蒸馏水，切勿使柱床干裂）。

7. 清洗　以 1 倍柱体积蒸馏水，进行流洗层析柱。

8. 凝胶的回收　用 2 倍体积蒸馏水流洗层析柱后将 Sephadex G-50 凝胶回收至回收容器中。

9. 结果处理　观察记录实验现象并加以分析。

【注意事项】

1. 凝胶溶胀必须彻底，否则会影响层析的均一性，甚至有使柱破裂的危险。

2. 凝胶装柱过程中严防出现气泡和分层，要使液面高于床面，以免使气体进入柱床，导致柱床干裂。

3. 上样体积不超过凝胶柱体积的 1%～5%，同时样品中的蛋白质浓度一般不超过 4%。

4. 加样时如果样品稀释或不均匀渗入凝胶床，就会造成区带扩散，直接影响层析效果。

实验六　氨基酸的分离与鉴定——层析法

【实验目的】

1. 记忆离子交换层析分离氨基酸的原理及分类。

2. 能够用离子交换层析技术对氨基酸进行分离纯化。

3. 具有严谨细致的科学工作态度。

【实验原理】

每种氨基酸都具有特定的等电点，在同一 pH 的溶液中，不同的氨基酸所带电荷的质和量不同，而且随着溶液 pH 的变化而改变。离子交换层析法就是利用不同组分对离子交换剂的亲和力（与待分离的不同组分所带电荷的性质与数量有关）不同，而使之分离的方法，因此可用于氨基酸的分离。

本实验是以强酸性阳离子交换树脂为交换剂，以精氨酸（pI=10.76），酪氨酸（pI=5.66），谷氨酸（pI=3.22）的弱碱性混合液进行柱层析，用不同的 pH 缓冲液进行洗脱，使这三种氨基酸得到分离。在弱碱性混合液中，精氨酸带正电荷，进入阳离子交换树脂中，与交换剂交换阳离子。进行吸附-解吸-吸附过程，用 pH＜10.76 的缓冲液洗脱时下降速度减慢；而酪氨酸、谷氨酸都带负电荷，不能与交换剂进行离子交换，因而随液体自由下降；经过一段时间后，精氨酸与谷氨酸、酪氨酸之间就拉开距离。这时换一种 pH（pI$_谷$＜pH＜pI$_酪$）的缓冲液进行洗脱，酪氨酸带上正电荷，因此也能进行阳离子交换，下降的速度减慢，谷氨酸仍带负电荷，随洗脱液下降，精氨酸仍带正电荷，仍进行阳离子交换，结果谷氨酸最先从柱下端流出，酪氨酸次之，精氨酸最后流出，这样就达到了分离的目的。将分离出的 3 种氨基酸进行纸层析，计算各自的 R_f 值，与各种氨基酸标准 R_f 值对照，找出相应的氨基酸，以鉴定上述的分离结果。

【实验仪器】

1. 玻璃管：1.5cm×20cm。
2. 分液漏斗。
3. 烤箱。
4. 滤纸片。
5. 试管。
6. 层析缸。
7. 毛细管。
8. 喷雾器。
9. 培养皿。
10. 层析滤纸等。

【实验试剂】

1. 强酸性阳离子交换树脂（华东强阳 42 号）。
2. 4mol/L HCl 溶液。
3. 0.1mol/L HCl 溶液。
4. 氨基酸混合液（用 0.2mol/L 氢氧化铵溶液，溶解 Glu、Arg、Tyr 至终浓度为各 2mg/mL）。
5. Tris-HCl 缓冲液（0.2mol/L，pH8.5）。
6. 乙酸-乙酸钠缓冲液（pH 4.5）。
7. 0.1%茚三酮-无水丙酮溶液。
8. 扩展剂：4 份水饱和的正丁醇和 1 份乙酸的混合液等。

【实验操作】

1. 氨基酸分离

（1）装柱：取树脂 5g，每克干树脂加 15～30mL 4mol/L HCl 溶液，轻轻搅拌，使之充分膨胀。让树脂沉析，倾去上层酸液。用 0.1mol/L HCl 溶液反复洗涤树脂。树脂悬浮于此酸液中，装入底部塞有玻璃丝的管内，用蒸馏水洗涤柱至流出液 pH 与蒸馏水相同。

（2）加样：将氨基酸混合液 2mL，在柱顶小心加入。打开柱底出口，让样品流入柱中。

（3）洗脱：连接柱子和装有 500mL Tris-HCl 缓冲液的分液漏斗，调节流速为 1mL/min，每 1mL 收集一管，每隔 0.5mL（约 1 滴），就用茚三酮溶液检查一次，观察有无呈色反应；待第一种氨基酸流出后，换乙酸-乙酸钠缓冲液，重复以上操作。直至 3 种氨基酸分别流出，收集完为止。检查方法：①取小片滤纸，在一角蘸少许流出液，烘干；②滴加少许 0.1%茚三酮-无水丙酮溶液，烘干，如出现紫色，则表明已有氨基酸流出。

2. 鉴定

（1）将盛有扩展剂的小烧杯置于密闭的层析缸中。

（2）取层析滤纸（长 22cm，宽 8cm）一张，纸的一端距边缘 2～3cm 处用铅笔画一条直线，每间隔 2cm 做一记号。

（3）点样：用毛细管将各氨基酸分别点于这三个位置上，干后再点一次。每点在纸上扩散的直径最大不超过 3mm。

（4）扩展：用线将滤纸缝成筒状，纸的两边不能接触。将盛有约 20mL 扩展剂的培养皿迅速置于密闭的层析缸中，并将滤纸直立于培养皿中（点样一端在下，扩展剂低于点样线 1cm）。待扩展剂上升到 15～20cm 时即取出滤纸，用铅笔描出溶剂前沿界线，自然干燥或用吹风机热风吹干。

（5）显色：用喷雾器均匀喷上 0.1% 茚三酮-无水丙酮溶液，然后置烤箱中烘烤 5min（100℃），可显出各层析斑点。

（6）计算各种氨基酸的 R_f 值，与这三种氨基酸标准 R_f 值对照，是否与预测的氨基酸相一致。

实验七　　组织核酸的提取

【实验目的】

1. 记忆核酸的分类及其组成成分。

2. 知道离心机的工作原理。

3. 养成求证思维；树立科研意识。

【实验原理】

动物组织中的核酸大多数与蛋白质结合成核蛋白。提取组织中核酸时必须使核酸与蛋白质解离。提取核酸的方法很多，常用的有以下几种。

1. 苯酚法　用三氯乙酸法沉淀核蛋白，再用酚断裂核酸和蛋白质之间的结合键，用乙醚去除蛋白质和其他杂质，最后用乙醇沉淀核酸。

2. 三氯乙酸法　用三氯乙酸法沉淀核蛋白，再用乙醇去除沉淀中的脂质和色素等杂质，然后用 10%NaCl 溶液溶解核酸，最后加入乙醇使核酸钠沉淀析出。

3. 碱提取法　多用于 RNA 的提取。RNA 可溶于碱性溶液，当碱被中和后，可加乙醇使 RNA 沉淀。

4. 浓盐法　用高浓度的盐溶液使核蛋白解聚，核酸可溶于盐溶液中，离心去除变性蛋白质和其他杂质。然后采用一定的方法使核酸沉淀。

本实验采用三氯乙酸法。

【实验仪器】

1. 沸水浴锅。

2. 离心机。

3. 研钵。

4. 玻璃棒等。

【实验试剂】

1. 2%三氯乙酸溶液。

2. 95%乙醇溶液。

3. 10% NaCl 溶液。

4. 冰块等。

【实验操作】

1. 准确称取新鲜鼠肝 1g，置研钵内，加入生理盐水 3mL，研成匀浆。立即加入 2%三氯乙酸溶液 5mL，研磨 5min。然后以 3000r/min 离心 5min，收集沉淀。

2. 沉淀中加入 95%乙醇溶液 5mL，搅匀，试管用棉花封口后，沸水浴中加热至沸 3min，冷却后再离心，收集沉淀。

3. 沉淀中加入 10% NaCl 溶液 4mL，沸水浴 8min（不断搅拌），冷却、离心，收集上清。将上清再离心 1 次，除去残渣。

4. 在上清中逐滴加入等量的 95%乙醇溶液（95%乙醇溶液需预先冰浴），静置 10min。离心 5min，收集沉淀。所得白色沉淀即核酸钠。

附：浓盐法提取 RNA

【实验仪器】

1. 沸水浴锅。

2. 离心机。

【实验试剂】

1. 干酵母。

2. 10% NaCl 溶液。

3. 6mol/L HCl 溶液。

4. 乙醚。

【实验操作】

1. 干酵母 0.6g，加入 10% NaCl 溶液 5mL，混匀，沸水浴 10min。流水冷却，以 3000r/min 离心 10min，收集上清（内含 RNA）。

2. 上清中逐滴加入 6mol/L HCl 溶液，边加边搅拌，RNA 沉淀逐渐析出，至 pH 2.0～2.5（RNA 的等电点）沉淀最多。静置数分钟，以 3000r/min 离心 10min，收集沉淀。

3. 用少量乙醚洗涤沉淀，以去除脂类和色素等杂质，倒去乙醚，所得沉淀即为 RNA 的粗制品。浓盐法简便，所得 RNA 的粗制品多为变性或部分降解的 RNA。

实验八　核酸水解及组分鉴定

视频 13-核酸的提取、水解及组分鉴定实验操作技术

【实验目的】

1. 记忆核酸的组成成分；记忆核酸水解产物的鉴定试剂。

2. 会鉴定核酸水解产物；会正确使用离心机；能分析实验现象、总结实验结论。

3. 养成求证思维；树立科研意识。

【实验原理】

核酸经硫酸水解后生成戊糖、磷酸和嘌呤碱基（不易生成嘧啶碱基）。核糖经浓盐酸脱水后可与苔黑酚缩合生成绿色化合物，该反应需用三氯化铁或氯化铜做催化剂。脱氧核糖在酸性环境中与二苯胺通过加热产生蓝色反应。磷酸与钼酸生成磷钼酸，在还原剂作用下生成钼蓝，常用的还原剂有氨基萘磺酸钠、氯化亚锡和维生素 C。嘌呤碱基与苦味酸反应生成针状结晶。有关的反应式如下：

$$
\begin{array}{c}
\text{CHO} \\
\text{H—C—OH} \\
\text{H—C—OH} \\
\text{H—C—OH} \\
\text{CH}_2\text{OH}
\end{array}
\xrightarrow[-3\text{H}_2\text{O}]{\text{HCl}}
\quad
\xrightarrow[\text{FeCl}_3]{}
\text{绿色化合物}
$$

核糖

$$\begin{array}{ccc}
\begin{array}{c}
\text{CHO} \\
| \\
\text{CH}_2 \\
| \\
\text{CHOH} \\
| \\
\text{CHOH} \\
| \\
\text{CH}_2\text{OH}
\end{array}
& \xrightarrow[\triangle]{\text{强酸}} &
\begin{array}{c}
\text{CHO} \\
| \\
\text{CH}_2 \\
| \\
\text{CH}_2 \\
| \\
\text{C}=\text{O} \\
| \\
\text{CH}_2\text{OH}
\end{array}
& \xrightarrow{\text{二苯胺}} & \text{蓝色化合物}
\end{array}$$

脱氧核糖　　　　　　ω-羟基-γ-酮基戊醛

$$H_3PO_4 + 12H_2MoO_4 \longrightarrow H_3PO_4 \cdot 12MoO_3 \cdot 12H_2O$$

磷酸　　　钼酸　　　　　　　磷钼酸

$$H_3PO_4 \cdot 12MoO_3 \cdot 12H_2O + 6H \xrightarrow{-3H_2O} H_3PO_4 \cdot 6MoO_3 \cdot 3Mo_2O_5 \cdot 12H_2O$$

磷钼酸　　　　　还原剂　　　　　　　　　钼蓝

【实验试剂】

1. 2%核酸溶液（mg/mL，溶剂为 0.05mol/L NaOH 溶液）。
2. 15% H_2SO_4 溶液。
3. 苔黑酚试剂（附录 1 苔黑酚试剂配制法）。
4. 二苯胺试剂（附录 1 二苯胺试剂配制法）。
5. 钼酸铵溶液（附录 1 钼酸铵溶液配制法）。
6. 3%维生素 C 溶液。
7. 饱和苦味酸（附录 1 饱和苦味酸配制法）。

【实验操作】

1. 核酸水解　核酸溶液 1mL，加入 15% H_2SO_4 溶液 3mL，沸水浴 30min，冷却后待用；也可用前实验中提取的核酸粗制品，加入 15% H_2SO_4 溶液 4mL，溶解后置沸水浴 30min，冷却后待用。

2. 核酸水解组分的鉴定，见表 3-7。

表 3-7　核酸水解及组分鉴定

	1	2	3	4
核酸水解液（mL）	0.5	0.5	0.5	0.5
饱和苦味酸（mL）	1.0			
苔黑酚试剂（mL）		1.0		
二苯胺试剂（mL）			1.0	
钼酸铵溶液（mL）				1.0
3%维生素 C 溶液				2～3 滴
沸水浴 5min				
结果				

实验九　核酸含量的测定

【实验目的】

1. 了解各种核酸定量测定法的原理。
2. 学习组织样本中 DNA 和 RNA 定量测定的操作步骤。

3. 能使用分光光度计测定未知核酸样品的浓度。

【实验原理】

核酸定量的方法很多。

1. 核糖与苔黑酚形成的反应产物在 670nm 处有最大光吸收。RNA 含量在 20～250μg，RNA 浓度与吸光度成正比。苔黑酚反应的特异性较差，凡戊糖均有此反应。

2. 脱氧核糖与二苯胺形成的反应产物，在 595nm 处有最大光吸收。DNA 含量在 40～400μg，DNA 浓度与吸光度成正比。反应液中加入少量乙醛可提高灵敏度。脱氧木糖、阿拉伯糖也有同样反应。

3. 磷酸含量的测定也可用于核酸定量。磷酸与钼酸生成的磷钼酸能被维生素 C 还原成钼蓝。钼蓝在 660nm 处有最大光吸收。无机磷含量在 2.5～25μg，无机磷浓度与吸光度成正比。

4. 嘌呤环和嘧啶环的共轭双键系统具有吸收紫外光的性质，因此碱基、核苷、核苷酸、核酸在 260nm 处都有最大光吸收，所以可利用紫外分光光度计测定核酸含量。

【实验仪器】

1. 沸水浴锅。

2. 722 型光栅分光光度计等。

【实验试剂】

1. 5%三氯乙酸溶液。

2. 苔黑酚试剂。

3. 二苯胺试剂。

4. 标准 RNA 液（80μg/mL）（先加数滴 0.1mol/L NaOH 溶液溶解后再加水）。

5. 标准 DNA 液（80μg/mL）（先加数滴 0.1mol/L NaOH 溶液溶解后再加水）等。

【实验操作】

1. 将 1g 鼠肝中提取的核酸粗制品全部加入到 5%三氯乙酸溶液 7mL 中，混匀，90℃水浴加热 15min，冷却，加入 5%三氯乙酸溶液至 10mL，混匀，过滤，收集溶液。

2. RNA 定量（表 3-8）。

表 3-8 核酸含量的测定表 1

试剂	1	2	3
滤液（mL）		0.1	
蒸馏水（mL）	1.0	0.9	
标准 RNA 液（mL）			1.0
苔黑酚试剂（mL）	4.0	4.0	4.0

混匀，沸水浴 25min，冷却，于 670nm 处比色读取吸光度。

$$RNA含量 = \frac{测定管吸光度}{标准管吸光度} \times 标准管浓度 \times \frac{100}{10}(μg/100mg鼠肝)$$

3. DNA 的定量（表 3-9）。

表 3-9 核酸含量的测定表 2

试剂	1	2	3
蒸馏水（mL）	1.0		
滤液（mL）		1.0	

续表

试剂	1	2	3
标准 DNA 液（mL）			1.0
二苯胺试剂（mL）	4.0	4.0	4.0

注：混匀，沸水浴 15min，冷却，于 595nm 处比色读取吸光度

DNA 含量公式如下。

$$DNA含量 = \frac{测定管吸光度}{标准管吸光度} \times 标准管浓度（\mu g/100mg鼠肝）$$

实验十　维生素 C 的定量测定

【实验目的】

1. 学习维生素 C 的提取方法。
2. 记忆维生素 C 的生理功能。
3. 能描述维生素 C 与疾病的关系。

【实验原理】

在体外，维生素 C 很不稳定，易被氧化成脱氢抗坏血酸。脱氢抗坏血酸仍保留维生素 C 的生物活性，在动物组织内脱氢抗坏血酸可被谷胱甘肽等还原物质还原成维生素 C。在 pH 5 以上时，脱氢抗坏血酸可将其分子构造重新排列使其内酯环裂开，生成没有活性的二酮古洛糖酸。

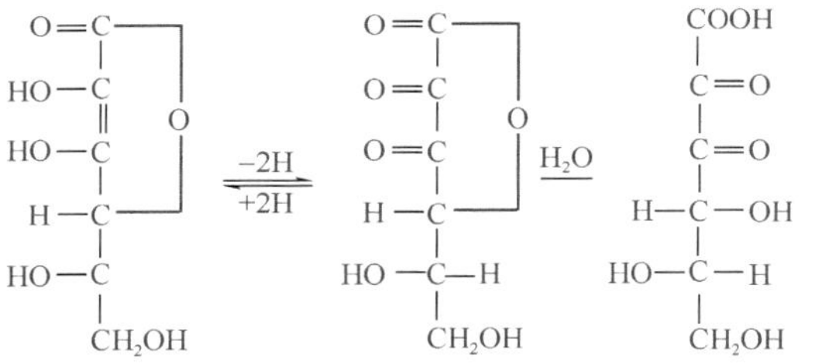

维生素C　　　　　　脱氢抗坏血酸　　　　二酮古洛糖酸

上述三者合称为总维生素 C。测定原理为首先将样品中还原性的维生素 C 氧化成脱氢抗坏血酸，脱氢抗坏血酸和二酮古洛糖酸都可与 2，4-二硝基苯肼作用生成红色的脎。脎的生成量与总抗坏血酸成正比。最后将脎溶于硫酸，再与同样处理的抗坏血酸标准液比色，以求出样品中的总维生素 C 的含量。

【实验试剂】

1. 2% 2, 4-二硝基苯肼液（附录 1 2% 2, 4-二硝基苯肼液配制法）。
2. 1%草酸溶液。
3. 85% H_2SO_4 溶液。
4. 10%硫脲溶液（以 1%草酸溶液作溶剂）。
5. 活性炭。
6. 维生素 C 标准储存液（1mg/mL）。
7. 维生素 C 标准应用液（0.01mg/mL）。

【实验操作】

1. **提取**　称取白菜 2g 置研钵中，加少量 1%草酸溶液研磨 5～10min，将提取液收集至 50mL

容量瓶或量筒中，如此反复提取 2～3 次，最后加 1%草酸溶液至刻度。

2. 氧化、脱色 将提取液约 10mL 倒入干燥大试管或烧杯中，加入半匙活性炭，充分振摇 1min 过滤；取约 10mL 标准液（0.01mg/mL）置于另一干燥试管中，加入半匙活性炭，同法过滤处理。

3. 显色 取 3 支中号试管，按表 3-10 操作：

表 3-10 维生素 C 的定量测定表

	空白	标准	测定
样品滤液（mL）	2.5	—	2.5
维生素 C 标准滤液（0.01mg/mL）（mL）	—	2.5	—
10%硫脲溶液（滴）	1	1	1
2% 2,4-二硝基苯肼溶液（mL）	—	1.0	1.0
混匀，置沸水浴中 10min 后，流水冷却			
2% 2,4-二硝基苯肼溶液（mL）	1.0	—	—
85% H_2SO_4 溶液（mL）	3.0	3.0	3.0

注意：加 85% H_2SO_4 溶液需逐滴慢加，并将试管置于冷水中，边加边摇边冷却。加完后混匀，静置 10min 用 540nm 波长于 722 型分光光度计上比色，以空白管调零。

4. 计算

$$100g样品中含总维生素C（mg）=\frac{测定管吸光度}{标准管吸光度}\times0.01\times2.5\times\frac{50}{2.5}\times\frac{100}{2}$$

【提取维生素 C 时的注意事项】

维生素 C 存在于食物或食物制品中，因此在测定前必须经过提取维生素 C 的步骤。

1. 提取剂的选择 一般用偏磷酸或 HCl 作为提取剂，但偏磷酸不经济，HCl 对维生素 C 的稳定作用不大。草酸与偏磷酸具有相同稳定维生素 C 的作用。故分析新鲜蔬菜或水果时多用草酸作为提取剂。

2. 样品处理 样品提取时要均匀，量不能太少（太少没有代表性）。研磨样品时要迅速，在空气中暴露过久抗坏血酸易被氧化。草酸或样品提取液不要暴露于日光中，否则加速维生素 C 氧化。

3. 2,4-二硝基苯肼法中用硫脲，其作用在于防止抗坏血酸继续氧化，并可帮助脎的形成。

实验十一 胡萝卜素的层析分离

【实验目的】

1. 记忆层析法的基本原理。

2. 学习胡萝卜素的提取原理及方法。

3. 能利用层析及比色技术分离样本中胡萝卜素并测定其浓度。

【实验原理】

胡萝卜素存在于胡萝卜、辣椒及绿叶蔬菜中，蔬菜中的胡萝卜素及其他色素可用乙醇、丙酮和石油醚等有机溶剂提取出来，利用吸附剂对各种色素的不同吸附能力，当用洗脱剂洗脱时即产生不断的溶解吸附，再溶解，再吸附的现象从而把不同色素分成不同的区带，再以适当的洗脱剂将胡萝卜素洗脱下来，通过比色分析即可测定其浓度。

【实验仪器】

1. 研钵。

2. 分液漏斗（50mL 和 100mL）。

3. 滴管。

4. 20mL 容量瓶。

5. 棉花。

6. 纱布。

7. 量筒（50mL）。

8. 滴定台。

9. 层析柱（1cm×15cm）。

10. 722 型分光光度计等。

【实验试剂】

1. 95%乙醇溶液。

2. 洗脱液（含 1%丙酮的石油醚溶液）。

3. 层析用氧化铝（中性）。

4. 无水硫酸钠。

5. 石油醚（沸点 40～70℃）。

6. 1∶1 丙酮石油醚。

7. 胡萝卜素标准液（2.0μg/mL）。

8. 干辣椒或菠菜等。

【实验操作】

1. 提取液的制备 称去籽干辣椒 4g，剪碎后放入研钵中，加入 95%乙醇溶液 8mL 研磨至提取液呈深红色，再加石油醚 12mL 研磨至石油醚呈深红色。滤去残渣将提取液放入 50mL 分液漏斗中，再加入 200mL 蒸馏水洗涤（除去提取液中的乙醇）。如此反复洗涤数次至水层透明为止，再加入 0.5g 无水硫酸钠（除去残余的少量水分）。

2. 层析柱的制备 取直径 1cm 的玻璃层析柱，在其底部放少量棉花，用滴管加石油醚-氧化铝悬液，使氧化铝均匀沉积于管内达 10cm 高度，将表面压平放入约 1cm 高无水硫酸钠，将层析柱竖直夹在滴定台上备用。

3. 层析 当层析柱上端石油醚将要全部浸入氧化铝时，立即吸取 2mL 提取液，沿管壁小心地加到层析柱上端。待提取液将要全部浸入氧化铝时立即小心地向柱中加入洗脱液进行洗脱，使吸附在柱上端的提取液逐渐展开成为数条颜色不同的色带，仔细观察并绘图记录各色的位置及颜色深浅。

附：食品中胡萝卜素的定量测定

【实验原理】

同上。

【实验试剂】

同上。

【实验仪器】

同上。

【实验操作】

1. 样品处理 将采集来的新鲜蔬菜用流动蒸汽处理 2～5min，使酶破坏并使组织疏松便于提取。

2. 提取　称 2g 处理过的样品置入研钵中并加入 5mL 丙酮石油醚（1∶1）研磨，数分钟后将提取液放进盛有 50mL 蒸馏水的分液漏斗中，再重复提取几次（约 4 次）至提取液无色，提取过程中可以用少量纯丙酮研磨加快提取速度。

3. 洗去丙酮

（1）将上述盛提取液的分液漏斗振摇 1min，静置分层后将水层放入另一分液漏斗中，再向盛提取液的分液漏斗中加入 20mL 水洗涤，如此洗涤至无丙酮味为止。将盛水液的分液漏斗中加入石油醚 5mL 振摇分层后，将醚层并入盛提取液的分液漏斗中静止 1~2min 将可能残存的下层水液放掉，记录提取液的体积。

（2）向盛提取液的分液漏斗中加入 0.5g 无水 Na_2SO_4 振摇，除去全部残留的水分。

4. 装柱及加样　层析柱的装柱及加样过程同实验五。

5. 洗脱　观察记录形成的不同色带，同时继续向层析柱内加入洗脱剂进行冲洗，将开始呈现黄色的液体收集至 20mL 容量瓶中，一直洗到液体不呈现黄色为止。将洗下的液体用石油醚定容至刻度备用。

6. 比色分析　分别量取 3mL 上述层析分离的样品液和标准胡萝卜素液盛入比色杯中，以石油醚作空白对照在 448nm 波长用 722 分光光度计测定各管吸光度。

7. 计算

$$胡萝卜素含量（\mu g/100g）=\frac{A_{样品}}{A_{标准}}\times C_{标准}\times 3\times \frac{V_{提}\times V_{洗}}{W\times V_{加}\times 3}\times 100$$

式中，$V_{洗}$ 为洗脱后得到的样品洗脱液的定容体积；W 为称取的样品重量；$V_{加}$ 为加到层析柱上的样品提取液体积；$A_{样品}$ 为样品吸光度；$A_{标准}$ 为标准液吸光度；$C_{标准}$ 为标准液浓度；$V_{提}$ 为样品提取液体积。

【注意事项】

1. 氧化铝须预先活化处理提高其吸附能力。

2. 须把提取液中的乙醇或丙酮去除干净，否则吸附不好，色素色带弥散不清。

3. 洗脱剂中的丙酮可增加洗脱速度，但如果含量太高可致洗脱过快而使色带分离不清。

4. 样品要脱水完全才能进入层析柱，否则 Na_2SO_4 结成硬块使液体不流出。

5. 冲洗过程中 Na_2SO_4 层一直要有液体浸着。

实验十二　酶的特异性

【实验目的】

1. 记忆酶促反应的特点，能描述酶促反应的特异性。

2. 了解淀粉和蔗糖水解的反应。

3. 培养求真务实的科研精神。

【实验原理】

酶的作用具有高度的特异性（或称专一性），一种酶只能对一种或一类物质起作用，使其发生一定的化学反应，生成一定的产物。本实验以唾液淀粉酶和蔗糖酶对淀粉和蔗糖的作用为例来说明酶的特异性。

淀粉和蔗糖均无还原性，淀粉在唾液淀粉酶作用下，可水解成有还原性的麦芽糖。蔗糖可在蔗糖酶的作用下水解成有还原性的葡萄糖和果糖。但唾液淀粉酶对蔗糖无水解作用，蔗糖酶对淀粉也无水解作用。

以上两种酶特异性，可利用水解产物有无还原性进行证明。

视频 14-酶的特异性及影响酶作用的因素实验操作技术

【实验仪器】

1. 试管。
2. 恒温水浴。
3. 漏斗。
4. 酒精灯等。

【实验试剂】

1. 2%蔗糖溶液。
2. 1%淀粉溶液（溶于 0.3% NaCl 溶液）。
3. 蔗糖酶溶液（附录 1 蔗糖酶溶液 a 配制法）。
4. 班氏试剂（附录 1 班氏试剂配制法）。

【实验操作】

1. 唾液淀粉酶的制备　先用蒸馏水漱口，再含一小口蒸馏水，在口中含 3～4min，取一小漏斗，将口中水吐到漏斗中收集在一试管中，此即为唾液淀粉酶。

2. 取试管 6 支，标上号码，按表 3-11 加入试剂：

表 3-11　酶的特异性表

试管编号	1	2	3	4	5	6
1%淀粉溶液（mL）	1.0	1.0	—	—	1.0	—
2%蔗糖溶液（mL）	—	—	1.0	1.0	—	1.0
唾液淀粉酶溶液（mL）	0.5	—	0.5	—	—	—
蔗糖酶溶液（mL）	—	0.5	—	0.5	—	—
蒸馏水（mL）	—	—	—	—	0.5	0.5

混匀，置 37℃水浴中保温 10min，取出后在各管中均加入班氏试剂 1mL，分别加热至沸，观察并解释结果。

实验十三　影响酶作用的因素

【实验目的】

1. 能够描述影响酶促反应速度的各种因素。
2. 记忆温度、pH、抑制剂、激活剂对酶促反应速度的影响。
3. 培养求真务实的科研精神。

【实验原理】

酶活性的大小以其催化反应速度的快慢和生成产物的多少来表示。酶的活性可受许多因素的影响，其中主要的有温度、pH（酸碱度）、激活剂和抑制剂。本实验以唾液淀粉酶水解产生麦芽糖的反应为例，观察以上因素对酶活性的影响。

唾液淀粉酶能催化淀粉水解，使其依次转变为紫糊精、红糊精及麦芽糖。淀粉及其水解产物与碘反应呈现不同的颜色，淀粉与碘呈现蓝色，其中间产物与碘呈现颜色依次为紫色、红色及无色。因此，可以根据中间产物与碘呈现的颜色反应来观察淀粉水解进程的快慢，从而可以判断酶活性的大小。

【实验仪器】

1. 漏斗。

2. 试管。

3. 烧杯。

4. 酒精灯。

5. 温度计。

6. 反应板。

7. 滴管。

8. 玻璃棒等。

【实验试剂】

1. 1%淀粉溶液。

2. pH 5.0 缓冲液。

3. pH 6.8 缓冲液。

4. pH 8.0 缓冲液。

5. 1%NaCl。

6. 1%CuSO$_4$。

7. 碘溶液等。

【实验操作】

按实验十二的操作方法制备唾液淀粉酶。

1. 温度对酶活性的影响

（1）取试管 3 支，标以号码，按表 3-12 所列顺序加入试剂并进行操作：

表 3-12　影响酶作用的因素表 1

试剂	1	2	3
唾液淀粉酶（mL）	0.5	0.5	0.5
	加热至沸	—	放冰浴中
1%淀粉溶液（mL）	1.0	1.0	冰冷的 1.0
	摇匀	摇匀	摇匀
	37~40℃水浴	37~40℃水浴	继续放在冰浴中

（2）10min 后在 1、2 管中各加碘溶液 1 滴，摇匀，观察颜色。

（3）在白瓷反应板上滴碘溶液数滴，用滴管从 3 管中取 1 滴溶液与反应板上碘溶液混合，观察呈现何种颜色？

（4）将第 3 管从冰浴中取出，再放入 37~40℃水浴中，10min 后向试管内加入碘溶液 1 滴，观察结果如何？

（5）根据观察到的实验结果，总结说明温度对酶活性的影响。

2. pH 对酶活性的影响

（1）取试管 3 支，标以号码，按表 3-13 要求加入试剂：

表 3-13　影响酶作用的因素表 2

试剂	1	2	3
缓冲液	pH 5.0　2.0mL	pH 6.8　2.0mL	pH 8.0　2.0mL
1%淀粉溶液（mL）	1.0	1.0	1.0
唾液淀粉酶（mL）	0.5	0.5	0.5

（2）将以上 3 管混匀后，置 37～40℃水浴中保温，每隔 0.5min 从第 2 管取 1 滴溶液与反应板上的碘溶液混匀，观察呈色反应（注意每次取溶液与碘反应后，必须将玻璃棒洗净，才能放入试管中取下一次）。

（3）待第 2 管取出溶液与碘不呈颜色反应时，立即向每管中加碘溶液 1 滴，比较各管所呈现的颜色，并解释结果。

3. 激活剂和抑制剂对酶活性的影响 NaCl 为唾液淀粉酶的激活剂，$CuSO_4$ 为唾液淀粉酶的抑制剂。

（1）取试管 3 支，按表 3-14 顺序加入试剂：

表 3-14　影响酶作用的因素表 3

试剂	1	2	3
1%NaCl 溶液（mL）	1.0	—	—
1%$CuSO_4$ 溶液（mL）	—	1.0	—
蒸馏水（mL）	—	—	1.0
唾液淀粉酶（mL）	1.0	1.0	1.0
1%淀粉溶液（mL）	1.0	1.0	1.0

（2）将各管混匀，同时放入 37～40℃水浴中保温，每隔 0.5min 自第 1 管取 1 滴溶液与反应板上的碘溶液混合，观察颜色。

（3）当第 1 管与碘刚刚不呈颜色反应时，立即向每一管各加碘溶液 1 滴，观察各管所呈颜色，并解释结果。

实验十四　尿淀粉酶活性的测定（Winslow 法）

【实验目的】

1. 学习酶活性单位的定义。

2. 记忆尿淀粉酶活性测定的原理及方法。

3. 能描述尿淀粉酶检测的临床意义。

【实验原理】

尿中淀粉酶能催化淀粉水解生成一系列的糊精，其最终产物为麦芽糖，由于不同阶段的水解产物遇碘所产生的颜色不同，故可观察淀粉被水解的程度。临床上通常用温斯洛（Winslow）法测定尿或血清中淀粉酶活性。该法对淀粉酶活性单位的规定是：在 37℃、30min 恰好能将 1mL 0.1%淀粉溶液中淀粉水解完的酶量定为淀粉酶的一个活性单位。

【实验试剂】

1. 0.9% NaCl 溶液。

2. 稀碘液（0.1mol/L 碘液）。

3. 0.1%淀粉溶液。

【实验操作】

1. 取小试管 10 支，标号，于各管中加入 0.9% NaCl 溶液 1mL。

2. 用吸量管取尿液 1mL 加入第 1 管中，混匀。再从第 1 管吸取混合液 1mL，放入第 2 管中，混匀。如此逐步稀释，最后从第 9 管中取出混合液 1mL 弃去。第 10 管不含尿液作为对照管。各管中尿液稀释度见表 3-15。

表 3-15　尿淀粉酶活性的测定表

管号	1	2	3	4	5	6	7	8	9	10 对照管
稀释度	1：2	1：4	1：8	1：16	1：32	1：64	1：128	1：256	1：512	不含尿

3. 将 10 支试管置冰浴约 5min 后，从第 10 管起依次加入 0.1%淀粉溶液各 2mL，迅速摇匀。立即将各管置 37℃水浴中，准确保温 30min 后，取出立即用冷水冷却，然后向各管加入碘液 2 滴，混匀，观察各管的颜色。

4. 计算：应选择不显蓝色而稀释度最高的管作为计算管，如第 1、2、3、4、5 管均不显蓝色，其中第 5 管稀释度最高（1：32）。

即 1/32mL 尿液能在 37℃，30min 水解 0.1%淀粉液 2mL。求出 1mL 尿液水解 0.1%淀粉液 XmL。

计算公式 $1/32：2=1：X$

$$X = \frac{2 \times 1}{1/32} = 64(\text{mL})$$

每 1mL 尿液中所含的淀粉酶活性为 64U。

【临床意义】

正常情况下，尿中淀粉酶含量甚微，正常人尿液淀粉酶活性为 8～64U。但在患胰腺炎、腮腺炎、胆道疾病时排出量增多。

实验十五　米氏常数的测定

【实验目的】

1. 记忆底物浓度对酶促反应速度的影响；记忆米氏常数的定义及意义。

2. 能够使用分光光度计，能够分析出计算公式。

3. 坚持实事求是，原始数据不改动。

【实验原理】

当环境的温度、pH 和酶浓度等条件恒定时，酶促反应的初速度 V 随底物的浓度[S]增高而加快，直至酶全部被底物所饱和时达到最大速度 V_{max}。根据底物浓度与反应速度的这种关系，米（Michaelis-Menten）氏推导得出如下公式（米氏方程）：

$$V = \frac{V_{max}[S]}{K_m + [S]} \quad \text{当} V = \frac{V_{max}}{2} \text{时，则} K_m = [S]$$

式中，K_m 称为米氏常数。它是酶的特征性常数。不同的酶，K_m 值不同，因此可用于鉴别酶；催化多种底物反应的酶，对于不同的底物有不同的 K_m 值，例如，从酵母中提取的蔗糖酶，对蔗糖和蜜三糖均有催化作用，对蜜三糖的 K_m 值为对蔗糖的 K_m 值的 16 倍，这说明蔗糖酶与蜜三糖的亲和力比与蔗糖的亲和力小。K_m 大，说明酶与底物的亲和力小，反之亦然。大多数酶的 K_m 值在 10^{-3}～10^{-5}mol/L。

但米氏方程中 V 与[S]的关系为双曲线，用作图法求 K_m 值不方便，林-贝（Lineweaver-Burk）又将米氏方程两边取倒数得出如下直线方程式：

$$\frac{1}{V} = \frac{K_m}{V_{max}} \cdot \frac{1}{[S]} + \frac{1}{V_{max}}$$

以 1/[S]为横坐标，1/V 为纵坐标，将各点连成一直线，此线向左延长与横轴相交处即为米氏常数的负倒数值$-1/K_m$。

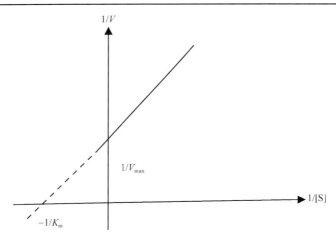

本实验以酵母蔗糖酶为例说明测定 K_m 值的方法。用一定量的蔗糖酶作用于不同浓度的底物，蔗糖在一定时间内生成葡萄糖的量为反应速度。生成葡萄糖的量用比色方法测量，然后作图求出蔗糖酶的米氏常数，即 K_m 值。

视频 15-米氏常
数测定实验操作
技术

【实验仪器】

1. 恒温水浴。

2. 沸水浴。

3. 分光光度计等。

【实验试剂】

1. 0.03mol/L 蔗糖溶液。

2. 0.2mol/L pH 5.0 乙酸缓冲液。

3. 蔗糖酶溶液（附录 1 蔗糖酶溶液 b 配制法）。

4. 碱性铜溶液（附录 1 碱性铜溶液配制法）。

5. 磷钼酸试剂（附录 1 磷钼酸试剂配制法）。

6. 葡萄糖标准溶液（0.015mg/mL）等。

【实验操作】

1. 取试管 5 支，编号，按表 3-16 加入试剂：

表 3-16 米氏常数测定表 1

试剂	1	2	3	4	5
0.03mol/L 蔗糖溶液（mL）	5.0	2.5	1.5	1.0	—
蒸馏水（mL）	—	2.5	3.5	4.0	5.0
pH 5.0 乙酸缓冲液（mL）	0.5	0.5	0.5	0.5	0.5
充分混匀，30℃水浴保温 10min					
蔗糖酶溶液（mL）	0.5	0.5	0.5	0.5	0.5
立即混匀，30℃水浴准确保温 10min					
碱性铜溶液（mL）	1.0	1.0	1.0	1.0	1.0

混匀，终止反应。

2. 另取 6 支试管，编号，按表 3-17 操作：

表 3-17　米氏常数测定表 2

试剂	1	2	3	4	5	6
酶水解液（mL）	0.5	0.5	0.5	0.5	0.5	—
蒸馏水（mL）	1.5	1.5	1.5	1.5	1.5	—
葡萄糖标准液（mL）	—	—	—	—	—	2.0
碱性铜溶液（mL）	2.0	2.0	2.0	2.0	2.0	2.0
混匀，置沸水浴中 8min，冷却（勿摇动）						
磷钼酸试剂（mL）	2.0	2.0	2.0	2.0	2.0	2.0
混匀，静置 5min						
蒸馏水（mL）	2.0	2.0	2.0	2.0	2.0	2.0

混匀，以第 5 管作为空白调零，在 420nm 波长下比色，记录各管光密度。

3. 计算

$$还原糖（mmol/L）= \frac{测定管吸光度}{标准管吸光度} \times 0.015 \times \frac{2}{0.5} \times \frac{1000}{180}$$

按照林-贝作图法以 1/[S]为横坐标，10min 内酶促反应产生的还原糖（mmol/L）的倒数为纵坐标作图，利用 Excel 软件和坐标纸手绘两种方法。将各点连成直线并延长此线与横轴相交点即为酵母蔗糖酶的米氏常数的负倒数值。

实验十六　琥珀酸脱氢酶的作用及其抑制

【实验目的】

1. 记忆竞争性抑制概念及特点；记忆琥珀酸脱氢酶的作用及其在生物氧化中的位置。

2. 知道无氧情况下观察不需氧脱氢酶作用的简单方法；会解释实验现象，会分析不理想结果产生的原因。

3. 能设计简单实验方案；团结协作。

【实验原理】

琥珀酸脱氢酶为一种不需氧脱氢酶，具有绝对特异性，只能催化琥珀酸脱氢生成延胡索酸，并将脱下的氢传给受氢体。本实验可用亚甲蓝作为受氢体，亚甲蓝接受氢后可由蓝色变为无色。借此颜色变化以观察酶的活性。

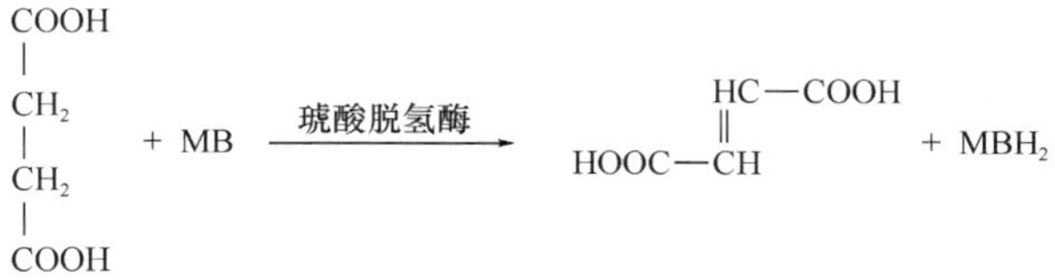

琥珀酸　　　　　　　　　　　延胡索酸

丙二酸与琥珀酸的化学结构相似，故能互相竞争与琥珀酸脱氢酶结合，该酶若与丙二酸结合后，则不能再催化琥珀酸的脱氢反应，所以以丙二酸为琥珀酸脱氢酶的竞争性抑制剂。本试验将证明丙二酸对琥珀酸脱氢酶的抑制作用及其抑制特点。

【实验仪器】

1. 试管。

2. 滴管。

3. 剪刀。

4. 研钵。

5. 恒温水浴。

6. 吸量管等。

【实验试剂】

1. 0.1mol/L 琥珀酸溶液（附录 1 琥珀酸溶液配制法）。

2. 0.1mol/L 丙二酸溶液（附录 1 丙二酸溶液配制法）。

3. pH 7.4 磷酸盐缓冲液（附录 2 磷酸氢二钠-磷酸二氢钾缓冲液配制法）。

4. 0.01%亚甲蓝溶液等。

【实验操作】

1. 肌肉匀浆制备　将小鼠或家兔杀死后，取肌肉 2g 剪碎，加 4～5mL 生理盐水，在研钵中研磨均匀（或用肌肉匀浆机打碎制成肌肉匀浆）。

2. 取试管 4 支，标以号码，按表 3-18 加入试剂。

表 3-18　琥珀酸脱氢酶的作用及其抑制表

试管编号	1	2	3	4
磷酸盐缓冲液（mL）	1.5	1.4	4.0	1.4
0.1mol/L 琥珀酸溶液（mL）	2.0	0.1	0.5	2.0
0.1mol/L 丙二酸溶液（mL）	—	2.0	—	0.1
肌肉匀浆（mL）	1.0	1.0	—	1.0
亚甲蓝溶液	5 滴	5 滴	5 滴	5 滴

3. 各管摇匀后，分别加液体石蜡适量盖住液面，以隔绝空气。

4. 置 38℃水浴中保温，观察各管中蓝色消退情况。

实验十七　饱食、饥饿对肝糖原含量的影响

【实验目的】

1. 学习糖原的结构、种类、分布及生理意义。

2. 能分析糖原合成与分解的意义。

【实验原理】

　　人及动物体内的糖原，是糖类在体内的一种储存形式，主要存在于肝和肌肉中。肝中糖原的含量受食物成分及进食情况的影响。肝中糖原的含量正常时，约占肝重量的 5%，多时可达 10%～15%，少时则几乎没有。

　　糖原分子量约为 400 万，微溶于水，与碘作用显红色，根据这种颜色反应，可以测定糖原的有无及多少。

　　本实验比较饥饿和正常进食动物肝糖原含量的多少，说明饱食与饥饿对肝糖原含量的影响。

【实验仪器】

1. 剪刀。

2. 表面皿。

3. 小天平。

4. 研钵。

5. 漏斗。

6. 试管等。

【实验试剂】

1. 10%三氯乙酸溶液。

2. 碘溶液等。

【实验操作】

1. 取小白鼠或家兔 2 只，一只正常进食，另一只预先饥饿 24h。

2. 将 2 只对比的小白鼠或家兔杀死，立即分别取出肝，称其重量。

3. 每克肝组织加 10%三氯乙酸溶液 2mL，置于研钵中研成匀浆，过滤或离心取上清。

4. 分别取滤液 1 滴置反应板上，加碘液 1 滴，观察颜色变化。

5. 根据观察的结果，说明饱食与饥饿对肝糖原含量的影响。

注意：取肝要迅速称重，放入三氯乙酸中防止肝糖原分解。

实验十八　肾上腺素、胰岛素对血糖浓度的影响

【实验目的】

1. 记忆胰岛素降血糖的机制。

2. 学会耳缘静脉采血的方法。

3. 归纳葡萄糖测定的显色原理及在其他实验中的应用。

【实验原理】

正常血糖含量相当稳定，这种稳定状态是在中枢神经系统控制下经神经调节和体液调节实现的。体液调节中起主导作用的是胰岛素和肾上腺素：胰岛素促进糖原的生成和葡萄糖的氧化，抑制糖原异生，使血糖浓度降低；而肾上腺素可促进糖原分解，使血糖浓度升高。

本实验用家兔在注射胰岛素、肾上腺素前后分别取血，测血糖浓度，观察胰岛素、肾上腺素对血糖浓度的影响。

本实验反应如下：

$$葡萄糖 + Cu^{2+} \xrightarrow{\text{加热}} Cu_2O\downarrow（棕黄色沉淀）$$
$$Cu_2O + 磷钼酸 \longrightarrow 钼蓝（蓝色）$$

钼蓝产生的多少（蓝色的深浅）与葡萄糖的多少成正比，故用比色分析法，依浓度含量计算其多少。

【实验仪器】

1. 离心机。

2. 抗凝管。

3. 注射器。

4. 针头。

5. 试管。

6. 剪刀。

7. 刻度吸量管。

8. 722 分光光度计等。

【实验试剂】

1. 凡士林油。

2. 0.34mol/L 硫酸溶液（附录 1 0.34mol/L 硫酸溶液配制法）。

视频16-胰岛素
对血糖浓度的影
响实验操作技术

3. 10%钨酸钠溶液。

4. 胰岛素注射液。

5. 碱性铜溶液。

6. 标准葡萄糖溶液（0.015mg/mL）。

7. 磷钼酸试剂。

8. 肾上腺素注射液等。

【实验操作】

1. 实验前先将家兔饥饿12h，实验时称体重，根据体重计算注射胰岛素的剂量（1.5μg/kg体重），肾上腺素的剂量（0.2mg/kg体重）。

2. 用剪刀将兔耳部内侧毛剪除，然后用二甲苯擦于此处或用手指弹其静脉处，使其怒张，再涂少许凡士林油。用针头将其耳缘静脉刺破，把血液收集于抗凝管中备用（取血0.5mL即可）。

3. 按计算所需胰岛素或肾上腺素剂量，腹腔注射并记录时间。

4. 血滤液的制备。用微量吸量管吸取0.05mL血（注意：量必须准确），放入含有3.55mL蒸馏水的试管中，反复吸洗几次，使血液混匀，加入10%钨酸钠溶液0.2mL，混匀后再加0.34mol/L硫酸溶液0.2mL，充分混匀，放置5min，以3000r/min离心3min，将上清倒入另一干净试管备用，即为注射前样品。

5. 注射30min后按上述方法取血，制备血滤液，即为注射后样品。

6. 取6支试管依次排列（表3-19）。

表3-19　肾上腺素、胰岛素对血糖浓度的影响表

试剂	标准管	空白管	空腹（1）	注射胰岛素	空腹（2）	注射肾上腺素
蒸馏水（mL）	—	2	—	—	—	—
血滤液（mL）	—	—	2	2	2	—
标准葡萄糖（mL）	2	—	—	—	—	2
碱性铜溶液（mL）	2	2	2	2	2	2
各管混匀，放沸水浴中8min。取出后用冷水冷却（勿摇动）						
磷钼酸（mL）	2	2	2	2	2	2
混匀，静置2min						
蒸馏水（mL）	1	1	1	1	1	1

混匀后，650nm波长比色。

7. 用下列公式分别计算空腹及注射以后各个样本中的浓度变化：

$$血糖（mg/100mL血液）=\frac{A_{测定}}{A_{标准}}\times0.03\times\frac{100}{0.025}$$

实验十九　运动对尿中乳酸含量的影响

【实验目的】

1. 记忆糖在体内的氧化代谢方式。

2. 能描述乳酸的生成意义及测定方法。

【实验原理】

乳酸是糖无氧氧化的最终产物，正常产生乳酸很少，尿中不易查见；当体内缺氧时，无氧氧化加强，产生乳酸增多。如进行剧烈运动后，尿中乳酸排出量可达 140～1370mg。

尿中加硫酸，可使乳酸氧化成乙醛，乙醛与对羟联苯作用产生红色，比较颜色变化，即可确定其含量变化。

【实验试剂】

1. 浓硫酸。

2. 1.5%对羟联苯溶液等。

【实验操作】

1. 本实验由学生自己活动后，留尿实验。在运动前 30min 时排尿弃去，30min 后排尿，收集于容器，此为运动前尿。随后剧烈运动 5min；自运动开始计时 30min，然后再排尿收集，此为运动后尿。将以上两种尿液配到相同体积，再稀释 1 倍。

2. 取试管 2 支，依次操作（表 3-20）。

表 3-20　运动对尿中乳酸含量的影响表

试剂	1	2
运动前尿（mL）	0.5	—
运动后尿（mL）	—	0.5
放冰浴 1min		
浓硫酸（mL）	3.0	3.0
沸水浴 5min，再放冷水浴 3min		
1.5%对羟联苯	2 滴	2 滴

放沸水浴中观察颜色反应。

实验二十　血浆脂蛋白电泳

【实验目的】

1. 记忆血浆脂蛋白的定义、分类及代谢。

2. 学习血浆脂蛋白的电泳方法。

3. 能利用电泳和比色技术分离血浆中的脂蛋白。

【实验原理】

血浆中各种脂类成分如胆固醇、磷脂、甘油三酯等几乎全部与蛋白质结合成较大的脂蛋白分子。

血浆脂蛋白可以用苏丹黑染色，然后进行电泳，经过一定时间泳动之后，可以分成 α 与 β 两个区带，然后可以测定其含量（%）。

【实验试剂】

1. 0.5%苏丹黑-甲醇液。

2. 80%乙酸溶液。

【实验操作】

1. **预染血清**　血清 0.5mL 加 0.1mL 0.5%苏丹黑-甲醇液，混匀，在室温放置 30min。然后以 3000r/min 速度离心 5～10min，取上清备用。

2. 电泳　将醋酸纤维素薄膜预先浸泡 15min 以上，用滤纸吸去多余水分，将样品点于一端（1/3 与 2/3 长度交界处）。将点好样品的薄膜置于电泳槽支架上，平衡 10min 后通入直流电。电压 8～10V/cm 长，通电约 1h，两种脂蛋白即可分开，关闭电源，取出薄膜。

3. 定量　将分离的脂蛋白色带分段剪下，分别置于两个试管中。另取一试管，放置与色带面积相同的无色部分的薄膜作为对照管，于各管中分别加入 80%乙酸溶液 4mL，放置数分钟摇匀后在分光光度计上比色，波长 650nm。空白对照管调节透光度为 100%，然后测出各管吸光度的数值。

4.计算　设 α 脂蛋白部分的吸光度为 A_α，β 脂蛋白部分的吸光度为 A_β，则：

$$\alpha脂蛋白\% = \frac{A_\alpha}{A_\alpha + A_\beta} \times 100\%$$

$$\beta脂蛋白\% = \frac{A_\beta}{A_\alpha + A_\beta} \times 100\%$$

正常值：α 脂蛋白 30%～33%，β 脂蛋白 67%～69%。

实验二十一　脂肪酸的 β 氧化

【实验目的】

1. 记忆脂肪酸 β 氧化、酮体生成的过程及特点，理解生成酮体的测定原理及方法。

2. 能正确进行滴定操作并推导公式，定量计算正丁酸氧化生成丙酮的量。

3. 分析酮体生成及利用的生理意义，结合临床相关代谢疾病的防控，推行"健康中国行动"理念。

【实验原理】

脂肪酸在肝中经 β 氧化生成乙酰辅酶 A，再缩合成酮体。酮体包括乙酰乙酸、β-羟丁酸和丙酮三种化合物。丙酮可借碘仿反应测定，剩余的碘用 $Na_2S_2O_3$ 滴定，反应式如下：

$$CH_3COCH_3 + 3I_2 + 3NaOH \longrightarrow CH_3COCI_3 + 3NaI + 3H_2O$$
$$CH_3COCI_3 + NaOH \longrightarrow CHI_3 + CH_3COONa$$
$$I_2 + 2Na_2S_2O_3 \longrightarrow Na_2S_4O_6 + 2NaI$$

【实验试剂】

1. 乐氏溶液（附录 1 乐氏溶液配制法）。

2. pH 7.6 的 1/15mol/L Na_2HPO_4 缓冲液。

3. 0.5mol/L 正丁酸溶液（附录 1 0.5mol/L 正丁酸溶液配制法）。

4. 15%三氯乙酸溶液。

5. 10%氢氧化钠溶液。

6. 10%盐酸溶液。

7. 0.1mol/L 碘液（附录 1 0.1mol/L 碘液配制法）。

8. 标准 0.05mol/L $Na_2S_2O_3$ 溶液（附录 1 标准 0.05mol/L 硫代硫酸钠溶液配制法）。

9. 0.5mol/L H_2SO_4 溶液。

10. 0.5%淀粉溶液。

【实验操作】

1. 将家兔或大鼠放血杀死，取出肝，放在冰冻的表面皿上，剪成碎块。

2. 取锥形瓶 2 只，编号，按表 3-21 加入试剂。

表 3-21　脂肪酸的 β 氧化表 1

锥形瓶编号	乐氏溶液（mL）	Na₂HPO₄ 缓冲液 pH=7.6（mL）	0.5mol/L 正丁酸溶液（mL）	蒸馏水（mL）	肝糜
1	3.0	2.0	3.0	—	0.5g
2	3.0	2.0	—	3.0	0.5g

摇匀，置 37℃恒温水浴中保温 1h。

保温毕，各加 15%三氯乙酸溶液 2mL，摇匀，静置 10min，过滤收集滤液。

3. 另将 2 只锥形瓶编号，按表 3-22 加入试剂。

表 3-22　脂肪酸的 β 氧化表 2

锥形瓶编号	滤液 1（mL）	滤液 2（mL）	0.1mol/L 碘液（mL）	10% NaOH（mL）
1（实验）	5.0	—	5.0	5.0
2（对照）	—	5.0	5.0	5.0

加毕，摇匀，放置 10min，使碘仿反应完成。加入 10%盐酸溶液 5mL 及 0.5%淀粉溶液 5 滴，立即用 0.05mol/L Na₂S₂O₃ 溶液滴定至淡黄色。

4. 计算　1mL 0.05mol/L Na₂S₂O₃ 溶液=0.9667mg 丙酮，因此实验管中丙酮含量 X 为

$$X = \frac{(B-A) \times 0.9667 \times 10}{5}$$

B=滴定对照管所消耗的 0.05mol/L Na₂S₂O₃ 的毫升数。

A=滴定实验管所消耗的 0.05mol/L Na₂S₂O₃ 的毫升数。

实验二十二　血清总胆固醇测定

【实验目的】

1. 学习血清胆固醇的存在形式及代谢特点。

2. 能根据血清胆固醇检测结果分析其临床意义。

3. 能用分光光度法测定血清中的总胆固醇含量。

【实验原理】

血清中的胆固醇以两种形式存在，其中大部分为胆固醇酯，小部分为游离胆固醇，正常人这两部分的总量为 101~227mg/100mL，平均为 165mg/100mL。当甲状腺功能减退、动脉粥样硬化、糖尿病时，血清总胆固醇的含量增多；甲状腺功能亢进症时，则含量减少。

此实验用乙醇除去血清蛋白后，提取液中胆固醇及其酯与浓硫酸及 Fe^{3+} 作用，生成较稳定的紫红色化合物，再与同样处理的胆固醇标准液进行比色，即可求出总胆固醇的含量。

【实验试剂】

1. 无水乙醇。

2. 显色剂

（1）储存液：取三氯化铁（$FeCl_3 \cdot 6H_2O$）2.5g 溶于 85%磷酸溶液内，加 85%磷酸溶液至 100mL，储于棕色瓶内，此液可在室温下长期保存。

（2）应用液：取储存液 8mL 加浓硫酸至 100mL。

3. 胆固醇标准应用液（0.04mg/mL）等。

【实验操作】

1. 取 1 小试管加血清 0.1mL，加无水乙醇 4.9mL，充分摇匀，离心，取上清备用。

2. 取 3 支试管，分别标明测定管、标准管和空白管，按表 3-23 操作。

表 3-23 血清总胆固醇测定表

试剂	标准管（mL）	测定管（mL）	空白管（mL）
无蛋白质提取液	—	2	—
胆固醇标准液（0.04mg/mL）	2	—	—
无水乙醇	—	—	2
三氯化铁显色剂	2	2	2

混匀放冷后，在 550nm 波长（或绿色滤光片）以空白管校正零点，读取各管吸光度。

3. 计算每 100mL 血清中胆固醇的含量：

$$血清胆固醇（mg/100mL血清）=\frac{A_{测定}}{A_{标准}}\times0.08\times\frac{100}{0.1/5\times2}$$

【注意事项】

1. 胆固醇的显色反应受水分和温度的影响，因此，所用的试管、吸管、比色杯均须干燥。浓硫酸放置过久，会因为吸收水分而使颜色应降低。如室内温度低于 15℃时，可先将去蛋白上清放在 37℃水浴中，然后显色。

2. 显色剂由浓硫酸、85%磷酸溶液配成，操作中要注意安全，比色时要防止比色液溢入比色槽而损坏仪器。

实验二十三　乳酸脱氢酶及其辅酶的作用

【实验目的】

1. 记忆酶蛋白和辅酶的关系。

2. 学习组织中酶蛋白及辅酶的提取方法。

3. 能分析乳酸脱氢酶及同工酶的临床意义。

【实验原理】

乳酸脱氢酶属于不需氧脱氢酶类，以辅酶 I（NAD^+）为辅酶，可以催化乳酸脱氢氧化成丙酮酸，脱下的氢由 NAD^+接受生成 $NADH+H^+$，$NADH+H^+$可将氢传给 FAD 而本身复原，$FADH_2$ 再把氢依次传给呼吸链的其他成分，最后氢与氧结合生成水。

为观察递氢作用，实验中用人工受氢体亚甲蓝（MB）接受 $FADH_2$ 上所带的氢，这样随着乳酸被氧化，亚甲蓝不断被还原，其颜色逐渐由蓝色变为无色，其反应过程如下：

用 KCN 固定丙酮酸，使丙酮酸生成丙酮酸氰醇，以便反应向继续生成丙酮酸的方向进行。

$$CH_3COCOOH + KCN \longrightarrow CH_3 - \overset{\overset{\displaystyle OH}{|}}{\underset{\underset{\displaystyle CN}{|}}{C}} - COOH$$

【实验仪器】

1. 研钵。
2. 剪刀。
3. 试管。
4. 离心管。
5. 离心机。
6. 烧杯。
7. 漏斗。
8. 滤纸等。

【实验试剂】

1. 0.5% KCN 溶液（剧毒！！！）。
2. 5%乳酸钠溶液。
3. 活性炭。
4. 0.01% 亚甲蓝溶液。
5. 液体石蜡等。

【实验操作】

1. **辅酶Ⅰ溶液的制备**　将盛有 8mL 蒸馏水的试管置于沸水浴中，5min 后取小白鼠 1 只，断头杀死，迅速剪下两只后腿，去皮将肌肉剪成碎块，立即投入预热的试管中，以迅速破坏肌肉中酶的活性。在沸水中经 4~5min 取出试管，将内容物倒入研钵中，研成细浆移至离心管中，离心后收集上清（其中含辅酶Ⅰ）备用。也可直接取制备好的肌肉匀浆 6mL，放入沸水浴中，然后按上述过程进行操作。

2. **乳酸脱氢酶蛋白提取法**　将小白鼠杀死后剥皮取肌肉并在研钵中研细，开始加入少量的生理盐水，研磨成很细的匀浆后再加生理盐水使其体积达 6~8mL 于离心管中，离心收集上清。于上清中加活性炭 0.5g，充分混匀，放置 5~10min，并不时摇动，以充分吸附辅酶Ⅰ，然后过滤去除活性炭，滤液备用（内含乳酸脱氢酶和黄酶）。

3. 取试管 3 支，按表 3-24 加入试剂：

表 3-24　乳酸脱氧酶及其辅酶的作用表

试剂	1	2	3
乳酸脱氢酶蛋白提取液（mL）	1.0	1.0	—
辅酶Ⅰ提取液（mL）	—	1.0	1.0
0.5% KCN 溶液	10 滴	10 滴	10 滴
5%乳酸钠溶液（mL）	0.5	0.5	0.5
0.01%亚甲蓝溶液	5 滴	5 滴	5 滴
蒸馏水（mL）	1.0	—	1.0
摇匀			
液体石蜡	3~5 滴	3~5 滴	3~5 滴

4. 将 3 支试管置于 40℃水浴中，1h 后观察结果。

【注意事项】

1. KCN 为剧毒，切勿用嘴吸取，以免吸入口中。

2. 加入蒸馏水后各管摇匀，加入液体石蜡后切勿再摇。

实验二十四　氰化物中毒机制及细胞色素 c 氧化酶的作用

【实验目的】

1. 记忆呼吸链的传递过程。

2. 学习影响呼吸链传递的因素。

【实验原理】

细胞色素体系为体内重要电子传递体，氰化物能与其中细胞色素氧化酶结合而使其失去传递电子作用。

在体外，细胞色素及细胞色素氧化酶能使对苯二胺氧化产生暗紫色物质，故可借以观察细胞色素氧化酶的作用，反应如下：

【实验仪器】

1. 试管。

2. 吸量管。

3. 剪刀。

4. 注射器。

5. 研钵等。

【实验试剂】

1. 0.9% NaCl 溶液。

2. 0.1% KCN 溶液。

3. 0.2%对苯二胺溶液。

4. 1/15mol/L Na_2HPO_4 溶液。

【实验操作】

1. 取小白鼠 2 只，一只腹腔注射 0.9% NaCl 2mL；另一只注射 0.1% KCN 2mL，此动物立即死亡。

2. 将对照小白鼠杀死，取后肢肌肉约 2g，剪碎，加 1/15mol/L Na_2HPO_4 溶液约 2mL，研磨后再加 1/15mol/L Na_2HPO_4 溶液 10mL，混匀，然后过滤备用。

3. 将中毒小白鼠如同操作 2 处理。

4. 本实验也可用肌肉匀浆：取制备好的肌肉匀浆 3mL，加 0.9% NaCl 2mL，置研钵内研磨，离心沉淀，上清为对照肌肉提取液，倒入另一小试管备用。

5. 另取肌肉匀浆 3mL，加 0.1% KCN 2mL，研磨、离心沉淀，上清为中毒肌肉提取液，倒入另一小试管备用。

6. 取 3 支试管，依次编号，加入下列试剂（表 3-25）：

表 3-25　氰化物中毒机制及细胞色素 c 氧化酶的作用表

试剂	1	2	3
对照肌肉提取液（mL）	1.0		
中毒肌肉提取液（mL）		1.0	
煮沸对照肌肉提取液（mL）			1.0
0.2%对苯二胺溶液（mL）	0.5	0.5	0.5

将上述三管混匀，置 37℃水浴 20min 后观察颜色变化，分别记录并解释。

注意！！ KCN 剧毒，禁用口吸取，实验完毕，废液统一处理。

实验二十五　过氧化氢酶的定性反应

【实验目的】

1. 学习体内其他氧化与抗氧化体系。

2. 记忆体内过氧化物的生成与分解。

【实验原理】

在生物体内，某些代谢物由于需氧脱氢酶的作用，而产生对机体有毒害的过氧化氢，体内的过氧化氢酶能催化过氧化氢分解成水和氧分子，使其不在体内堆积。因此过氧化氢酶具有保护生物机体的作用，此酶是一种以铁卟啉为辅基的酶，广泛存在于动植物体内。

$$2H_2O_2 \xrightarrow{\text{过氧化氢酶}} 2H_2O + O_2 \uparrow$$

本实验通过观察反应过程中有无气泡放出，以观察过氧化氢酶的催化作用。

【实验仪器】

1. 试管。

2. 吸量管。

3. 剪刀。

4. 表面皿等。

【实验试剂】

5%过氧化氢溶液等。

【实验操作】

1. 取 2 支试管，各加入 5%过氧化氢溶液 3mL，向第 1 管中加入磨碎新鲜肝糜少许，向第 2 管加入等量煮熟的肝糜。观察两管中有无气泡放出。

2. 可用马铃薯代替肝进行上述实验。

实验二十六　胃蛋白酶对蛋白质的消化作用

【实验目的】

1. 学习蛋白质消化酶的种类及作用特点。

2. 能描述胃蛋白酶的作用条件。

【实验原理】

食物蛋白质必须分解成氨基酸或小分子的肽，方可被机体吸收利用。蛋白质在口腔中不消化，只有到胃中才开始消化。胃液中含有胃蛋白酶，是由胃黏膜主细胞分泌的，最初以酶原的形成存在，需要胃酸激活后变为有活性的酶，且须依赖胃酸造成的酸性环境发挥作用。胃蛋白酶的最适 pH 在 1.5～2.0，过高过低均可使酶降低甚至丧失活性。胃蛋白酶是一种特异性不高的酶，可水解由苯丙氨酸、亮氨酸、酪氨酸、蛋氨酸、谷氨酸等形成的肽键，本实验利用胃蛋白酶分解墨汁蛋白放出黑色墨的多少表示酶的活力。

【实验仪器】

1. 试管。
2. 吸量管。
3. 恒温水浴等。

【实验试剂】

1. 胃蛋白酶溶液（附录 1 胃蛋白酶溶液配制法）。
2. 0.1mol/L NaOH 溶液。
3. 0.1mol/L HCl 溶液。
4. 10%三氯乙酸溶液。

【实验操作】

1. **墨汁蛋白的制作**　取新鲜鸡蛋 1 枚，在两端各开一小孔，使蛋清全部流出，用研钵研磨均匀，纱布过滤，加入约 1/5 体积的中国墨汁，再用研钵研匀（不要使其发生泡沫），倒入小烧杯中，于蒸锅蒸成凝块（不可过久，以免成蜂窝状）。冷后切成小块备用。

2. 取试管 3 支按表 3-26 操作。

表 3-26　胃蛋白酶对蛋白质的消化作用表

试剂	1	2	3
胃蛋白酶（mL）	2.0	2.0	2.0
0.1mol/L NaOH（mL）	1.0	—	—
0.1mol/L HCl（mL）	—	—	1.0
10%三氯乙酸（mL）	—	1.0	—
蒸馏水（mL）	2.0	2.0	2.0
混匀			
墨汁蛋白	2 块	2 块	2 块

将以上各管置 40℃水浴中，观察结果。

实验二十七　血清谷丙转氨酶（SGPT）活性测定

【实验目的】

1. 记忆丙氨酸氨基转移酶催化的反应，能列举该酶在体内主要器官的分布情况。
2. 运用分光光度法测定血清中血清丙氨酸氨基转移酶的活性，解释 SGPT 活性值代表的意义。
3. 分析血清丙氨酸氨基转移酶活性测定的临床意义。
4. 解释丙氨酸氨基转移酶活性可以反映肝功能活性的依据。
5. 基于转氨酶在肝脏参与物质代谢中的重要作用，主张保护肝功能对于健康的重要性。

【实验原理】

氨基移换作用又称转氨基作用，是氨基酸脱去氨基的一种方式，催化这种反应的酶称为氨基移换酶或转氨酶。

不同氨基酸的转氨基作用由不同的转氨酶催化，催化谷氨酸与丙酮酸之间氨基移换作用的酶称为谷丙转氨酶。此酶分布较广，活性强，以肝细胞中含量最多，因此当肝细胞有病变时，细胞中的酶释放进入血液，血清中谷丙转氨酶的活性增高。血清谷丙转氨酶活性测定是目前常用的肝功能测定方法之一。血清谷丙转氨酶的缩写符号是 SGPT。

SGPT 以丙氨酸及 α-酮戊二酸（基质液）为底物，催化它们进行如下反应：

丙氨酸　α-酮戊二酸　丙酮酸　谷氨酸

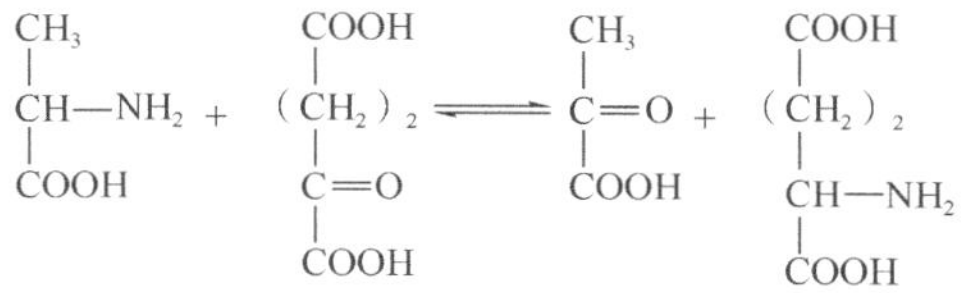

生成的丙酮酸可与 2, 4-二硝基苯肼生成丙酮酸-2, 4-二硝基苯腙，后者在碱性溶液中显棕红色。可在 520nm 波长用比色法进行测定，根据丙酮酸生成量的多少可求得 SGPT 的活性单位。本实验采用改良穆氏法，1 个 SGPT 单位相当 1mL 血清 37℃，30min 产生 2.5μg 丙酮酸。正常值为 0～40U。

丙酮酸　2,4-二硝基苯肼　丙酮酸-2,4-二硝基苯腙

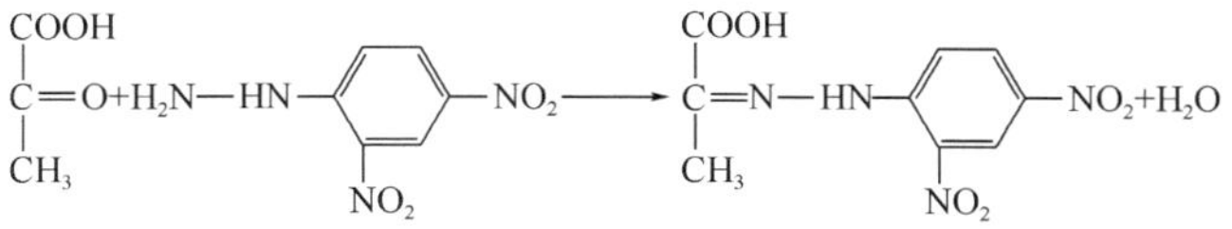

【实验仪器】

1. 试管。

2. 刻度吸量管。

3. 恒温水浴。

4. 分光光度计等。

【实验试剂】

1. 0.1mol/L 磷酸盐缓冲液（pH=7.4）（附录 1 磷酸盐缓冲液配制法）。

2. SGPT 基质液（附录 1 SGPT 基质液配制法）。

3. 丙酮酸标准液（200μg/mL）（附录 1 丙酮酸标准液配制法）。

4. 2, 4-二硝基苯肼溶液（附录 1 2, 4-二硝基苯肼溶液配制法）。

5. 0.4mol/L NaOH 溶液等。

【实验操作】

1. 取干净、干燥大试管 6 支，分别标明标准管、测定管、空白管。

2. 按表 3-27 顺序将各管加入试剂，并按所要求步骤进行操作：

表 3-27　血清谷丙转氨酶活性测定表

试剂	标准管	测定管	空白管
血清（mL）	—	0.1	0.1
丙酮酸标准液（mL）	0.1	—	—
SGPT 基质液（mL）	0.5	0.5	—
37°C 水浴保温 30min			
2, 4-二硝基苯肼（mL）	0.5	0.5	0.5
SGPT 基质液（mL）	—	—	0.5

试剂	标准管	测定管	空白管
37℃水浴保温 20min			
0.4mol/L NaOH 溶液（mL）	5.0	5.0	5.0

混匀后静置 10min，用 520nm 波长比色，以空白管调"零"点，读取各管吸光度。

3. 计算：

$$SGPT = \frac{测定管吸光度}{标准管吸光度} \times 20 \times \frac{1}{2.5} \times \frac{1}{0.1}$$

实验二十八　氨基酸的生酮作用

【实验目的】

1. 复习氨基酸的生酮作用。

2. 记忆酮体定量测定的反应原理。

3. 能熟练使用滴定操作，测定氨基酸的生酮作用。

【实验原理】

氨基酸在中间代谢过程中，可转变为糖和脂肪类的中间代谢产物。有些氨基酸是"生糖"的，能转变为葡萄糖或糖原；有些是"生酮"的，可转变为酮体，如酪氨酸、苯丙氨酸、亮氨酸、异亮氨酸等均为生酮氨基酸。

生酮氨基酸与肝组织混合保温，可以形成酮体。酮体中的丙酮在碱性环境中，与碘作用生成碘仿，剩余碘可用硫代硫酸钠滴定：

$$2NaOH+I_2 \longrightarrow NaOI+NaI+H_2O$$
$$CH_3COCH_3+3NaOI \longrightarrow CHI_3+CH_3COONa+2NaOH$$
$$NaOI+NaI+2HCl \longrightarrow I_2+2NaCl+H_2O$$
$$I_2+2Na_2S_2O_3 \longrightarrow Na_2S_4O_6+2NaI$$

【实验仪器】

1. 玻璃皿。

2. 吸量管。

3. 剪子、镊子。

4. 滴定管。

5. 锥形瓶。

6. 漏斗。

7. 天平。

8. 恒温水浴等。

【实验试剂】

1. 0.1mol/L 碘溶液。

2. 0.1mol/L 亮氨酸溶液（附录 1 亮氨酸溶液配制法）。

3. 10%盐酸溶液。

4. 15%三氯乙酸溶液。

5. 0.1%淀粉溶液。

6. 生理盐溶液（附录 1 生理盐溶液配制法）。

7. 0.05mol/L 标准硫代硫酸钠溶液。

8. 10%NaOH 溶液等。

【实验操作】

1. 杀死动物立即取出肝，在低温下剪细。

2. 取 2 个 50mL 锥形瓶，按下列要求依次加入试剂（表 3-28）。

表 3-28 氨基酸的生酮作用表 1

试剂	1	2
生理盐水（mL）	3.0	6.0
0.1mol/L 亮氨酸溶液（mL）	3.0	
肝糜（g）	0.5	0.5
37℃恒温水浴保温 2h		
10%三氯乙酸溶液（mL）	2.0	2.0

3. 混匀后，静置 10min，过滤，滤液备用。

4. 另取 2 个锥形瓶，依次加入下列试剂（表 3-29）。

表 3-29 氨基酸的生酮作用表 2

试剂	1	2
滤液（mL）	5.0	5.0
0.1mol/L 碘液（mL）	5.0	5.0
10% NaOH 溶液（mL）	5.0	5.0
混匀，静置 10min		
10%盐酸溶液（mL）	5.0	5.0

混匀后，用 0.1mol/L 硫代硫酸钠溶液滴定剩余碘，滴至浅黄色后各管加 0.1%淀粉 3 滴。

混匀后继续滴到蓝色消失。分别记录滴定样品与对照所用的硫代硫酸钠的体积（mL），并按下列公式计算样品中的丙酮含量：

$$样品丙酮含量=\frac{(\alpha-\beta)\times 0.9667\times 8}{5}$$

式中，α 为滴定对照所消耗的 0.1mol/L 硫代硫酸钠体积（mL）；β 为滴定样品所消耗的硫代硫酸钠体积（mL）；0.9667 为 1mL 0.1mol/L 硫代硫酸钠体积（mL）所相当的丙酮量（mg）。

实验二十九 尿素的生成

【实验目的】

1. 记忆氨的来源与去路。

2. 能描述鸟氨酸循环的过程及意义。

3. 学习尿素测定的原理及显色反应。

【实验原理】

体内产生的氨（主要由氨基酸分解产生）可在肝细胞内经鸟氨酸循环转变成尿素。然后由血液运输，经肾随尿排出体外。鸟氨酸循环过程中，催化最后一步反应的精氨酸酶只在肝细胞中有较强的活性，所以尿素主要在肝脏合成。

本实验以精氨酸为作用物，它被精氨酸酶水解后生成尿素，尿素可被尿素酶分解成氨，氨与奈氏试剂作用生成黄色，依此原理可鉴定尿素是否生成。

【实验仪器】

1. 试管。
2. 研钵。
3. 烧杯。
4. 酒精灯等。

【实验试剂】

1. 1%精氨酸溶液。
2. 尿素酶溶液（附录1尿素酶溶液配制法）。
3. 奈氏试剂（附录1奈氏试剂配制法），肝浸液，肌肉浸液等。

【实验操作】

1. 取小白鼠或家兔一只杀死，将肝和后肢肌肉取下，剪碎，各加生理盐水 10mL，在研钵中研细或用组织匀浆机打细，留上层组织液备用。

2. 取 2 支试管，依次加入试剂（表 3-30）。

表 3-30　尿素的生成表

试剂	1	2
1%精氨酸溶液（mL）	0.5	0.5
肝浸液（mL）	0.5	—
肌肉浸液（mL）	—	0.5
尿素酶溶液（mL）	0.5	0.5

3. 混匀后，同时放入 37℃水浴保温 20min。
4. 两管各加奈氏试剂 10 滴，比较两管的颜色。

实验三十　血清尿素氮测定

【实验目的】

1. 回忆尿素生成的机制及其意义。
2. 正确使用分光光度计，学会利用比色分析法测定血清尿素氮含量。
3. 描述血清尿素氮测定的临床意义。

【实验原理】

血清中的尿素在氨基硫脲存在下，与二乙酰一肟在强酸溶液中共煮，生成红色复合物，其颜色深浅与尿素含量成正比。故通过比色可测定血清中尿素的含量。

$$H_3C-\overset{O}{\underset{||}{C}}-\overset{N-OH}{\underset{||}{C}}-CH_3 + H_2O \xrightarrow{H^+} H_3C-\overset{O}{\underset{||}{C}}-\overset{O}{\underset{||}{C}}-CH_3 + NH_2OH$$

二乙酰一肟　　　　　　　　　　二乙酰　　　　羟胺

$$H_3C-\overset{O}{\underset{}{C}}-\overset{O}{\underset{}{C}}-CH_3 \ + \ \overset{H_2N}{\underset{H_2N}{}}C=O \ \overset{H}{\longrightarrow} \ \overset{CH_3}{\underset{CH_3}{\overset{|}{\underset{|}{C=N}}\underset{C=N}{}}}C=O \ + \ 2H_2O$$

二乙酰　　　　　尿素　　　　　二嗪衍生物

【实验试剂】

1. 酸性试剂（附录1酸性试剂配制法）。
2. 尿素氮标准液（1mL=0.6mg氮）（附录1尿素氮标准液配制法）。
3. 2%二乙酰一肟等。
4. 血清。

【实验操作】　见表3-31。

表 3-31　血清尿素氮的测定表

试剂	测定管	空白管	标准管
血清（mL）	0.02	—	—
蒸馏水（mL）	—	0.02	—
标准液（mL）	—	—	0.02
二乙酰一肟（mL）	0.50	0.50	0.50
酸性试剂（mL）	5.00	5.00	5.00

混匀，放沸水浴12min，然后流水冷却5min，于波长540nm处比色。计算出100mL血清中含尿素氮的毫克数。

实验三十一　血液中非蛋白氮的测定

【实验目的】

1. 知道血液中非蛋白氮（NPN）的定义、种类及含量。
2. 学习血液非蛋白氮的测定原理及显色反应。
3. 能描述血液中非蛋白氮测定的临床意义。

【实验原理】

血液中蛋白质占血中总氮量的98%～99%，其余1%～2%是蛋白质以外的各种含氮化合物，称为非蛋白氮。主要有尿素、尿酸、肌酸、肌酸酐、氨基酸、氨、胆红素等。正常成年人全血中的含量，为20～35mg/100mL，其中尿素的量最多，平均占半数。当肾功能有损害时，由于排泄障碍，血中非蛋白氮含量可增加。

测定的方法是将除去血中蛋白质的血滤液，以硫酸为消化剂，将血滤液中的非蛋白质含氮化合物转变为铵盐，再加奈氏试剂，使其产生橙黄色，再与标准硫酸铵溶液所产生的颜色进行比色计算含量。反应如下：

$$含氮有机物 + H_2SO_4 \longrightarrow (NH_4)_2SO_4 + H_2O$$
$$(NH_4)_2SO_4 + 2NaOH \longrightarrow 2NH_4OH + Na_2SO_4$$
$$NH_4OH + 2K_2HgI_4 + 3KOH \longrightarrow O\overset{Hg}{\underset{Hg}{\diagdown\diagup}}NH_2I + 7KI + 3H_2O$$

【实验试剂】

1. 稀消化液（附录1稀消化液配制法）。

2. 硫酸铵标准液（0.1mg/mL）（附录1硫酸铵标准液配制法）。

3. 10%钨酸钠溶液。

4. 0.34mol/L H_2SO_4 溶液。

5. 奈氏试剂等。

【实验操作】

1. 血滤液的制备 取小试管一支加水3.5mL，用吸量管取全血0.5mL，将吸量管外壁揩净，将血放入小试管中，用试管中的水冲洗吸量管数次，加入10%钨酸钠溶液0.5mL，混匀，再加入0.34mol/L H_2SO_4 溶液0.5mL随加随摇，放置数分钟，使蛋白质充分沉淀，此时颜色应由红转为暗褐色。以3000r/min离心3min，上清即为血滤液。

2. 取NPN管3支，按表3-32加入试剂。

表 3-32 血液中非蛋白氮（NPN）的测定表

试剂	空白管	标准管	测定管
血滤液（mL）	—	—	1.0
硫酸铵标准液（mL）	—	1.0	—
蒸馏水（mL）	1.0	—	—
稀消化剂（mL）	1.0	1.0	1.0

3. 上述三管分别夹于铁架上，用酒精灯小心加热，使管内液体均匀沸腾，不可溅出，至有白烟出现时，调整火焰，不使白烟冒出试管，再继续加热，至颜色透明为止（三管依次均按此法处理）。

4. 待冷却后，分别于上述三管中各加蒸馏水8mL，奈氏试剂2mL。

5. 立即混匀，在440nm波长处（或用440～550滤光片）进行比色。以空白管调零点读出"测定"和"标准"管吸光度。

6. 计算：

$$\text{NPN}（\text{mg/100mL全血}）\frac{A_{测定}}{A_{标准}} \times 0.1 \times \frac{100}{0.1}$$

【注意事项】

1. 注意掌握温度使标本消化恰到好处，加热不足则消化不全，此时溶液带棕色或漂浮有黑色块状物，可重新加热，加热过久则溶液易发生浑浊，影响以后比色。

2. 蛋白质应沉淀完全，否则影响结果，故滤液应清澈如水。

3. 消化管应垂直，夹在离管底约2/3处，勿过向上或向下。

4. 火焰掌握适当，使液体保持沸腾即可。不要直接烧液面以上的管壁，以免试管温度太高易破裂。另外，火焰过大，H_2SO_4 易成 SO_2 蒸发以致有机物氧化不完全，或余下酸过少，显色时易浑浊。

5. 过热、过碱、浓度过大均易挥发，故冷却后加奈氏试剂，加后立即摇匀。

实验三十二 血红蛋白电泳

【实验目的】

1. 学习血红蛋白的提取方法。

2. 能利用电泳技术分离血红蛋白。

【实验原理】

正常成人 Hb 中 HbA 占95%～99%，HbF 不到1%，HbA_2 占2%～3%。电泳时，主要可见一条

清晰的 HbA 的区带，如出现其他区带，可能为异常血红蛋白病。本实验取一滴全血，用生理盐水洗去血浆蛋白，加蒸馏水及皂素使红细胞破裂成 Hb 液，进行电泳观察。

【实验仪器】

1. 电泳仪。
2. 醋酸纤维素薄膜（2cm×8cm）。
3. 刺血针等。

【实验试剂】

1. 硼酸缓冲液 pH 8.6（附录 1 硼酸缓冲液配制法）。
2. 丽春红染液（附录 1 丽春红染液配制法）。
3. Tris 缓冲液（附录 1 Tris 缓冲液配制法）。
4. 3%~5%乙酸漂洗液等。

【实验操作】

1. 取小试管一支，放入生理盐水约 5mL。
2. 将耳垂消毒，用刺血针刺破皮肤，将血滴入盛有生理盐水的试管中，混匀（2 滴血即可）。
3. 以 4000r/min 离心 5min，将上清倾去。
4. 将试管内加蒸馏水一滴，振摇后再加 1%皂素（或四氯化碳）一滴振摇，即成 Hb 液。
5. 将浸好的薄膜取出，用滤纸吸干，在无光泽面距阴极端约 1.5cm 处，用点样片点 Hb 液少许，待渗入膜内后，放入电泳槽内平衡 10min。
6. 通电，电压 10V/cm 长，电流 0.5mA/cm 宽，通电 20min（冬季可稍延长），关闭电源。
7. 取出后放入染液中 5~10min，用乙酸漂洗 2 次，晾干，观察区带分布情况。

实验三十三　血浆的缓冲作用

【实验目的】

1. 知道血浆缓冲作用的原理。
2. 能利用滴定操作验证血浆的酸碱缓冲作用。

【实验原理】

血浆中含有数种缓冲体系，在维持体内酸碱平衡中起重要作用，是机体对抗酸碱的第一道防线。本实验是在体外用简单方法验证血浆分别对酸和碱的缓冲作用。

【实验仪器】

1. 试管。
2. 刻度吸量管。
3. 滴管等。

【实验试剂】

1. 中性缓冲液。
2. 甲基橙指示剂（附录 1 甲基橙指示剂配制法）。
3. 酚红指示剂（附录 1 酚红指示剂配制法）等。

【实验操作】

1. 取试管 3 支，标以"1、2、3"，按表 3-33 加入试剂：

表 3-33　血浆的缓冲作用表

试剂	1	2	3
血浆（mL）	0.5	—	—
中性缓冲液（mL）	—	0.5	—
蒸馏水（mL）	—	—	0.5
甲基橙指示剂	1 滴	1 滴	1 滴

2. 分别向各管加 0.01mol/L HCl 溶液直至颜色变红为止，记录各试管所用 0.01mol/L　HCl 溶液体积。

3. 另取 3 支试管，按上表分别加入血浆、中性缓冲液及蒸馏水，每管滴加酚酞指示剂 1 滴，再分别向各管加 0.01mol/L NaOH 溶液，直至颜色变红为止，记录各管所用 0.01mol/L NaOH 溶液体积。

4. 解释上述实验结果。

实验三十四　血浆二氧化碳结合力的测定（滴定法）

【实验目的】

1. 知道二氧化碳结合力测定的原理及方法。

2. 能利用滴定操作测定血浆二氧化碳结合力。

3. 能描述二氧化碳结合力测定的临床意义。

【实验原理】

在血浆中加入过量的 HCl 溶液，HCl 与血浆中 $NaHCO_3$ 作用，释出 CO_2。然后再以 NaOH 溶液滴定剩余的盐酸，用 HCl 溶液的消耗量可计算出血浆中 $NaHCO_3$ 的含量，随后换算出 CO_2 体积（mL）数。即为血浆 CO_2 结合力。

$$NaHCO_3+HCl \longrightarrow NaCl+H_2CO_3$$
$$H_2CO_3 \longrightarrow H_2O+CO_2\uparrow$$
$$HCl（剩余）+NaOH \longrightarrow NaCl+H_2O$$

正常值：成人 45～65mL/100mL，儿童 40～60mL/100mL。临床上常测血浆 CO_2 结合力作为机体酸碱平衡状况的重要指标之一。当机体内出现代谢性酸中毒及呼吸性碱中毒时，CO_2 结合力高于正常值。

【实验试剂】

1. 0.01mol/L　HCl 溶液。

2. 0.01mol/L　NaOH 溶液。

3. 0.9%生理盐水。

4. 0.0125%酚红溶液（附录 1 酚红溶液配制法）。

5. 乙醚等。

【实验操作】

1. 取试管 2 支按表 3-34 操作。

表 3-34　血浆二氧化碳结合力的测定表

试剂	测定管（A）	空白管（B）
血浆（mL）	0.1	—

		续表
试剂	测定管（A）	空白管（B）
生理盐水（mL）	1.4	1.5
0.01mol/L HCl 溶液（mL）	0.5	0.5
充分混匀		
0.0125%酚红指示剂	2 滴	2 滴
乙醚	1 滴	1 滴

再次摇匀后，用 0.01mol/L NaOH 溶液滴定至溶液呈红色为止，记录测定管和空白管各消耗的 NaOH 体积（mL）（分别以 A 和 B 表示）。

2. 计算   100mL 血浆 CO_2 结合力体积（mL）$= (B-A) \times 0.01 \times \dfrac{100}{0.1} \times 22.4 = (B-A) \times 224$

注：1mmol CO_2 在标准状况下（0℃，1 个大气压），等于 22.4mL。

实验三十五　血清钙的测定

【实验目的】

1. 知道血清钙测定的原理及方法。

2. 能利用滴定操作测定血清中的钙含量。

3. 能分析血清钙测定的临床意义。

【实验原理】

血液中的钙绝大部分存在于血浆中，红细胞内几乎不含有钙。血清中钙离子在碱性溶液中与钙指示剂结合成为可溶性复合物，使溶液呈淡红色。乙二胺四乙酸二钠（EDTA-Na$_2$）对钙离子的亲和力很大，能与该复合物中的钙离子结合，使指示剂重新游离，溶液呈现蓝色。故以 EDTA-Na$_2$ 滴定血清钙，溶液由红色转蓝色时，即表示滴定终点，根据 EDTA-Na$_2$ 的用量，可推算出钙的量，反应式：

【实验试剂】

1. EDTA-Na$_2$ 溶液（1mL 相当于 0.01mg Ca）（附录 1 EDTA-Na$_2$ 溶液配制法）。

2. 钙指示剂（附录 1 钙指示剂配制法）。

3. 0.2mol/L NaOH 溶液等。

【实验操作】

1. 准确地吸取血清 0.1mL，放入试管中，再加 0.2mol/L NaOH 溶液 1mL 及钙指示剂 1 滴。混合后，迅速以 EDTA-Na$_2$ 溶液进行滴定，至溶液浅蓝色为止，记录用量。

2. 计算：

每 100mL 血清中含钙量（mg）及每升血清内含钙量（mol）。

$$每100mL血清中含钙量（mg）=V\times0.01\times\frac{100}{0.1}mol/L=\frac{mg/100ml\times10}{原子量}=\frac{mg/100ml\times10}{40}$$

【注意事项】

1. 滴定终点的判断是否正确，是本实验的主要关键。终点前（灰蓝色）与终点（浅蓝色）的色调是不同的，必须仔细观察。

2. 血清标本应新鲜，否则反应终点不灵敏。

3. 加 NaOH 后的时间过长可严重影响终点观察，特别是室温高于 30℃ 时更为显著。钙指示剂在强碱溶液中不稳定，故加指示剂后应及时滴定。

实验三十六　血清无机磷的测定

【实验目的】

1. 掌握血清无机磷测定的原理及方法。

2. 练习比色操作。

3. 了解血清无机磷测定的临床意义。

【实验原理】

血清中的无机磷主要是以 Na_2HPO_4 和 NaH_2PO_4 的形式存在。正常成人血清无机磷含量为 2.5～5mg/100mL。测定血清无机磷时，首先用三氯乙酸沉淀除去血清中的蛋白质，在无蛋白质滤液中加入钼酸试剂使其与无机磷酸盐生成磷钼酸，然后用氯化亚锡将磷钼酸还原为蓝色化合物，与同样处理的已知浓度的磷酸盐标准溶液比色，以得无机磷的含量。

血浆中钙磷含量之间关系密切，正常人血浆中[Ca]×[P]=35～40。

>40，磷、钙以骨盐形式沉积在骨组织。

<35，骨盐溶解影响成骨，引起佝偻病或软骨病。

【实验试剂】

1. 10%三氯乙酸溶液。

2. 钼酸试剂（附录 1 钼酸试剂配制法）。

3. 氯化亚锡溶液（附录 1 氯化亚锡溶液配制法）。

4. 磷酸盐标准溶液（0.01mg/mL）（附录 1 磷酸盐标准溶液配制法）等。

【实验操作】

1. 血滤液的制备：取一小试管加入 10%三氯乙酸溶液 1.8mL，再加入血清 0.2mL 混匀，静置 10min，离心（3000r/min）5min，留上清即血滤液。

2. 取三支试管，以"测定""标准""空白"命名，按表 3-35 加入试剂：

表 3-35　血清无机磷的测定表

试剂	测定管	标准管	空白管
血滤液（mL）	1.0	—	—
磷酸盐标准溶液（mL）	—	0.5	—
蒸馏水（mL）	4.0	4.5	5.0
钼酸试剂（mL）	1.0	1.0	1.0
混匀后			
氯化亚锡溶液（mL）	1.0	1.0	1.0

将以上各管混匀，静置 10min 后，30min 内比色，在 650nm（或用红色滤光片）先以空白管校正吸光度到零点，分别读取各管吸光度。

3. 计算：

$$无机磷含量（mg/100mL血清）=\frac{A_{测定}}{A_{标准}}\times 0.005\times \frac{100}{0.1}$$

实验三十七 动物肝 DNA 的提取（浓盐法）

【实验目的】

1. 记忆 DNA 在组织中的存在形式及性质特点。

2. 学习组织 DNA 的提取原理。

3. 能从肝组织中提取并纯化 DNA 分子。

【实验原理】

DNA 在生物体内是以与蛋白质形成复合物的形式存在的，因此提取出脱氧核糖核酸蛋白复合物（DNP）后，必须将其中的蛋白质除去。小牛胸腺、鱼类精子和植物种子的胚等含有丰富的 DNA，可作为提取 DNA 的良好材料。动物和植物组织的脱氧核糖核蛋白可溶于水或浓盐溶液（如 1mol/L NaCl 溶液），但在 0.14mol/L 盐溶液中的溶解度很低，而核糖核蛋白（RNP）则溶于 0.14mol/L 盐溶液中，利用这一性质可将脱氧核糖核蛋白与核糖核蛋白及其他杂质分开，当核蛋白与三氯甲烷一起振荡时，蛋白质变性而与核酸分开，核酸继续保留于水相中，再用乙醇将水相中的 DNA 沉淀出来。为除去 DNA 制品混杂的 RNA，可用核糖核酸酶处理。大部分多糖在用乙醇或异丙醇分级沉淀时即被除去，如需要还可以进一步通过柱层析或电泳加以纯化。

【实验仪器】

1. 研钵。

2. 离心机等。

【实验试剂】

1. 0.1mol/L NaCl 溶液-0.05mol/L 枸橼酸钠缓冲溶液。

先配制 0.05mol/L，pH=7.0 枸橼酸钠缓冲溶液，然后将氯化钠溶于此缓冲溶液中，使其最终浓度达到 0.1mol/L。

2. 10%氯化钠溶液。

3. 三氯甲烷-异戊醇混合液（体积比为 9∶1）。

4. 95%乙醇溶液。

5. 80%乙醇溶液，无水乙醇等。

【实验操作】

1. 取新鲜（或冰冻）的兔肝，除去血水和结缔组织，在冰浴上切成小块，称取 1g，加入 2mL 0.1mol/L NaCl 溶液-0.05mol/L 枸橼酸钠缓冲溶液（pH=7.0），于研钵中研磨匀浆 5min。

2. 肝糜用转速为 3000r/min 的离心机离心 10min，将沉淀用 2.5mL 上述缓冲溶液洗涤 1 次，洗涤时用研钵研磨洗涤，如前离心。向最后得到的细胞核沉淀中加入 6 倍体积的 10% NaCl 溶液，充分搅匀置冰浴中 15min，以充分提取 DNP，溶液为黏稠状。将所得的半透明黏稠状液体，用滴管慢慢注入冷蒸馏水，边加边轻轻搅动（NaCl 的最终浓度为 0.14mol/L），这时有白色丝状物——核蛋白析出，收集沉淀。将沉淀物再溶于 4 倍体积的 10% NaCl 溶液中，迅速搅拌以加速溶解。加入 1/2 体积的三氯甲烷-异戊醇混合液，剧烈振荡 5min 左右，用转速为 3000r/min 的离心机离心 15min，得三层：上层为含有 DNA 和 DNA 核蛋白的水层，下层为三氯甲烷-异戊醇的有机溶剂层，变性蛋白质介于两层之间。

3. 吸出上面的水层,再用三氯甲烷-异戊醇混合液进行脱蛋白,直至界面处不再出现变性蛋白质为止。

4. 最后吸出上清并将其注入 2 倍体积的 95%乙醇溶液中,用玻璃棒搅起白色纤维状 DNA 沉淀,沥干,用 80%乙醇溶液洗涤,最后用少量无水乙醇洗涤。尽量沥干乙醇后,常温晾干。

【注意事项】

1. 由于 DNA 主要存在于细胞核中,为了便于提取 DNA,应严格控制研磨的条件,既要将细胞膜破碎,又要尽可能避免细胞核被破坏,导致 DNA 释放而被断裂。

2. 在用三氯甲烷-异戊醇除去组织蛋白时,要剧烈振荡使蛋白质变性。若振荡不够,蛋白质不能很好除去,则影响 DNA 制品的质量。

实验三十八　外周血基因组 DNA 的提取

【实验目的】

1. 学习血液 DNA 的提取原理。

2. 能从外周血液样本中提取并纯化 DNA。

【实验原理】

外周血经溶血处理后去除红细胞,随后白细胞经 SDS 溶液和蛋白酶 K 消化裂解,应用苯酚/三氯甲烷去除蛋白质,最后应用乙醇沉淀获得基因组 DNA。

【实验试剂】

1. 乙醇。

2. TE 缓冲液（pH 8.0）。

3. 20mg/mL 蛋白酶 K 溶液。

4. 饱和酚。

5. 苯酚-三氯甲烷。

6. 三氯甲烷-异戊醇（V/V=24∶1）。

7. 溶血试剂（0.144mol/L NH_4Cl 溶液；10mmol/L NH_4HCO_3 溶液）。

8. 白细胞缓冲液（STE 缓冲液：50mmol/L Tris 溶液 pH 7.5；1mmol/L EDTA 溶液 pH 8.0；0.1mol/L NaCl 溶液）。

9. 3mol/L NaAc 溶液等。

【实验操作】

1. 采集 1mL 外周血,置于 1.5mL 离心管中（内有适量肝素抗凝剂）,3000r/mim 离心 5min,弃上清。

2. 加入 800 μL 生理盐水,颠倒混匀,1000r/min 离心 5min,弃上清,重复 3 次。

3. 加入相当于压积细胞 5.5 倍体积的溶血试剂（裂解红细胞用）,充分混匀后–20℃静止 10min,随后放入 4℃放置 30min,此时溶液变为透明状红棕色。将此溶液 1000r/min 离心 5min,弃上清。

4. 加入 400μL STE 缓冲液悬浮白细胞,使之均匀分散。同时加蛋白酶 K（终浓度为 100μg/mL）和终浓度 1%SDS,37℃消化过夜。

5. 加入等体积饱和酚,充分混匀,4℃下 13 000r/mim 离心 12min；吸取上清至另管。

6. 加入等体积苯酚-三氯甲烷,充分混匀,4℃下 13 000r/min 离心 8min；吸取上清至另管。

7. 加入等体积三氯甲烷-异戊醇（24∶1）,充分混匀,4℃下 13 000r/min 离心 5min。

8. 吸取上清至另管,加 1/10 体积的 3mol/L NaAc 溶液及 2 倍体积的预冷无水乙醇,混匀后–20℃

静置 30min，4℃13 000r/min 离心 5min，弃上清。

9. 加入 1mL 80%乙醇溶液，颠倒混匀，4℃13 000r/min 离心 5min，弃上清，室温晾干，加入适量 100μL TE 缓冲液过夜，分光光度计检测 DNA 的浓度和纯度，–20℃存放。

实验三十九　组织或细胞 RNA 的抽提

【实验目的】

1. 记忆 RNA 的存在形式及性质特点。

2. 学习 TRIzol 法提取 RNA 的原理。

3. 能从组织或细胞材料中提取并纯化 RNA 分子。

【实验原理】

TRIzol 试剂是苯酚和异硫氰酸胍混合的单相溶液。在组织均质化或裂解及细胞裂解和细胞成分溶解时，TRIzol 试剂能保持 RNA 的完整性。加入三氯甲烷离心后，溶液分层为水相和有机相。RNA 存留于水相中，将上层水相转移后，可用异丙醇沉淀 RNA。

【实验试剂】

1. TRIzol 试剂。

2. 三氯甲烷。

3. 异丙醇。

4. 75%乙醇溶液（溶于 DEPC 水中）。

5. DEPC 水等。

【实验操作】

1. 每 50～100mg 组织或 5×（10^6～10^7）细胞加入 TRIzol 试剂 1mL，如组织块较大时需使用匀浆器将样本均质化。

2. 15～30℃温育样本 5min，以促使核蛋白完全溶解。

3. 每 1mL TRIzol 试剂中加入 0.2mL 三氯甲烷，将样本管完全盖紧后，剧烈振荡样本管 15s，随后 15～30℃温育样本 2～3min。

4. 4℃10 000r/min 离心样本 15min。

5. 将上层水相移至一新管中，加入异丙醇沉淀 RNA。每 1mL 用于匀浆的 TRIzol 试剂需用 0.5mL 异丙醇。

6. 15～30℃温育样本 10min，4℃10 000r/min 离心样本 10min。

7. 移去上清，用 75%乙醇溶液沉淀 RNA，每 1mL 用于匀浆的 TRIzol 试剂至少需用 1mL 75% 乙醇溶液。

8. 用振荡器混匀样本，4℃10 000r/min 离心样本 5min。

9. 室温干燥 RNA 沉淀 5～10min。

10. 将 RNA 沉淀溶于 DEPC 水中，55～60℃ 保温 10min，分光光度计检测 RNA 的浓度和纯度，–80℃存放最佳。

实验四十　基因工程中重组 DNA 的构建

【实验目的】

1. 学习重组 DNA 构建的原理和步骤

2. 能设计并构建重组 DNA。

【实验原理】

基因克隆技术基本流程包括以下步骤：①获取带有目的基因的 DNA 片段；②选择并改造载体 DNA；③用限制性核酸内切酶处理目的基因和载体；④将目的基因连接到载体分子上，构建重组 DNA 分子；⑤将重组 DNA 分子导入宿主细胞，并随之复制扩增；⑥从宿主细胞群中筛选出包含重组 DNA 分子的宿主细胞；⑦含有重组 DNA 的宿主细胞克隆扩增及结果鉴定；⑧目的基因的表达。

【实验试剂】

1. LB 液体培养基：胰化蛋白胨（细菌培养用）10g，酵母提取物（细菌培养用）5g，NaCl 10g，加 ddH$_2$O 至 1000mL，完全溶解，分装小瓶，高压灭菌 20min。

2. 1.5%琼脂 LB 固体培养基：称取 1.5g 琼脂粉放入 300mL 锥形瓶，加 100mL LB，15 lbf/in2 高压灭菌 20min，稍冷却，制备平皿。

3. 限制性核酸内切酶、T4 DNA 连接酶等。

【实验操作】

1. 目的 DNA 片段和载体的制备

（1）选择适宜的限制性核酸内切酶，消化已知目的 DNA 和载体，获得线性 DNA，用于重组。根据目的 DNA 和载体的具体情况，选择两种适当的限制酶切割，分别产生对称性黏性末端，或者一侧为黏端一侧为平端。

（2）从琼脂糖凝胶中回收 DNA 片段（玻璃粉法）

1）凝胶电泳分离后，切割所需的 DNA 条带。

2）将所切条带放入 1.5mL 小型离心管中，加入 2.5～3 倍体积的 NaI 溶液，55℃温育 5～10min，使凝胶完全溶解。

3）加入适量玻璃粉悬液，室温放置 5min，每 1～2min 混匀一次。

4）将 DNA/玻璃粉混合物离心 5s，弃上清。

5）每次以 500μL 洗涤液（20mmol/L Tris-HCl 溶液 pH7.4，1mmol/L EDTA 溶液，100mmol/L NaCl 溶液，50%乙醇溶液）将上述沉淀物洗 3 次。

6）室温晾干沉淀，用适量 TE 缓冲液（pH 8.0）重新悬浮，于 50℃保温 2～3min，将 DNA 从玻璃粉上洗脱下来。

7）13000r/min 离心 1min，将含有 DNA 的上清转移至干净的小型离心管中，–20℃保存。

2. 利用 T4 DNA 连接酶进行目的 DNA 片段和载体的体外连接

（1）连接反应一般在灭菌的 0.5mL 离心管中进行。

（2）10μL 体积反应体系中：取载体 50～100ng，加入一定比例的外源 DNA 分子（摩尔比在 1：2 左右）。

（3）加入含 ATP 的 10×缓冲液 1μL，T4 DNA 连接酶合适单位，用 ddH$_2$O 补至 10μL，稍加离心，在适当温度（一般 14～16℃水浴）连接 8h。

3. 连接产物的转化（见实验四十一）。

4. 重组子的筛选

根据载体的遗传特征筛选重组子，如 α-互补、抗生素基因等。现在使用的许多载体都带有一个大肠杆菌的 DNA 的短区段，其中有 β-半乳糖苷酶基因（lacZ）的调控序列和前 146 个氨基酸的编码信息。在这个编码区中插入了一个多克隆位点（MCS），它并不破坏读框，但可使少数几个氨基酸插入到 β-半乳糖苷酶的氨基端而不影响功能，这种载体适用于可编码 β-半乳糖苷酶 C 端部分序列的宿主细胞。因此，宿主和质粒编码的片段虽都没有酶活性，但它们同时存在时，可形成具有酶学活性的蛋白质。这样，lacZ 基因在缺少近操纵基因区段的宿主细胞与带有完整近操纵基因区段的质粒之间实现了互补，称为 α-互补。由 α-互补而产生的 lacZ+细菌在诱导剂 IPTG 的作用下，在生色底物 X-Gal 存在时产生蓝色菌落，因而易于识别。然而，当外源 DNA 插入到质粒的多克隆位点后，几乎不可避免地导致无 α-互补能力的氨基端片段，使得带有重组质粒的细菌形成白色菌落。这种重组子的筛选，又称为蓝白斑筛选。如用蓝白斑筛选则经连接产物转化的钙化菌平板 37℃温箱倒置培养 12～16h 后，有重组质粒的细菌形成白色菌落。

【注意事项】

1. 目的 DNA 片段制备、回收、纯化时，应避免外来 DNA 污染。

2. 不同厂家生产的 T4 DNA 连接酶反应条件稍有不同，但其产品说明书上均有最适反应条件，包括对不同末端性质 DNA 分子连接的 T4 DNA 连接酶的用量、作用温度、时间等。同时提供有连接酶缓冲液（10×、5×、2×），其中多已含有要求浓度的 ATP，应避免高温放置和反复冻融使其分解。

3. 白色菌落中重组质粒内插入片段是否是目的片段需通过鉴定。

实验四十一 感受态细胞的制备和质粒的转化

【实验目的】

1. 学习感受态细胞制备方法。

2. 能进行质粒转化的操作。

【实验原理】

感受态是指细胞处于最适于摄取和容纳外源 DNA 的生理状态。感受态细胞具有以下特点：①细胞表面暴露出一些可接受外来的 DNA 位点；②Ca^{2+} 处理后，细胞膜通透性增加；③转入的外源 DNA 分子不易被切除或破坏；④受体细胞本身不处于生长繁殖阶段。

转化是指重组 DNA 进入受体细胞的过程。经 Ca^{2+} 处理的感受态细胞与外源重组质粒混合后，经 42℃ 瞬间热处理，可使有效浓度的外源质粒进入感受态细胞。

【材料及试剂】

1. 菌株 大肠杆菌 DH5α 受体菌。

2. 质粒与主要试剂 pGEM-T Easy Vector（Promega）；pEGFP-N1（Clontech）等。

【实验操作】

1. 大肠杆菌感受态细胞的制备

（1）用接种针将冻存的 DH5α 菌种在 LB 平板上画线，37℃培养过夜。

（2）挑取单菌落，接种于 24mL 的 LB 培养基中，37℃摇床 225r/min 振荡培养过夜。

（3）将该菌悬液以 1∶100～1∶50 转接于 100mL LB 液体培养基中，37℃摇床扩大培养，当培养液开始出现浑浊后，每隔 20～30min 测一次 OD_{600}，至 $OD_{600} \leqslant 0.5$ 时停止培养。

（4）每组取菌液 2mL 于 2mL 离心管中，取 2 管，冰上冷却 20～30min，4℃离心机 4000r/min 离心 10min（以下操作均在冰上进行）。

（5）弃上清，用 1mL 冰冷的 0.1mol/L $CaCl_2$ 溶液轻轻悬浮细胞，4℃离心机 4000r/min 离心 10min。

（6）弃上清，加入 500μL 冰冷的 0.1mol/L $CaCl_2$ 溶液小心悬浮细胞，4℃离心机 4000r/min 离心 10min。

（7）弃上清，加入 100μL 冰冷的 0.1mol/L $CaCl_2$ 溶液小心悬浮细胞，冰上放置片刻即为感受态细胞悬液。

（8）制备好的感受态细胞悬液可直接用于转化实验，也可加入总体积 15% 的无菌甘油，混匀后分装于小型离心管中，-70℃可保存半年至 1 年。

2. 细胞转化

（1）分别用 2 管 100μL 感受态菌体，置冰浴上融化，立即进行以下操作。

转化实验组，100μL 感受态细胞悬液+10μL 重组质粒 DNA；质粒对照组，100μL 感受态细胞悬液+ 未酶切 pGEM-T 质粒 DNA 1ng。

（2）将各组样品轻轻混匀，冰浴 30min，42℃热休克 90s，迅速重置于冰浴 2min。

（3）加入适量 LB 培养基，置 37℃摇床 45～60min，涂布平板（氨苄青霉素、X-gal 及 IPTG 的终浓度分别为 50μg/mL、20μg/mL 及 0.1mmol/L），37℃培养过夜。

3. 检出转化体和计算转化率：统计每个培养皿中的菌落数，各实验组培养皿内菌落生长状况应如表 3-36 所示。

表 3-36　培养皿内菌落生长状况及结果分析

分组	含抗生素的平板	结果说明
转化实验组	白色菌落和少量蓝色菌落	说明有重组质粒导入细胞中（有时还需要酶切进一步鉴定）
插入 DNA 片段对照组	无菌落或极少量白色菌落	说明插入片段比较纯或有少量模板 DNA 存在
质粒对照组	蓝色菌落	可以判断感受态细胞的效率

转化体总数=菌落数×稀释倍数×（转化反应原液总体积/涂板菌液体积）

插入频率=蓝色菌落数/白色菌落数

转化频率=转化体总数/加入对照质粒 DNA 的量

实验四十二　质粒 DNA 小量提取及酶切鉴定

【实验目的】

1. 记忆质粒的结构与功能。
2. 了解质粒的分类与应用。
3. 学习碱裂解法提取质粒的原理和步骤。
4. 应用琼脂糖凝胶电泳鉴定质粒。

【实验原理】

质粒是能携带外源基因进入细菌中扩增或表达的载体，在基因工程中具有极广泛的应用价值。质粒提取通常有 3 个步骤：细菌培养、细菌收集和裂解、质粒 DNA 的分离纯化。在 pH 12.0～12.6 的碱性环境中，高分子量的细菌染色体 DNA 变性，而共价闭环质粒仍为天然状态。将 pH 调至中性加高盐条件，染色体 DNA 和蛋白质在去垢剂 SDS 作用下交联沉淀，而环状质粒为可溶状态，可将质粒 DNA 与染色体 DNA、RNA、蛋白质离心分离。

限制性核酸内切酶可识别并切割特异的 DNA 序列，有些切割成平末端，有些切割形成黏性末端。1 个限制性内切酶单位是指在最适条件下，在 50μL 体积 1h 内完全切开 1μg λ 噬菌体 DNA 所需的酶量。

【实验仪器】

1. Tip 头（10μL、200μL、1000μL）。
2. 小型离心管（0.5mL、1.5 mL）。
3. 离心机 2 台。
4. 振荡器。
5. 精密进样器。
6. 水平式电泳装置。
7. 电泳仪。
8. 台式高速离心机。
9. 恒温水浴锅。
10. 微波炉。

11. 紫外透射仪等。

【实验试剂】

1. 细菌培养

（1）LB 培养基：胰蛋白胨 10g，酵母提取物 5g，氯化钠 10g，加水至 1000mL，高压灭菌，室温或 4℃保存。

（2）质粒选择性抗生素（50mg/mL）：氨苄西林 0.5g，加水至 10mL，分装成 1mL 储存于–20℃，使用时按 1∶1000 稀释等。

2. 质粒提取

（1）溶液Ⅰ：50mmol/L 葡萄糖溶液，25mmol/L Tris-HCl 溶液（pH 8.0），10mmol/L EDTA 溶液（pH 8.0）。1mol/L Tris-HCl 溶液（pH 8.0）12.5mL，0.5mol/L EDTA 溶液（pH 8.0）10mL，葡萄糖 4.730g，加 ddH$_2$O 至 500mL。高压灭菌 15min，储存于 4℃。

（2）溶液Ⅱ：0.2mol/L NaOH 溶液，1% SDS 溶液。2mol/L NaOH 溶液 1mL，10% SDS 溶液 1mL，加 ddH$_2$O 至 10mL。使用前临时配制。

（3）溶液Ⅲ：乙酸钾（KAc）缓冲液，pH4.8，5mol/L KAc 溶液 300mL，冰醋酸 57.5mL，加 ddH$_2$O 至 500mL。4℃保存备用。

（4）无水乙醇。

（5）70%乙醇溶液。

（6）3mol/L 乙酸钠等。

（7）TE 缓冲液。

3. 酶切　限制性内切酶 *Hind*Ⅲ和 *Xba*Ⅰ及相应的酶切缓冲液，所提取的质粒等。

4. 电泳鉴定

（1）5×TBE（Tris-硼酸及 EDTA）缓冲液的配制（1000mL）：Tris 54g，硼酸 27.5g，0.5mol/L EDTA 20mL，将 pH 调到 8.0，定容至 1000mL，4℃冰箱保存，用时稀释 10 倍。

（2）琼脂糖。

（3）电泳上样缓冲液。

（4）琼脂糖凝胶预染试剂：GelRed^{TM}Nucleic Acid Gel Stain 等。

视频 17-质粒的提取与电泳实验操作技术

【实验操作】

1. 质粒 DNA 的小量提取（碱裂解法）

（1）细菌的准备

1）将转化产生的单菌落接种到 2mL 含相应抗生素的 LB 培养基中，37℃振荡培养过夜。

2）将 1.5mL 培养液倒入微量离心管中，在 4℃以 10 000r/min 离心 30s.将剩余的培养液储存于 4℃。

3）离心结束后，去除上清培养液，使细菌沉淀尽可能干燥。

（2）细菌的裂解

1）将细菌沉淀重悬于 100μL 冰冷的碱性裂解溶液Ⅰ中，剧烈振荡。

2）将 200μL 新鲜配制的碱性裂解溶液Ⅱ加到各个细菌悬液中，盖紧管口，快速轻柔地颠倒离心管数次以混匀内容物，将离心管放置在冰上。注意不要振荡！

3）加 150μL 冰冷的碱性裂解溶液Ⅲ。翻转离心管数次使碱性裂解溶液Ⅲ在黏稠的细菌裂解液中分散均匀，然后将管置于冰上 3～5min。

4）于 4℃，10 000r/min 离心 5min，将上清转移到另一离心管中。

（3）质粒 DNA 的回收

1）加 2 倍体积的乙醇到上清中，加入 1/10 体积乙酸钠，混匀，室温静置 2min。

2）在 4℃离心机以 10 000r/min 离心 5min，收集沉淀。

3）弃上清，加 1mL 70%乙醇，以 10 000r/min 离心 2min。

4）弃去乙醇，室温晾干 10～15min。

5）用 50μL TE 缓冲液溶解质粒，混匀，–20℃储存。

2. 质粒 DNA 的酶解鉴定

（1）限制性内切酶对 DNA 消化的一般方案

1）限制性内切酶反应一般在灭菌的 0.5mL 离心管中进行。

2）20μL 体积反应体系如下：

DNA0.2～1μg

10×酶切缓冲液　　　　　2.0μL

限制性内切酶　　　　　　1～2U

加 ddH$_2$O　　　　　　　至 20μL

限制性内切酶最后加入，轻轻混匀，快速离心至管底，37℃水浴保温 1h。

（2）电泳检测

1）琼脂糖凝胶制备：称取 0.4g 琼脂糖，置于 200mL 锥形瓶中，加入 50mL 0.5×TBE 缓冲液，微波炉加热熔化，冷却至 50～60℃时加入预染染料，倒入电泳槽，插上样品梳子，排出气泡，配制成 0.8%琼脂糖凝胶。

2）电泳：取 10μL 质粒酶切产物，加 2μL 6×loading 缓冲液混匀上样，同时 DNA marker 处理上样，以未经酶切的质粒作对照，采用 1～5V/cm 的电压，当溴酚蓝条带移动至距离凝胶前沿 2cm 时停止电泳。紫外灯下观察酶切条带，分析酶切结果。

实验四十三　克隆化基因在大肠杆菌中的表达

【实验目的】

1. 学习原核表达体系的条件、优点及表达策略。

2. 能描述基因克隆技术表达蛋白产物的原理和方法。

【实验原理】

基因工程中的表达载体可以实现生产生物活性蛋白。大肠杆菌作为生产重组蛋白的最早宿主系统，能使多种蛋白快速表达，目前仍在工业生产中广泛应用。

细菌表达载体具有许多重要特征，如下所示。①克隆序列上游有启动子，能启动转录。与 RNA 聚合酶高度亲和的启动子对确保高表达水平至关重要。②克隆基因下游有转录终止序列。③克隆 DNA 序列包含有一个翻译起始密码子 AUG，末端有终止密码子，即包含一个开放阅读框架。④所有载体都应允许克隆序列进行诱导表达。大多数表达系统是通过向其培养基中添加一种小分子物质（通常为代谢中间产物）诱导表达，也有些系统通过改变培养温度诱导表达。

【实验试剂】

1. IPTG-可诱导型表达载体。

2. 含重组表达质粒的大肠杆菌工程菌。

3. 考马斯亮蓝染色剂和银染色剂。

4. IPTG（1mol/L）。

5. 1×SDS 凝胶上样缓冲液。

6. 目的基因或目的 cDNA 片段。

7. 含 50μg/mL 的氨苄青霉素的 LB 琼脂平板；含 50μg/mL 的氨苄青霉素的 LB 液体培养基。

【实验操作】

1. 挑取重组克隆至含氨苄青霉素的 50mL LB 液体培养基中，37℃下培养过夜。

2. 第二天再移取 1～2mL 培养物至 50mL 的含抗生素的 LB 液体培养基中，37℃下培养至 OD$_{600}$ 值达 0.6。

3. 测定含可表达质粒细胞的百分比，用对数生长期的细菌作质粒稳定性实验。

（1）分别将 1000μL、147μL 和 135μL 的 LB 培养基加入 3 支 2mL 无菌的微量离心管中。转移 1mL 对数生长期培养液至含 1000μL LB 液体培养基的离心管中，初次稀释。取 3μL、15μL 初次稀释液，分别加入 147μL（稀释液 A）、135μL（稀释液 B）LB 液体培养基中，做第二次稀释。

（2）按表 3-37 所示将菌液铺板。

（3）37℃下平板培养过夜。

4. 加 100mmol/L IPTG 到对数生长期的细菌培养液中，至终浓度 0.4mmol/L。

5. 保温培养，在诱导过程中的不同时间段（如 1h、2h、4h 和 6h）各取 1mL 培养液至微量离心管中，用分光光度计测其 OD_{550} 值；10 000r/min 离心 1min，弃上清。

6. 加入 100mL1×SDS 凝胶加样缓冲液，重悬沉淀；100℃加热 3min，10 000r/min 离心 1min，置于冰上。收集全部的样品，SDS-PAGE 分析重组蛋白的表达水平。

表 3-37　质粒稳定性的测试实验

细菌体积	LB 平板中的附加成分	说明
50μL 稀释液 A	不添加	所有的细胞都应形成菌落
50μL 稀释液 A	含抗生素	>90%的细胞形成菌落
50μL 稀释液 B	含 IPTG（0.4mmol/L）	<2%的细胞形成菌落
50μL 稀释液 B	含 IPTG（0.4mmol/L）+抗生素	<0.01%的细胞形成菌落

实验四十四　PCR 扩增和琼脂糖电泳检测

【实验目的】

1. 记忆限制性核酸内切酶的作用特点；记忆 PCR 原理。

2. 熟练使用微量移液器；能利用 PCR 技术进行重组质粒的鉴定。

3. 基于常规 PCR 技术，拓展其他常用 PCR 技术，培养创新意识；初步具有分子生物学探究的科研素养。

【实验原理】

PCR 指在引物指导下由酶催化的对特定模板（克隆或基因组 DNA）的扩增反应，是模拟体内 DNA 复制过程，在体外特异性扩增 DNA 片段的一种技术，在分子生物学中有广泛的应用。

PCR 基本原理是以单链 DNA 为模板，4 种 dNTP 为底物，在模板 3′末端有引物存在的情况下，用酶进行互补链的延伸，多次反复的循环能使微量的模板 DNA 得到极大程度的扩增。在微量离心管中，加入与待扩增的 DNA 片段两端已知序列分别互补的两个引物、适量的缓冲液、微量的 DNA 膜板、4 种 dNTP 溶液、耐热 *Taq* DNA 聚合酶、Mg^{2+}等。反应时先将上述溶液加热，使模板 DNA 在高温下发生热变性，双链解开为单链状态；然后降低溶液温度，使合成引物在低温下与其靶序列配对，形成部分双链，称为退火；再将温度升至合适温度，在 *Taq* DNA 聚合酶的催化下，以 dNTP 为原料，引物沿 5′→3′方向延伸，形成新的 DNA 片段，该片段又可作为下一轮反应的模板，如此重复改变温度，由高温变性、低温复性和适温延伸组成一个周期，反复循环，使目的基因得以迅速扩增。因此 PCR 循环过程为三部分构成：模板变性、引物退火、热稳定 DNA 聚合酶在适当温度下催化 DNA 链延伸合成。

琼脂糖凝胶电泳是以琼脂糖为支持物，在适当条件下对带电生物大分子进行电泳的技术。主要用于生物大分子的分离、纯化与鉴定。DNA 分子在高于其等电点的 pH 溶液中带负电荷，在电场中向正（阳）极移动。其迁移速度与其分子量大小成反比。电泳后，不同大小的 DNA 片段呈现迁移位置的差异，把已知分子量的标准 DNA 即 marker，与待测 DNA 同时电泳，比较两者在琼脂糖凝胶板上的区带位置，即电泳图谱，就可以鉴定出待测 DNA 的大小及浓度。花青素能够通过所带正电荷与带负电荷的 DNA 结合，在紫外光下发荧光，据此可测知 DNA 片段所在的位置。将 DNA 加到凝胶的负极，在电场的作用下，将不同大小的片段分开。

【实验仪器】

1. 微量移液器。
2. PCR 热循环仪。
3. 琼脂糖凝胶电泳系统及紫外检测系统等。

【实验试剂】

1. 人基因组 DNA。
2. dNTPs（10mmol/L）。
3. 上下游引物（浓度 10μmol/L）。
4. 2×Taq DNA PCR mix，灭菌双蒸水。
5. 1.0%琼脂糖。
6. 电泳缓冲液（0.5%TBE，含 Tris 碱、硼酸和 EDTA，pH 8.0）。
7. 上样缓冲液（6×loading 缓冲液含甘油、二甲苯菁和溴酚蓝）等。

【实验操作】

1. PCR 扩增反应体积（20μL），在 0.2mL 小型离心管中依次加样：

2×PCR mis	10.0μL
上游引物	0.5μL（10μmol/L）
下游引物	0.5μL（10μmol/L）
模板	1.0μL
ddH$_2$O	8.0μL
总体积	20μL

混匀，放入 PCR 仪中，反应条件：95℃ 3min，95℃ 30s，58℃ 30s，72℃ 40s（循环 28 次），72℃ 5min 在 PCR 扩增仪上进行扩增。

2. 琼脂糖凝胶电泳检测。配制浓度为 1.0%琼脂糖凝胶，取 5μL PCR 扩增产物加 1μL 上样缓冲液电泳。DNA 带负电荷，电泳时 DNA 从负极向正极泳动（注意不要将胶方向放反）。待泳动至凝胶的 1/2～2/3 位置时，停止电泳，紫外检测仪下观察。

【注意事项】

1. PCR 反应体系中 DNA 样品及各种试剂的用量都极少，必须严格注意吸样量的准确性及全部放入反应体系中。

2. 为避免污染凡是用在 PCR 反应中的 Tip 尖、离心管、蒸馏水都要灭菌；吸每种试剂时都要换新的灭菌 Tip 尖。

3. 加试剂时先加消毒的三蒸水，最后加 DNA 模板和 Taq DNA 聚合酶。

4. 置 PCR 仪进行 PCR 反应前，PCR 管要盖紧，否则使液体蒸发影响 PCR 反应。

5. 引物条件：首先引物与模板的序列要紧密互补，其次引物与引物之间避免形成稳定二聚体或发夹结构，再次引物不能在模板的非目的位点引发 DNA 聚合反应（即错配）。

附：PCR 反应的 5 个元素

参与 PCR 反应的物质主要为 5 种：引物、酶、dNTP、模板和 Mg^{2+}。

1. **引物** 引物是 PCR 特异性反应的关键，PCR 产物的特异性取决于引物与模板 DNA 互补的程度。理论上，只要知道任何一段模板 DNA 序列，就能按其设计互补的寡核苷酸链做引物，利用 PCR 就可将模板 DNA 在体外大量扩增。引物设计有 3 条基本原则：首先引物与模板的序列要紧密互补，其次引物与引物之间避免形成稳定的二聚体或发夹结构，再次引物不能在模板的非目的位点引发 DNA 聚合反应（即错配）。

引物的选择将决定 PCR 产物的大小、位置、扩增区域的 T_m 值。好的引物设计可以避免背景和非特异产物的产生，甚至在 RNA-PCR 中也能识别 cDNA 或基因组模板。引物设计也极大地影响扩增产量：若使用设计粗糙的引物，产物将很少甚至没有；而使用正确设计的引物得到的产物量可接近于反应指数期的产量理论值。当然，即使有了好的引物，依然需要进行反应条件的优化，如调整 Mg^{2+} 浓度，使用特殊的共溶剂如二甲基亚砜、甲酰胺和甘油。对引物的设计不可能有一种包罗万象的规则确保 PCR 的成功，但遵循某些原则，则有助于引物的设计。

（1）引物长度：PCR 特异性一般通过引物长度和退火温度来控制。引物的长度一般为 15～30bp，常用的是 18～27bp，但不应大于 38bp。引物过短时会造成 T_m 值过低，在酶反应温度时不能与模板很好地配对；引物过长时又会造成 T_m 值过高，超过酶反应的最适温度，还会导致其延伸温度大于 74℃，不适于 Taq DNA 聚合酶进行反应，而且合成长引物还会大大增加合成费用。

（2）引物碱基构成：引物的 G+C 含量以 40%～60% 为宜，过高或过低都不利于引发反应，上下游引物的 G+C 含量不能相差太大。其 T_m 值是寡核苷酸的解链温度，即在一定盐浓度条件下，50% 寡核苷酸双链解链的温度，有效启动温度，一般高于 T_m 值 5～10℃。若按公式 $T_m=4(G+C)+2(A+T)$ 估计引物的 T_m 值，则有效引物的 T_m 为 55～80℃，其 T_m 值最好接近 72℃ 以使复性条件最佳。引物中 4 种碱基的分布最好是随机的，不要有聚嘌呤或聚嘧啶的存在。尤其 3′端不应超过 3 个连续的 G 或 C，因这样会使引物在 G+C 富集序列区错误引发。

（3）引物二级结构：引物二级结构包括引物自身二聚体、发卡结构、引物间二聚体等。这些因素会影响引物和模板的结合从而影响引物效率。对于引物的 3′端形成的二聚体，应控制其 $\Delta G>-5.0$kcal/mol 或少于 3 个连续的碱基互补，因为此种情形的引物二聚体有进一步形成更稳定结构的可能性，引物中间或 5′端的要求可适当放宽。引物自身形成的发卡结构，也以 3′端或近 3′端对引物-模板结合影响更大；影响发卡结构的稳定性的因素除了碱基互补配对的键能之外，与茎环结构形式亦有很大的关系。应尽量避免 3′端有发卡结构的引物。

（4）引物 3′端序列：引物 3′端和模板的碱基完全配对对于获得好的结果是非常重要的，而引物 3′端最后 5～6 个核苷酸的错配应尽可能少。如果 3′端的错配过多，通过降低反应的退火温度来补偿这种错配不会有什么效果，反应几乎注定要失败。

引物 3′端的另一个问题是防止一对引物内的同源性。应特别注意引物不能互补，尤其是在 3′端。引物间的互补将导致不想要的引物双链体的出现，这样获得的 PCR 产物其实是引物自身的扩增。这将会在引物双链体产物和天然模板之间产生竞争 PCR 状态，从而影响扩增成功。

引物 3′端的稳定性由引物 3′端的碱基组成决定，一般考虑末端 5 个碱基的 ΔG。ΔG 值是指 DNA 双链形成所需的自由能，该值反映了双链结构内部碱基对的相对稳定性，此值的大小对扩增有较大的影响。应当选用 3′端 ΔG 值较低（绝对值不超过 9），负值大，则 3′端稳定性高，扩增效率更高。引物的 3′端的 ΔG 值过高，容易在错配位点形成双链结构并引发 DNA 聚合反应。

需要注意的是，如扩增编码区域，引物 3′端不要终止于密码子的第 3 位，因密码子的第 3 位易发生简并，会影响扩增特异性与效率。另外末位碱基为 A 的错配效率明显高于其他 3 个碱基，因此应当避免在引物的 3′端使用碱基 A。

（5）引物的 5′端：引物的 5′端限定着 PCR 产物的长度，它对扩增特异性影响不大。因此，可以被修饰而不影响扩增的特异性。引物 5′端修饰包括：加酶切位点；标记生物素、荧光、地高辛、Eu^{3+} 等；引入蛋白质结合 DNA 序列；引入突变位点、插入与缺失突变序列和引入一启动子序列等。对于引入一至两个酶切位点，应在后续方案设计完毕后确定，便于后期的克隆实验，特别是在用于表达研究的目的基因的克隆工作中。

（6）引物的特异性：引物与非特异扩增序列的同源性不要超过 70% 或有连续 8 个互补碱基同源，特别是与待扩增的模板 DNA 之间要没有明显的相似序列。

2. 酶及其浓度　*Taq* DNA 多聚酶是耐热 DNA 聚合酶，是从嗜热水生菌（*Thermus aquaticus*）中分离的。*Taq* DNA 聚合酶是一个单亚基，分子质量为 94 000 Da。具有 $5'→3'$ 的聚合酶活力，$5'→3'$ 的外切核酸酶活力，无 $3'→5'$ 的外切核酸酶活力，会在 3′ 端不依赖模板加入 1 个脱氧核苷酸（通常为 A，故 PCR 产物克隆中有与之匹配的 T 载体），在体外实验中，*Taq* DNA 聚合酶的出错率为 10^{-4}～10^{-5} 级。此酶的发现使 PCR 得以广泛应用。

此酶具有以下特点：

（1）耐高温，在 70℃ 下反应 2h 后其残留活性在 90% 以上，在 93℃ 下反应 2h 后其残留活性是仍能保持 60%，而在 95℃ 下反应 2h 后为原来的 40%。

（2）在热变性时不会被钝化，故不必在扩增反应的每轮循环完成后再加新酶。

（3）一般扩增的 PCR 产物长度可达 2.0kb，且特异性也较高。

PCR 的广泛应用得益于此酶，目前各试剂公司中开发了多种类型的 *Taq* 酶，有用于长片段扩增的酶，扩增长度极端可达 40kb；有在常温条件下即可应用的常温 PCR 聚合酶；还有针对不同实验对象的酶等。

一典型的 PCR 反应约需的酶量为 2.5U（总反应体积为 50L 时），浓度过高可引起非特异性扩增，浓度过低则合成产物量减少。

3. dNTP 的质量与浓度　dNTP 的质量与浓度和 PCR 扩增效率有密切关系，dNTP 粉呈颗粒状，如保存不当易变性失去生物学活性。dNTP 溶液呈酸性，使用时应配成高浓度后，以 1mol/L NaOH 溶液或 1mol/L Tris 溶液。HCl 的缓冲液将其 pH 调节到 7.0～7.5，小量分装，−20℃ 冰冻保存。多次冻融会使 dNTP 降解。在 PCR 反应中，dNTP 应为 50～200mol/L，尤其是注意 4 种 dNTP 的浓度要相等（等摩尔配制），如其中任何一种浓度不同于其他几种时（偏高或偏低），就会引起错配。浓度过低又会降低 PCR 产物的产量。dNTP 能与 Mg^{2+} 结合，使游离的 Mg^{2+} 浓度降低。

4. 模板（靶基因）核酸　模板核酸的量与纯化程度是 PCR 成败的关键环节之一，传统的 DNA 纯化方法通常采用 SDS 和蛋白酶 K 来消化处理标本。SDS 的主要功能：溶解细胞膜上的脂类与蛋白质，因而溶解膜蛋白而破坏细胞膜，并解离细胞中的核蛋白，SDS 还能与蛋白质结合而沉淀；蛋白酶 K 能水解消化蛋白质，特别是与 DNA 结合的组蛋白，再用有机溶剂（酚与三氯甲烷）抽提除去蛋白质和其他细胞组分，用乙醇或异丙醇沉淀核酸，该核酸即可作为模板用于 PCR 反应。一般临床检测标本，可采用快速简便的方法溶解细胞，裂解病原体，消化除去染色体的蛋白质使靶基因游离，直接用于 PCR 扩增。

模板 DNA 投入量对于细菌基因组 DNA 一般在 1～10ng/L，实验中模板浓度常常需要优化，一般可选择几个浓度梯度（浓度差以 10 倍为 1 个梯度）。在 PCR 反应中，过高的模板投入量往往会导致 PCR 实验的失败。

5. Mg^{2+} 浓度　Mg^{2+} 对 PCR 扩增的特异性和产量有显著的影响，在一般 PCR 反应中，各种 dNTP 浓度为 200mol/L 时，Mg^{2+} 浓度以 1.5～2.0mmol/L 为宜。Mg^{2+} 浓度过高，反应特异性降低，出现非特异扩增，浓度过低会降低 *Taq* DNA 聚合酶的活性，使反应产物减少。一般厂商提供的 *Taq* DNA 聚合酶均有相应的缓冲液，而 Mg^{2+} 也已添加，如果特殊实验应采用无 Mg^{2+} 的缓冲液，在 PCR 反应体系中添加一定量的 Mg^{2+}。

实验四十五　蛋白质 SDS 聚丙烯酰胺凝胶电泳

【实验目的】

1. 记忆免疫印迹的原理及实验步骤。

2. 基于电泳迁移率的概念解释 SDS 聚丙烯酰胺凝胶电泳依据分子量分离蛋白质的原理。

3. 基于抗原抗体反应学会从样品中半定量地检测某种蛋白质。

4. 尝试设计实验比较不同条件干预的组织或细胞样品中某种蛋白质的表达。

【实验原理】

SDS 电泳技术首先在 1967 年由 Shapiro 建立，1969 年由 Weber 和 Osborn 进一步完善。当在样品介质和聚丙烯酰胺凝胶系统中加入 SDS 后，则蛋白质分子的电泳迁移率主要取决于它的分子量大小。SDS 是一种阴离子去污剂，它能破坏蛋白质分子之间及其他物质分子之间的非共价键。在强还原剂如巯基乙醇或二硫苏糖醇的存在下，蛋白质分子内的二硫键被打开并解聚成多肽链。解聚后的蛋白质分子与 SDS 充分结合形成带负电荷的蛋白质-SDS 复合物，复合物所带的负电荷大大超过了蛋白质分子原有的电荷量，这就消除了不同蛋白质分子之间原有的电荷差异，在 SDS-PAGE 系统中的电泳迁移率不再受蛋白质原有电荷的影响，而主要取决于蛋白质及其亚基分子量的大小。当蛋白质的分子质量在 15～200kDa 时，电泳迁移率与分子量的对数呈线性关系。由此可见，SDS-PAGE 不仅可以分离鉴定蛋白质，而且可以根据迁移率大小测定蛋白质亚基的分子量。

【实验仪器】

1. 电泳仪。

2. 微量移液器。

3. 恒温培养箱。

4. 离心机。

5. 摇床。

6. 振荡培养箱。

7. 超净台等。

【实验试剂】

1. 根据目的蛋白分子量大小选择合适的凝胶浓度，再按照下面的表格配制。

（1）不同浓度的 SDS-PAGE 分离胶的最佳分离范围（表 3-38）。

表 3-38　不同浓度 SDS-PAGE 分离胶对应的分离范围

SDS-PAGE 分离胶浓度	最佳分离范围
6%胶	50～150kDa
8%胶	30～90kDa
10%胶	20～80kDa
12%胶	12～60kDa
15%胶	10～40kDa

（2）SDS-PAGE 的分离胶（即下层胶，表 3-39）。

表 3-39　蛋白质 SDS 聚丙烯酰胺凝胶电泳表

成分	配制 10mL 不同浓度的 SDS-PAGE 分离胶所需各成分的体积（mL）				
	6%胶	8%胶	10%胶	12%胶	15%胶
蒸馏水	4.0	3.3	2.7	2.0	1.0
30% Acr-Bis 溶液（29∶1）	2.0	2.7	3.3	4.0	5.0
1mol/L Tris 溶液，pH 8.8	3.8	3.8	3.8	3.8	3.8
10% SDS 溶液	0.1	0.1	0.1	0.1	0.1
10%过硫酸铵溶液	0.1	0.1	0.1	0.1	0.1
TEMED	0.008	0.006	0.004	0.004	0.004

注：10%过硫酸铵溶液配制：0.1g 过硫酸铵粉末加 1mL 纯水

0.75mm 玻璃板加 5mL 左右，1.5mm 玻璃板加 7mL 左右，最后加纯水填满，压齐，小心放入 37℃恒温箱中约 30min，看到细线，即凝固。

（3）按表 3-40 配制 SDS-PAGE 的浓缩胶（也称堆积胶、积层胶或上层胶）

表 3-40 SDS-PAGE 浓缩胶配制表

成分	配制不同体积 SDS-PAGE 浓缩胶所需各成分的体积（mL）					
5%胶	2	3	4	6	8	10
蒸馏水	1.4	2.1	2.7	4.1	5.5	6.8
30% Acr-Bis 溶液（29∶1）	0.33	0.5	0.67	1.0	1.3	1.7
1mol/L Tris 溶液，pH 6.8	0.25	0.38	0.5	0.75	1.0	1.25
10% SDS 溶液	0.02	0.03	0.04	0.06	0.08	0.1
10% 过硫酸铵溶液	0.02	0.03	0.04	0.06	0.08	0.1
TEMED	0.002	0.003	0.004	0.006	0.008	0.01

注：加完浓缩胶后，赶走气泡，立即插入梳子，室温放置 30min，即凝固

2. 蛋白样品处理液 5×样品缓冲液（10mL）：0.6mL 1mol/L Tris-HCl 溶液（pH 6.8），5mL 50% 甘油溶液，2mL 10% SDS 溶液，0.5mL 巯基乙醇，1mL 1%溴酚蓝溶液，0.9mL 蒸馏水。（4℃保存数周，或在-20℃保存数月。）

3. 上样缓冲液的配制

第一种：电泳液的成品粉末，按照说明加水溶解。

第二种：pH 8.3 Tris-甘氨酸电极缓冲液：称取 Tris 6.0g，甘氨酸 28.8g，加蒸馏水约 900mL，调 pH 为 8.3 后，用蒸馏水定容至 1000mL。置 4℃保存，临用前稀释 10 倍。

4. 染液的配制

第一种：A 液和 B 液 1∶1 进行混合，直接使用。

第二种：考马斯亮蓝 G250 染色液：称 100mg 考马斯亮蓝 G250，溶于 200mL 蒸馏水中，慢慢加入 7.5mL 70%高氯酸，最后补足水到 250mL，搅拌 1 小时，小孔滤纸过滤。

5. 脱色液的配制 10%冰醋酸，25%乙醇，65%纯水。

6. 其他试剂。

【实验操作】

1. 蛋白质的表达

（1）从-80℃冰箱中取出保存的菌种：一种菌含有重组表达载体的大肠杆菌，另一种菌含有空载体的大肠杆菌，进行划线培养，37 ℃，倒置培养过夜。

（2）从培养平板上，分别挑取两种菌种到含有 5mL LB 培养基的试管中，37 ℃，振荡培养 2.5h，然后加 IPTG 至 0.4mmol/L，37 ℃振荡培养 4h。

2. 样品的制备 离心获取菌种，将两种菌液各取 500μL 用 1.5mL 小型离心管，6000r/min 离心 5min，然后加入 200μL 纯水，加入蛋白样品处理液，95 ℃干热器上加热 2min。

3. 制胶 按照表格内容制备 SDS 聚丙烯酰胺凝胶。

4. 电泳

（1）将凝胶板固定到电泳装置中，加电泳缓冲溶液直至刚好淹没凝胶孔。电泳槽中也倒入电泳缓冲溶液，液面一般低于电泳装置中的液面。

（2）用微量移液器将 marker（4μL）和蛋白样品，加入加样孔，记录好样本顺序。

（3）根据电极方向盖上盖子，接通电源，以 80V 恒压 30min 左右至溴酚蓝进入分离胶，将电压调至 120V 恒压至溴酚蓝达到凝胶底部为止。

（4）关闭电源，撤去导线，连同上槽，将凝胶夹板取出。

5. 染色 将凝胶的分离胶切下，放进染液进行染色，染色 30min 左右，或者用微波炉加热 2min。

6. 脱色 将胶先用水漂洗，洗掉染液，然后放进脱色液进行脱色，脱色 20min。

附：marker 蛋白分子量标准：

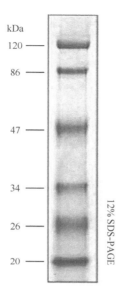

第四章　生物化学与分子生物学综合性实验

实验一　多糖的分离纯化、分子修饰及生物活性的研究

【实验目的】

1. 知道多糖的分离纯化的原理及方法。
2. 学习多糖的修饰方法及多糖的活性测定。

【实验原理】

水提醇沉法是水溶性多糖最常用的提取方法，利用多糖在水中的溶解性将多糖提取出来后，用乙醇将多糖沉淀出来。由于蛋白质与多糖一样具有很大的分子量，在加入乙醇时，蛋白质与多糖会共同沉淀，因此必须在沉淀之前将蛋白质除去。

常用的除去蛋白质的方法主要有 Sevag 法、三氟三氯乙烷法、三氯乙酸法及酶法。Sevag 法是去除蛋白的有效方法，Sevag 试剂（三氯甲烷与正丁醇混合液）中的三氯甲烷是蛋白质的一种变性剂，加到粗多糖溶液中使蛋白变性，成为胶状不溶物质，经离心即可达到去除的目的。采用蛋白酶使样品中蛋白质部分降解，再用透析、离心或沉淀的方法也可除去蛋白质，常用的蛋白酶有胃蛋白酶、胰蛋白酶、木瓜蛋白酶等。

多糖含量的测定至今大多采用苯酚硫酸比色法。多糖经浓硫酸水解后产生单糖，单糖在强酸条件下与苯酚反应生成橙色衍生物。该衍生物在波长 490nm 处和一定浓度范围内，吸收值与多糖浓度成线性关系，从而可用比色法测定其含量，此方法同样用于多糖分离时的检测。

多糖的免疫调节活性是其生物活性的重要基础。有的多糖是典型的 T 细胞激活剂，能促进细胞毒 T 淋巴细胞的产生，提高 T 淋巴细胞的杀伤活力。有的多糖则能促进巨噬细胞产生诱导因子，这些诱导因子再作用于淋巴细胞、肝细胞、血管内皮细胞等，导致与免疫和炎症有关的许多免疫应答的产生，具有抗肿瘤活性。

【实验仪器】

1. 索氏提取器。
2. 天平。
3. 恒温水浴锅。
4. 旋转蒸发器。
5. 离心机。
6. 透析袋
7. 冻干机。
8. 组织匀浆器。
9. 倒置显微镜等。

【实验试剂】

1. 石油醚、乙醇、三氯甲烷、正丁醇等。
2. DEAE 纤维素、Sephadex G100、Dextran 标准品。
3. 标准单糖（鼠李糖、岩藻糖、阿拉伯糖、木糖、甘露糖、葡萄糖、半乳糖）、肌醇。
4. 硫酸酯化试剂：将无水吡啶置于反应瓶中，经冰盐浴冷却后，滴加氯磺酸，于室温下搅拌 30min，密封后置于低温冰箱备用。

【实验操作】

1. 粗多糖的提取 取市售的山药粉末,事先在 70℃烘干 2h。称取 8g 干燥的山药粉,置于索氏提取器中,加入 100mL 石油醚,90℃回流 1~2h 脱脂。脱脂之后向索氏提取器中加入 80%乙醇溶液,90℃回流 3 次,以除去单糖、多酚、低聚糖和皂苷等小分子物质。

在脱脂后的样品中用 10 倍质量的蒸馏水于 60℃水浴浸提 3h(分 3 次浸提,每次浸提 1h),每次浸提后离心,沉淀继续用蒸馏水浸提,最后合并上清。

将上清转入旋转蒸发器中,真空浓缩至 15mL 左右。在浓缩液中加入 60mL 三氯甲烷-正丁醇(4:1,V/V)混合液,充分振荡 20min,静置分层,3500r/min 离心 15min,将中间液面白色类似凝胶的蛋白质和下层的有机溶剂除去。上层水相中继续加入 60mL 三氯甲烷正丁醇(4:1,V/V)混合液,充分振荡 20min,静置分层,3500r/min 离心 15min,取上层水相,如此重复直至离心后水相和有机相之间无蛋白质层出现(4~5 次)。

将上层水溶液置透析袋中,用 20 倍体积的蒸馏水透析 3 日,中间换水 6 次。将透析袋中溶液真空浓缩至 15mL 左右。向浓缩液中加入 4 倍体积的无水乙醇,4℃冰箱放置 12h,4000r/min 离心 20min,收集沉淀。

将沉淀用少量蒸馏水溶解,冷冻干燥即得粗多糖,按下面的公式计算粗多糖的得率:

$$粗多糖得率(\%)=[粗多糖的质量(g)/山药粉的质量(g)]×100\%$$

2. 粗多糖(RDP)的纯化 取山药粗多糖 1g,用 DEAE 纤维素柱纯化,水洗脱,苯酚硫酸法检测,收集多糖主峰,用无水乙醇沉淀,4000r/min 离心 20min,沉淀用少量蒸馏水溶解,冷冻干燥。

将冻干后的样品用少量蒸馏水溶解,经 Sephadex G100 凝胶色谱柱进一步纯化,双蒸馏水洗脱,收集多糖峰(2 个)。用乙醇沉淀,再冷冻干燥,获得纯山药多糖 RDP1 和 RDP2。

3. 纯度及分子质量测定 将纯化后的山药多糖 RDP1、RDP2 及 Dextran 标准品(分子质量依次为 57 200Da、43 000Da、21 400Da、17 500Da、50Da)分别经 HPLC 分离,洗脱剂为双蒸馏水,流速为 1mL/min,收集洗脱峰,记录洗脱时间和体积。根据洗脱峰的形状判断样品的纯度,以 Dextran 系列标准品的分子质量对数与对应的洗脱体积作标准曲线,再根据 RDP1 和 RDP2 的洗脱体积求得其分子质量。

4. 多糖的结构分析

(1)多糖的酸水解:称取 10mg 山药多糖 RDP1,加入 2mol/L 三氟乙酸溶液 2mL,封管后在 120℃水解 2h,冷却后减压蒸去 TFA,用纸色谱法检测水解产物,展开剂为乙酸乙酯/吡啶/冰醋酸/水(5:5:1:3),用苯胺-邻苯二甲酸试剂显色。剩余水解物减压干燥过夜后加入盐酸羟胺 10mg 及无水吡啶 1mL 溶解,在 90℃反应 30min,冷至室温,加入无水乙酸酐 1mL,在 90℃下继续反应 30min,冷至室温,加入 1mL H_2O 摇匀,用三氯甲烷萃取乙酰化产物进行气相色谱分析。

RDP1 经完全酸水解,产物用 PC 法检测有葡萄糖、甘露糖和半乳糖的斑点,表明 RDP1 是一种由葡萄糖、甘露糖和半乳糖组成的杂聚糖。

(2)多糖甲基化反应:称取 P_2O_5 干燥的多糖 RDP1 5mg,溶于 2mL 无水二甲亚砜中,在氩气保护下注入甲基亚磺酰负离子 1.15mL,室温反应 1h。置于冰浴至内容物冻结,滴加碘甲烷 1mL,封口后在室温下反应 1h。用氩气将碘甲烷驱净。加水 2mL,用三氯甲烷萃取甲基化产物 2 次,每次 1mL,合并三氯甲烷层用水洗 2 次,加无水硫酸钠过夜。过滤除去无水硫酸钠,减压蒸去三氯甲烷,真空干燥得暗黄色的甲基化产物,相继用甲酸和 2mol/L TFA 醋水解并乙酰化,产物加三氯甲烷 0.5mL 溶解,进行气相色谱分析。

将 RDP1 完全水解物的糖腈乙酸酯衍生物的气相色谱图,对照标准单糖的糖腈乙酸酯衍生物(鼠李糖、岩藻糖、阿拉伯糖、木糖、甘露糖、葡萄糖、半乳糖和内标肌醇)的气相色谱图,根据出峰的时间和峰面积判定多糖的组成及各个组分的相对含量。

5. 山药多糖硫酸酯化衍生物的制备与测定 将山药多糖悬浮于无水甲酰胺中搅拌 30min,然后逐渐加入硫酸酯化试剂于室温搅拌反应 1h。反应结束后用 0.1mol/L NaOH 溶液中和。用蒸馏水透析后冷冻干燥，获得硫酸化衍生物。

采用 2mol/L TFA 溶液将硫酸基释放出来后与钡离子在明胶中形成浑浊，于波长 360nm 测定浊度，以硫酸钠作标准物获得标准曲线，然后计算硫酸基含量。

6. 山药多糖（RDP）的抗肿瘤活性

（1）肿瘤模型的复制：将 Lewis 肺癌荷瘤小鼠（$C_{57}BL/6$ 小鼠，鼠重 20g±2g）脱颈处死，放入 75%乙醇溶液中浸泡 10min，在超净工作台上分离癌体，取其中生长良好、无坏死的肿瘤组织，用生理盐水冲洗后剪碎，经 0.25%胰蛋白酶室温下消化 5min，用组织匀浆器将肿瘤组织制成匀浆液，过 300 目尼龙网制成单细胞悬液，用生理盐水调整细胞浓度至 $1×10^7$ 个/mL，0.2%锥虫蓝染色，在倒置显微镜下计算活细胞数，即未染色的细胞数＞95%，在每只小鼠右腋皮下接种肿瘤细胞悬液 0.2mL。

（2）肿瘤接种：Lewis 肺癌试验小鼠品系为 $C_{57}BL/6$ 小鼠，鼠重 20g±2g，雌雄各半，每个剂量 10 只小鼠。接种瘤细胞前把 50 只小鼠随机分成 5 组：空白对照组（A 组）、荷瘤对照组（B 组）、RDP 小剂量组（10mg/kg，C 组）、RDP 中剂量组（50mg/kg，D 组）、RDP 大剂量组（100mg/kg，E 组）。5 组动物分笼喂养。适应性喂养 1 周后，将 B、C、D、E 组接种肿瘤细胞悬液（生理盐水为对照组），RDP 组接种 Lewis 肿瘤细胞悬液后连续静脉注射上述计量 RDP 10 日，接种后 14 日脱颈处死。

（3）检测：测移植瘤重，计算抑瘤率。处死动物后，剥离移植瘤体，电子天平称重，计算抑瘤率；石蜡包埋，连续切片，厚度约 4μm。

$$抑瘤率（\%）=（对照组瘤重-用药组瘤重）/对照组瘤重×100\%$$

观察肺转移数，计算肺转移抑制率：方法同上，取血后颈椎脱臼处死小鼠，剥离小鼠肺脏，用电子天平称重，Buin 液固定，并计算肺转移结节数，计算肺转移抑制率。

实验二　芦荟多糖的提取及其抗氧化性的研究

【实验目的】

1. 知道多糖的分离提纯的原理及方法。

2. 学习多糖抗氧化活性的检测方法。

【实验原理】

芦荟是一种传统中药，具有良好的抗菌、消炎、促进细胞生长及抗肿瘤等药理作用。芦荟的组成成分很多，芦荟的种种功效是各组成成分的协同结果，而芦荟多糖则起到关键性作用。

芦荟多糖的提取采用传统的热水提取法，经过脱脂、热水浸提、除杂（主要是蛋白质）、沉淀，获得多糖粗品，再经 DEAE 纤维素树脂、Sephadex G200 凝胶进一步纯化得纯品。

本实验以维生素 C 作对照，采用超氧阴离子自由基体系来测定芦荟的抗氧化活性。

【实验器材】

1. 干粉打磨机。

2. 索氏提取器。

3. 天平。

4. 恒温水浴锅。

5. 旋转蒸发器。

6. 离心机。

7. 透析袋。

8. 冻干机。

9. 恒流泵。

10. 分部收集器。

11. 紫外检测仪等。

【实验试剂】

1. 石油醚（60～90℃）。

2. 三氯甲烷-正丁醇（4∶1，V/V）。

3. DEAE 纤维素树脂。

4. Sephadex G200 凝胶。

5. 0.05mol/L NaCl 溶液。

6. 0.05mol/L Tris-HCl 缓冲液（pH 8.2）。

7. 25mmol/L 邻苯三酚。

8. 8mol/L HCl 溶液等。

9. 0.1mol/L NaHCO$_3$ 溶液，0.1mol/L NaOH 溶液。

10. 0.1mg/mL 维生素 C 溶液。

【实验操作】

1. 粗多糖的提取　取市售的芦荟，打磨成粉，事先在 70℃烘干 2h。称取 8g 芦荟粉，置于索氏提取器中，加入 100mL 石油醚，90℃回流 1～2h 脱脂。脱脂之后向索氏提取器中加入 80%乙醇溶液，90℃回流 3 次，以除去单糖、多酚、低聚糖和皂苷等小分子物质。

在脱脂后的样品中用 10 倍质量的蒸馏水于 80℃水浴浸提 3h（分 3 次浸提，每次浸提 1h），每次浸提后离心，沉淀继续用蒸馏水浸提，最后合并上清。

将上清转入旋转蒸发器中，真空浓缩至 15mL 左右。在浓缩液中加入 60mL 三氯甲烷-正丁醇（4∶1，V/V）混合液，充分振荡 20min，静置分层，以 3500r/min 离心 15min，将中间液面白色类似凝胶的蛋白质和下层的有机溶剂除去。上层水相中继续加入 60mL，三氯甲烷正丁醇（4∶1，V/V）混合液，充分振荡 20min，静置分层，以 3500r/min 离心 15min，取上层水相，如此重复直至离心后水相和有机相之间无蛋白质层出现（4～5 次）。

将上层水溶液置透析袋中，用 20 倍体积的蒸馏水透析 3 日，中间换水 6 次。将透析袋中溶液真空浓缩至 15mL 左右。向浓缩液中加入 4 倍体积的无水乙醇，4℃冰箱放置 12h，以 4000r/min 离心 20min，收集沉淀。

将沉淀用少量蒸馏水溶解，冷冻干燥即得粗多糖，按下面的公式计算粗多糖的得率：

$$粗多糖得率（\%）=[粗多糖的质量（g）/芦荟粉的质量（g）]\times100\%$$

2. 芦荟多糖的纯化

DEAE 纤维素的预处理：取市售的 DEAE 纤维素树脂，于去离子水中浸泡过夜。次日除去细小颗粒，重复 4～5 次，用 0.5mol/L NaOH 溶液溶胀 2h，后用蒸馏水洗至中性，再用 0.5mol/L HCl 溶液浸泡 0.5h，然后用蒸馏水洗至中性，悬浮于蒸馏水中备用。

装柱：将处理好的 DEAE 纤维素装填入 2.5cm×50cm 的玻璃柱中，床体积为 240mL。

取芦荟粗多糖 50mg，用 DEAE 纤维素柱纯化，分别以去离子水、0.1mol/L NaHCO$_3$ 溶液和 0.1mol/L NaOH 溶液阶段洗脱，洗脱速度为 4mL/min，每管 4mL 分部收集，苯酚硫酸法检测，收集多糖主峰，得到三种多糖组分（水洗组分超过 90%）。分别用无水乙醇沉淀，以 4000r/min 离心 20min，沉淀用少量蒸馏水溶解，冷冻干燥。

将冻干后的样品用少量蒸馏水溶解，经 Sephadex G200 凝胶色谱柱进一步纯化。Sephadex G200 凝胶经溶胀、浸洗后装柱。用 0.05mol/L NaCl 溶液预平衡 24h，控制流速 10mL/h。样品上样量为 10mg，用 0.05mol/L NaCl 溶液洗脱，每管 3mL 分部收集。收集多糖，冷冻干燥，获得纯芦荟多糖。

3. 芦荟多糖的抗氧化活性的测定 以维生素 C 作对照，采用超氧阴离子自由基体系来测定芦荟多糖的抗氧化性。取干净试管 3 支，按表 4-1 进行操作。

表 4-1　芦荟多糖抗氧化活性测定表

试剂（mL）	管号		
	0	1（对照）	2（样品）
0.05mol/L Tris-HCl 缓冲液	5.5	4.5	4.5
25℃水浴预热 20min			
0.1mg/mL 维生素 C 溶液	—	1.0	—
多糖样品	—	—	1.0
25mmol/L 邻苯三酚	0.4	0.4	0.4
立即混匀，25℃水浴反应 5min			
8mol/L HCl 溶液	1.0	1.0	1.0

立即混匀，以 0 号管作参比，于 300nm 处测定各管的吸光度，按下式计算样品的自由基清除率：

$$超阴离子自由基清除率 = \frac{A_{对照} - A_{样品}}{A_{对照}} \times 100\%$$

式中，$A_{对照}$ 为维生素 C 标准液的吸光度；$A_{样品}$ 为样品的吸光度。

实验三　免疫共沉淀证明 E-cadherin 与 p120-catenin 的相互作用

【实验目的】
1. 知道免疫共沉淀技术的原理及操作。
2. 能利用免疫共沉淀技术证明蛋白与蛋白间的相互作用。

【实验原理】
　　免疫共沉淀（co-immunoprecipitation）是以抗体和抗原之间的专一性作用为基础的用于研究蛋白质相互作用的经典方法，是确定两种蛋白质在完整细胞内生理性相互作用的有效方法。其原理：当细胞在非变性条件下被裂解时，完整细胞内存在的许多蛋白质－蛋白质间的相互作用被保留了下来。如果用蛋白质 X 的抗体免疫沉淀 X，那么与 X 在体内结合的蛋白质 Y 也能沉淀下来。E-cadherin，是 E-钙黏蛋白，p120-catenin 是 p120-连环素蛋白，E-cadherin 介导的细胞黏附在大部分上皮细胞癌中缺失，进而诱导恶性细胞的侵袭和转移。p120 作为 E-cadherin 黏附复合体的重要调节子，负责维持 E-cadherin 的稳定性和平衡周转。p120 的缺失能够促使 E-cadherin 细胞内吞并降解，从而导致细胞黏附的降低及肿瘤恶性度的增加。因此，研究 p120 与 E-cadherin 相互作用的调节机制具有重要意义。

【实验仪器】
1. 细胞刮子（用保鲜膜包好后，埋冰下）。
2. 离心机。
3. SDS-PAGE 电泳设备和转膜装置。
4. 摇床。
5. Western 成像系统。
6. PVDF 膜（0.22um）Millipore 等。

【实验试剂】

1. 预冷的 PBS。
2. RIPA 缓冲液。
3. West Pico ECL 超敏发光液。
4. SDS-PAGE 制胶用 Tris-HCl。
5. TEMED。
6. 甲叉双丙烯酰胺。
7. 电泳液及转膜液（均购自索莱宝）等。

【实验操作】

1. 培养小鼠乳腺癌 4T1 细胞，用预冷的 PBS 洗涤细胞 2 次，最后一次吸干 PBS。
2. 加入预冷的 RIPA 缓冲液（1mL/10^7 个细胞、10cm 培养皿或 $150cm^2$ 培养瓶，$5×10^6$ 个细胞、6cm 培养皿、$75cm^2$ 培养瓶）。
3. 用预冷的细胞刮子将细胞从培养皿或培养瓶上刮下，把悬液转到管中，4 ℃，缓慢晃动 15min（小型离心管插冰上，置水平摇床上）。
4. 4℃，以 14 000g 离心 15min，立即将上清转移到一个新的离心管中。
5. 准备蛋白 A 琼脂糖（protein A agarose）珠，用 PBS 洗两遍珠子，然后用 PBS 配制成 50% 浓度，建议减掉枪尖部分，避免在涉及琼脂糖珠的操作中破坏琼脂糖珠。
6. 每 1mL 总蛋白中加入 100μL 蛋白 A 琼脂糖珠（50%），4℃摇晃 10min（小型离心管插冰上，置水平摇床上），以去除非特异性杂蛋白，降低背景。
7. 4℃，14 000g 离心 15min，将上清转移到一个新的离心管中，去除蛋白 A 琼脂糖珠。
8. 做蛋白质标准曲线（Bradford 法），测定蛋白质浓度，测定之前将总蛋白稀释 1∶10 倍以上，以减少细胞裂解液中去垢剂的影响。
9. 用 PBS 将总蛋白稀释到约 1μg/μL，以降低裂解液中去垢剂的浓度。
10. 加入一定体积的 E-cadherin 抗体到 500μL 总蛋白中，抗体的稀释比例因兴趣蛋白在不同细胞系中的多少而异。
11. 4 ℃缓慢摇动抗原抗体混合物过夜或室温 2h。
12. 加入 100μL 蛋白 A 琼脂糖珠来捕捉抗原抗体复合物，4℃缓慢摇动抗原抗体混合物过夜或室温 1h。
13. 14 000r/min 瞬时离心 5s，收集琼脂糖珠-抗原抗体复合物，去上清，用预冷的 RIPA 缓冲液洗 3 遍，800μL/遍，RIPA 缓冲液有时候会破坏琼脂糖珠-抗原抗体复合物内部的结合，可以使用 PBS。
14. 用 60μL 2×上样缓冲液将琼脂糖珠-抗原抗体复合物悬起，轻轻混匀。
15. 将上样样品煮 5min，以游离抗原，抗体，珠子，离心，将上清进行 Western 印迹法检测。收集剩余琼脂糖珠，上清也可以暂时冻–20℃，留待以后电泳，电泳前应再次煮 5min 变性。

实验四　GST pull-down 验证 FRMD5 与 intergrinβ1 的相互作用

【实验目的】

1. 知道 GST pull-down 技术的原理及操作。
2. 能利用 GST pull-down 技术证明蛋白质与蛋白质的相互作用。

【实验原理】

GST pull-down 是一种常用的研究蛋白质在生物体外相互作用的实验技术。GST pull-down 和免疫共沉淀基本原理相似：首先将带 GST 标签的融合蛋白在细菌或者酵母等表达系统中进行表达，利用 GST 和谷胱甘肽亲和树脂之间的高亲和性，将该蛋白固化在树脂上，如果 GST 标签蛋白与候选蛋白有相互作用即能够结合，则在与候选蛋白进行孵育后，洗脱液中存在此两种蛋白质，可通过 SDS-PAGE 或者 Western 印迹法进行鉴定。候选蛋白也可以用原核表达系统或者真核表达系统进行表达并纯化，但需要注意的是不能是 GST 标签，一般情况下会采用 pET 系列载体进行融合表达，比如 pET-20a。

和 Co-IP 相比，GST pull-down 的融合诱饵蛋白往往是在外源系统中表达，可能会缺少某些翻译后修饰，并且和靶蛋白的结合发生在体外环境，不能精确反映内体的相互作用；但 GST pull-down 外源表达系统简单易用、蛋白质表达周期短，且 GST 融合蛋白和谷胱甘肽有很高的亲和性，易分离出大量融合蛋白进行批量实验。

【实验器材】

1. SDS-PAGE 设备。
2. JY92-2D 超声波细胞粉碎仪。
3. 水浴锅。
4. 恒温培养箱。
5. 超净台等。

【实验试剂与菌种】

1. 大肠杆菌 BL21（DE3）。
2. 低分子量蛋白标准物。
3. 那霉素、氨苄青霉素。
4. 基因合成、引物合成。
5. IPTG。
6. SDS-PAGE 制胶用 Tris-HCl、TEMED、甲叉双丙烯酰胺等。

【实验操作】

1. pGEX4T-1-FRMD5 和 pET32A-intergrinβ1 原核表达载体的基因合成、引物合成（青岛擎科）。
2. pGEX4T-1-FRMD5 和 pET32A-intergrinβ1 原核表达。

（1）将 pGEX4T-1-FRMD5 和 pET32A-intergrinβ1 分别进行转化，表达菌种为 BL21（DE3）。转化平板涂布相应的抗生素 50μL（25mg/mL），pGEX4T-1 为硫酸卡那霉素抗性，pET32A 为氨苄青霉素抗性。分别将 pGEX4T-1 和 pET32A 空载体转化 BL21（DE3）中，后期纯化后作为对照。

（2）pGEX4T-1-FRMD5 和 pET32A-intergrinβ1 平板长出菌落后，使用相应的引物进行菌落 PCR 筛选阳性克隆。挑取 2～3 个 PCR 扩增结果为阳性的单克隆，接种于含 50μg/mL 抗生素的 5mL LB 培养液里，37℃，200r/min 摇菌。挑取生长较好的表达菌株的菌落，接种于 5mL LB（含 50μg/mL Kana）中，37℃，200r/min 过夜培养。取 50μL 过夜培养液，按 1∶100 比例转接到新的 5mL LB 液体培养基（含 50μg/mL 抗生素）中，37℃，200r/min 3h 时左右，至菌液浓度的 OD_{600} 达到 0.8 左右时，取出 1mL 菌液作为对照，剩余部分加入终浓度为 0.1mmol/L 的 IPTG 诱导，继续培养 6～8h，取出 1mL 做电泳检测。将诱导前和诱导后菌液 6 000r/min 离心 3min，去上清；用 300μL PBS 重悬；超声破碎后，4℃，12 000r/min 离心 20min，取上清 100μL 到新的 1.5mL 离心管中，加入 25μL 5×SDS-PAGE 蛋白样品处理液，沉淀用 100μL PBS 重悬，再加入 25μL 5×SDS-PAGE 蛋白样品处理液，混匀后沸水浴 5min 随后进行 SDS-PAGE 电泳检测。考马斯亮蓝染液染色后使用脱色液脱至条带清晰。观察条带，将有表达较好的菌株加 1/10 体积甘油，−80℃保种。

（3）蛋白质的纯化：取表达菌株的过夜培养菌液，按 1∶100 接种于 200mL LB 培养基中（含 50μg/mL 抗生素），37℃、200r/min 培养大约 3h 后，菌液浓度 OD_{600} 达到 0.8 左右，加入 0.1mmol/L IPTG 溶液，37℃、200r/min 诱导 6～8h。6 000r/min 10min 收集菌体。用 20mL 1×PBS（含有 0.2%Triton

X-100）冰浴中超声波破碎（超声 1.5s、间歇 1.5s，全程 90min）。破碎后的菌液 4℃，12 000r/min 离心 20min，根据（2）的检测结果，收集上清或沉淀。如果蛋白质表达为包涵体，则进行如下操作：包涵体使用 20mL 缓冲液 A（50mmol/L Tris-HCl，5mmol/L EDTA，pH 8.0）充分悬起，混匀。于 4℃以 10 000r/min 离心 20min，去除上清，并重复一次；随后使用 20mL 缓冲液 B（50mmol/L Tris-HCl，5mmol/L EDTA，2mol/L 脲，pH 8.0）充分悬起，混匀。于 4℃以 10 000r/min 冷冻离心 20min，去除上清，重复一次；随后沉淀使用 20mL 缓冲液 C（0.1mol/L Tris-HCl，10mmol/L DTT，8mol/L 脲，pH 8.0）充分悬起，混匀。置于 37℃恒温摇床上 200r/min 快速振荡 1h。于 4℃以 10 000r/min 离心 10min，保留上清，去除沉淀。将上清装入透析袋中，置于 50 倍体积透析液（0.1mol/L Tris-HCl，5mmol/L EDTA，5mmol/L L-半胱氨酸，pH=8.0）中，4℃透析 16h 以上；并重复一次。透析后，蛋白复性液 4℃冷冻离心 10 000r/min 10min，保留上清，去除沉淀。pET32A-intergrinβ1 利用镍-琼脂糖凝胶 6FF、pGEX4T-1-FRMD5 和利用谷胱甘肽-琼脂糖凝胶 4B（GST 标签纯化树脂）分别按照说明书进行纯化。

3. GST pull-down 实验 将谷胱甘肽-琼脂糖凝胶 4B 树脂装柱在塑料柱中，用预冷的 3×柱体积 PBS 自然过滤洗涤并平衡树脂；加入已经表达 pGEX4T-1-FRMD5，用预冷的 3×柱体积 PBS 自然过滤洗涤。洗去未结合的杂蛋白；加入 2mL 蛋白结合缓冲液[142.5mmol/L KCl 溶液，5mmol/L MgCl₂ 溶液，2mL/L 诺乃洗涤剂-40，10mmol/L N-2-羟乙基哌嗪-N′-2-乙磺酸溶液（pH 7.2），1mmol/L EDTA 溶液]，冰浴 30min 后，然后加入已经表达获得和 pET32A-intergrinβ1，自然过滤后收集滤液重复一次，再用预冷的 5×蛋白结合缓冲液过滤洗涤，洗去未结合的蛋白，最后加入 1mL 洗脱液（10mmol/L 还原型谷胱甘肽，50mmol/L Tris-HCl 溶液，pH 8.0），不流通，在室温静置 15min 后再流通收集产物，然后进行 SDS-PAGE 分析。用 pGEX4T-1 和 pET-32A 空载体表达获得的 GST 标签和 His 标签蛋白做阴性对照。

实验五　ChIP 实验证实 c-myc 对 cyclinD1 的转录调控

【实验目的】

1. 学习染色质免疫沉淀技术的原理与应用。

2. 学习 CRISPR/Cas9 技术的操作方法。

【实验原理】

染色质免疫共沉淀技术的原理是在保持组蛋白和 DNA 联合的同时，通过运用对应于一个特定组蛋白标记的生物抗体，染色质被切成很小的片段，并沉淀下来。这项技术主要用来分析目标基因有没有活性，或者分析一种已知蛋白（转录因子）的靶基因有哪些。

在活细胞状态下固定蛋白质-DNA 复合物，并将其随机切断为一定长度范围内的染色质小片段，然后通过免疫学方法沉淀此复合体，特异性地富集目的蛋白结合的 DNA 片段，通过对目的片段的纯化与检测，从而获得蛋白质与 DNA 相互作用的信息。

可以利用 ChIP 研究转录因子（transcription factor，TF）与启动子（promoter）的关联性。由于 ChIP 采用甲醛固定活细胞或者组织的方法，所以能比较真实地反映细胞内 TF 与启动子的结合情况。这个优势是 EMSA 这个体外研究核酸与蛋白相互结合的实验方法所不能比拟的。当用甲醛处理时，相互靠近的蛋白与蛋白，蛋白与核酸（DNA 或 RNA）之间会产生共价键。细胞内当 TF 与启动子相互结合（生物意义上的结合）时，它们必然靠近，或者契合在一起，这个时候用甲醛处理，能使它们之间产生共价键。

c-myc 为转录因子 myc 家族成员，可以与 MAX 蛋白形成二聚体，结合到特异顺式作用元件，活化或抑制靶基因的转录。细胞周期蛋白 D1（cyclinD1）是其靶基因之一，c-myc 可结合到 cyclinD1 启动子 E-box 区，从而调控 cyclinD1 的转录表达。

【ChIP 的流程】

甲醛处理细胞

↓

收集细胞，超声破碎

↓

加入目的蛋白的抗体，与靶蛋白-DNA 复合物相互结合

↓

加入蛋白 A，结合抗体-靶蛋白-DNA 复合物，并沉淀

↓

对沉淀下来的复合物进行清洗，除去一些非特异性结合

↓

洗脱，得到富集的靶蛋白-DNA 复合物

↓

解交联，纯化富集的 DNA 片段

↓

PCR 分析

【实验器材】

1. 通风橱。

2. 超声破碎仪。

3. PCR 仪。

4. 摇床。

5. 低温离心机等。

【实验试剂】

1. 样本　MDCK 细胞。

2. 试剂　甲醛、2.5mol/L 甘氨酸溶液、5mol/L NaCl 溶液、SDS Lysis 缓冲液、蛋白酶抑制剂、IP 级抗体、ChIP Dilution 缓冲液、50×PIC、蛋白 A 琼脂糖/Salmon Sperm DNA、1mol/L NaHCO₃ 溶液、10% SDS 溶液、5mol/L NaCl 溶液、1mol/L Tris-HCl 溶液（pH 6.5）、0.5 mol/L EDTA 溶液等。

【实验操作】

第一天：

1. 细胞的甲醛交联与超声破碎

（1）取出 1 平皿细胞（10cm 平皿），加入 243μL 37%甲醛，使得甲醛的终浓度为 1%（培养基共有 9mL）。

（2）37℃孵育 10min。

（3）终止交联：加甘氨酸至终浓度为 0.125mol/L。450μL 2.5mol/L 甘氨酸于平皿中。混匀后，在室温下放置 5min 即可。

（4）吸尽培养基，用冰冷的 PBS 清洗细胞 2 次。

（5）细胞刮刀收集细胞于 15mL 离心管中（PBS 依次为 5mL、3mL 和 3mL）。预冷后以 2000r/min 离心 5min 收集细胞。

（6）倒去上清。按照细胞量，加入 SDS Lysis 缓冲液。使得细胞浓度为每 200μL 含 2×10⁶ 个细胞。这样每 100μL 溶液含 1×10⁶ 个细胞。再加入蛋白酶抑制剂复合物。假设 MCF7 满板为 5×10⁶ 个细胞。本次细胞长约有 80%，即 4×10⁶ 个细胞。因此每管加入 400μL SDS Lysis 缓冲液。将二管混在一起，共 800μL。

（7）超声破碎：VCX750，25%功率，4.5s 冲击，9s 间隙。共 14 次。

2. 除杂及抗体哺育

（1）超声破碎结束后，以 10 000g 于 4℃ 离心 10min，去除不溶物质。留取 300μL 做实验，其余保存于–80℃。300μL 中，100μL 加抗体作为实验组；100μL 不加抗体作为对照组；100μL 加入 4μL 5mol/L NaCl 溶液（NaCl 终浓度为 0.2mol/L），65℃ 处理 3h 解交联，跑电泳，检测超声破碎的效果。

（2）在 100μL 的超声破碎产物中，加入 900μL ChIP Dilution 缓冲液和 20μL 的 50×PIC。再各加入 60μL 蛋白 A 琼脂糖/Salmon Sperm DNA。4℃ 颠转混匀 1h。

（3）1h 后，在 4℃ 静置 10min 沉淀，700r/min 离心 1min。

（4）取上清，各留取 20μL 作为阳性对照。一管中加入 4μg 抗体，另一管中则加入抗体 4μg Normal IgG。4℃ 颠转过夜。

3. 检验超声破碎的效果　取 100μL 超声破碎后产物，加入 4μL 5mol/L NaCl 溶液，65℃ 处理 2h 解交联。分出一半用酚/三氯甲烷抽提。电泳检测超声效果。

第二天：

免疫复合物的沉淀及清洗

（1）孵育过夜后，每管中加入 60μL 蛋白 A 琼脂糖/Salmon Sperm DNA。4℃ 颠转 2h。

（2）4℃ 静置 10min 后，以 700r/min 离心 1min，除去上清。

（3）依次用下列溶液清洗沉淀复合物。清洗步骤：加入溶液，在 4℃ 颠转 10min，4℃ 静置 10min 沉淀，以 700r/min 离心 1min，除去上清。

洗涤溶液：a. 低盐洗涤缓冲液——1 次
　　　　　　b. 高盐洗涤缓冲液——1 次
　　　　　　c. 氯化锂缓冲液——1 次
　　　　　　d. TE 缓冲液——2 次

（4）清洗完毕后，开始洗脱。洗脱液的配方：100μL 10% SDS 溶液，100μL 1mol/L NaHCO$_3$ 溶液，800μL ddH$_2$O，共 1mL。每管加入 250μL 洗脱缓冲液，室温下颠转 15min，静置离心后，收集上清。重复洗涤一次。终的洗脱液为每管 500μL。

（5）解交联：每管中加入 20μL 5mol/L NaCl 溶液（NaCl 终浓度为 0.2 mol/L），混匀，65℃ 解交联过夜。

第三天：

1. DNA 样品的回收

（1）解交联结束后，每管加入 1μL RNaseA（MBI），37℃ 孵育 1h。

（2）每管加入 10μL 0.5mol/L EDTA 溶液，20μL 1mol/L Tris-HCl 溶液（pH 6.5），2μL 10mg/mL 蛋白酶 K 溶液。45℃ 处理 2h。

（3）DNA 片段的回收——omega 胶回收试剂盒。最终的样品溶于 100μL ddH$_2$O。

2. q-PCR 分析

引物：ChIPEboxD1S：5-CGAGCGCATGCTAGGCTGAA-3
　　　ChIPEboxD1AS：5-CTCCGCGTCCACATCTTTCA-3

退火温度：59℃，30 个循环。

实验六　siRNA 靶向敲低 EGFR 的表达

【实验目的】

1. 学习 RNA 干扰技术的原理与应用。

2. 学习 siRNA 转染及干扰效果检测方法。

【实验原理】

小干扰 RNA（siRNA）也称为短干扰 RNA 或沉默 RNA，是一类双链 RNA 分子，长度为 20～25 个碱基对。它可干扰核苷酸序列特定基因转录后降解的 mRNA，从而防止翻译。siRNA 可沉默肿瘤相关基因，从而不同程度地促进或抑制多种癌细胞增殖、迁移和侵袭。表皮生长因子受体（epidermal growth factor receptor，EGFR）是一种位于细胞膜表面的糖蛋白受体，属于酪氨酸激酶型受体，参与调控细胞增殖、分化和存活的信号转导途径的激活。EGFR 不仅存在于正常细胞中，它在多种肿瘤细胞系中也存在着过表达，与预后不良和生存率降低有关。

【实验分组及 siRNA 准备】

细胞设 EGFR siRNA 处理组、随机序列阴性 siRNA 组、空白对照组作为对照，各组培养体系容积保持一致。其中空白对照组为正常培养细胞，EGFR siRNA 处理组，据 siRNA 序列不同分 EGFR siRNA1，EGFR siRNA2 组和 EGFR siRNA3 组。EGFR siRNA 序列由美国 santa cruz 公司设计并化学合成。

EGFR siRNA1
正义链：UGAUCUGUCACCACAUAAUUACGGG，
反义链：CCCGUAAUUAUGUGGUGACAGAUCA；
EGFR siRNA 2
正义链：UUAGAUAAGACUGCUAAGGCAUAGG，
反义链：CCUAUGCCUUAGCAGUCUUAUCUAA；
EGFR siRNA 3
正义链：UUUAAAUUCACCAAUACCUAUUCCG，
反义链：CGGAAUAGGUAUUGGUGAAUUUAAA。
siRNA 以冻干粉的形式常温运输，用灭菌的 ddH$_2$O 配制成 10μmol/L 溶液，分装，–20℃保存。

【实验试剂】

1. Opti-MEM（1×）。
2. EGFR siRNA。
3. 阴性 siRNA。
4. 阴性对照 Cy3-siRNA。
5. Lipofectamine 2000。
6. 灭菌 ddH$_2$O 等。

【实验操作】

1. 接种细胞　转染前一天，两株细胞均生长至约 80% 融合后，常规消化细胞并计数，以不含抗生素的 10%FBS 的 RPMI1640 培养基调整细胞至适当浓度，接种于细胞培养板内[6 孔加入 2mL，（1～5）×10^5 个细胞/孔；24 孔板加入 0.5mL，（0.5～1）×10^5 个细胞/孔]，培养 24h，使转染时细胞密度达到 50%～70%。

2. siRNA 浓度配比　根据说明书建议，siRNA 终浓度稀释为 50nmol/L 转染效率最佳，对于每个转染样品，按如下步骤准备（实验用量和体积如表 4-2）。

表 4-2　使用 Lipofectamine2000 转染 siRNA 用量

	每孔培养基的体积	每孔 Opti-MEM	siRNA	siRNA 终浓度	Lipofectamine2000 体积
6 孔	2mL	2×100μL	75pmol	50nmol/L	7.5μL
24 孔	0.5mL	2×25μL	15pmol	50nmol/L	1.5μL

（1）稀释 siRNA：用 100μL Opti-MEM（无血清、无抗生素）稀释 siRNA，轻轻混匀。

（2）稀释 Lipofectamine2000：用 100μL Opti-MEM（无血清、无抗生素）稀释 Lipofectamine2000，轻轻混匀。

（3）混合液制备：将稀释 Lipofectamine2000 与稀释 siRNA 混匀，轻轻吹打，室温放置 5min，使之形成 siRNA-Lipofectamine2000 混合液。

（4）将混合液加入到含细胞及 2mL 不含抗生素培养基的细胞培养板中，轻轻摇晃，使之混合均匀。

（5）将培养板置于培养箱中培养 24～96h 后检测 siRNA 沉默效果。

3. 转染效率测定　转染效率的高低可以通过荧光标记的 siRNA（Cy3-siRNA）测定。Cy3-siRNA 的保存和使用：siRNA 用灭菌的 ddH$_2$O 配制成 10μmol/L 溶液，分装，–20℃保存，操作过程需避光。

4. 使用 Lipofectamine2000 转染 Cy3-siRNA

操作步骤同前，细胞培养板取 24 孔板，Cy3-siRNA 及 Lipofectamine2000 用量参照表 4-1，操作过程均避光，转染完成后，用锡纸包裹培养板置于 37℃、5%CO$_2$、95%O$_2$、100%湿度的孵箱中培养 6～8h 后，检测转染效率。

5. 转染效率检测　检测方法采用荧光显微镜观察，操作过程需避光。

（1）Cy3 是一种红色荧光基团，激发波长 555nm，发射波长 570 nm，转染成功后主要聚集在细胞核内。

（2）转染 6～8h 后，先用 PBS 细胞洗涤液清洗细胞 2 次，将未转染进细胞而残留在培养基的 Cy3-siRNA 洗掉。

（3）于荧光显微镜下观察和拍照，随机选取 5 个高倍视野，先拍下明场细胞照片，再在同一视野中拍完荧光照片。

（4）计算转染效率：按公式计算转染效率（TR）=发红色荧光细胞数/细胞总数×100%。

实验七　CRISPR/Cas9 敲除细胞 NEDD1 表达

【实验目的】

1. 学习 CRISPR/Cas9 技术的原理与应用。

2. 学习 CRISPR/Cas9 技术的操作方法。

【实验原理】

CRISPR/Cas9 是细菌和古细菌在长期演化过程中形成的一种适应性免疫防御，可用来对抗入侵的病毒及外源 DNA。而 CRISPR/Cas9 基因编辑技术，则是对靶向基因进行特定 DNA 修饰的技术，这项技术也是用于基因编辑中前沿的方法。以 CRISPR/Cas9 基础的基因编辑技术在一系列基因治疗的应用领域都展现出极大的应用前景，如血液病、肿瘤和其他遗传疾病。该技术成果已应用于人类细胞、斑马鱼、小鼠及细菌的基因组精确修饰。

主要原理如图 4-1。图 4-1A 编码 Cas9 蛋白和 sgRNA 的基因被导入一个细胞中，按计划改变其目标基因。sgRNA 具有与所选基因组目标序列互补的区域；该区域可设计为包括任何所需序列。由 CRISPR sgRNA 和 Cas9 蛋白组成的复合物在细胞内形成，并与 DNA 中选定的靶位点结合。结合复合物的结构如图 4-1B 所示。图 4-1A 中左侧显示的路径中，Cas9 蛋白中的两个核酸酶活性位点分别切割靶序列中的两条链（一个核酸酶活性位点作用于一条链），产生双链断裂。双链断裂通常通过非同源末端连接来修复，这通常会删除或改变连接发生部位的核苷酸。或者，如图 4-1A 中右侧所示，Cas9 如果有一个核酸酶位点失活，则会在靶序列中产生单链断裂。在存在与目标序列相同但包含所需序列变化（红色显示的片段）的重组供体 DNA 片段的情况下，同源 DNA 重组时会改变断裂部位的序列，以匹配供体 DNA 的序列。

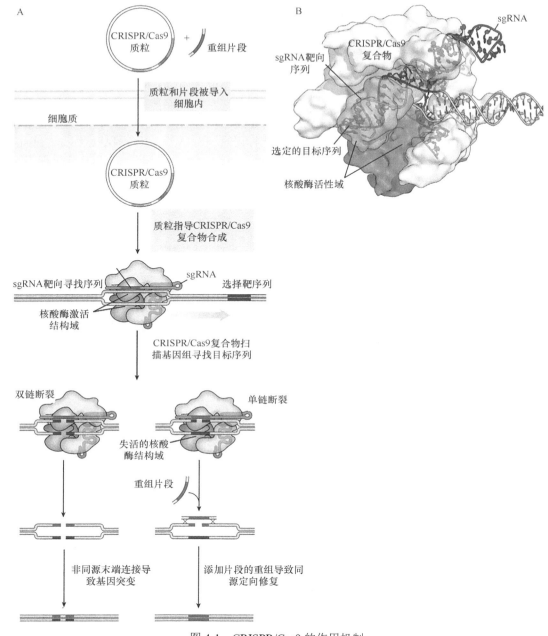

图 4-1　CRISPR/Cas9 的作用机制

【实验试剂】

1. *Bbs* I 限制性内切酶。
2. pX459 质粒。
3. 感受态细胞 DH5α。
4. Lipofectamine 2000。
5. 肺腺癌细胞系 A549。
6. 1640 细胞培养基等。

【实验操作】

1. sgRNA 的设计：根据 CRISPR/Cas9 基因编辑设计方法，先在 NCBI 中查询 NEDD1 外显子序列，利用 sgRNA 在线设计网站 http://CRISPR.mit.edu/，寻找分数较高的待选序列。如表 4-3 所示为 NEDD1-sgRNA 序列。

表 4-3　NEDD1-sgRNA 序列

向导 RNA	寡核苷酸序列
NEDD1-sgRNA	F:CACCGCCGGGAAGATCCAATAGCCA
	R:AAACTGGCTATTGGATCTTCCCGGCC

2. 寡核苷酸链退火。

（1）根据表 4-4 反应体系将混合液放进 PCR 仪进行梯度退火。sgRNA 单链退火变成双链。

表 4-4　反应体系

试剂	体积
正向引物（forward primer）（100μmol/L）	1μL
反向引物（reverse primer）（100μmol/L）	1μL
退火缓冲液（annealing buffer）	1μL
ddH$_2$O	7μL

（2）退火反应程序（表 4-5）：

表 4-5　退火反应程序

温度（℃）	时间（min）
95	4
70	10
25	10
4	10～+∞

3. PX459 载体线性化。

（1）使用 FastDigest *Bbs* I 对 PX459 载体进行单酶切，使载体变为线状构象，酶切体系如表 4-6：

表 4-6　酶切体系

试剂	体积
PX459 载体	1μg
Bbs I 限制性内切酶	1μL
10×缓冲液	3.5μL
ddH$_2$O	加至 35μL

水浴锅 37℃快速酶切 30min

（2）配制 1%琼脂糖凝胶，乙醇擦拭电泳槽，换上新 TAE，将 35μL 酶切产物全部上样，100V 电泳 30min 后在紫外灯照射下将 PX459 条带切下放入小型离心管，称取小型离心管壳重和加入条带后的重量。

（3）使用胶回收试剂盒回收线性化的PX459载体，按照试剂盒说明书进行。

4. NEDD1-sgRNA与PX459的连接（表4-7）。

表4-7 NEDD1-sgRNA与PX459的连接

试剂	体积
pX459酶切回收片段	5μL
NEDD1-sgRNA双链	1μL
T4 DNA连接酶	1μL
10×T4 DNA连接酶	2μL
ddH₂O	1μL

反应条件：PCR仪25℃，4h。

5. 将重组质粒PX459-NEDD1进行转化、提取质粒，送至公司进行测序，测序引物为U6启动子。

6. 构建成功的质粒扩增后用于后续实验。

7. 细胞转染。

（1）铺板：选择状态良好的细胞处理后根据实验需要进行种板，培养箱内常规培养16h。

（2）转染：次日观察细胞状态、密度及贴壁情况。

1）转染质粒细胞融合度达到70%～90%。转染前，弃掉培养基，加入1mL培养基进行饥饿处理，放进细胞培养箱培养1h。

2）取两个1.5mL小型离心管，分别加300μL培养基，其中一管加入6μL脂质体，另一管加入2μg质粒。

3）静置5min后将两管轻轻混匀再次静置15min，将上述混合液加入培养基内轻轻摇匀。

4）培养箱内孵育6～8h后换为2mL完全培养基。

5）第三天在培养基中添加嘌呤霉素，使其终浓度为8μg/mL。在该浓度嘌呤霉素作用下，未转染的细胞将会被杀死，之后每天按照该浓度进行换液培养，进行为期7日的细胞筛选。5～7日时，无抗性细胞能被全部杀死，如此可得到敲除NEDD1的混合细胞克隆。

（3）提取细胞总蛋白，Western blot检测蛋白表达。

【注意事项】

1. 高转染效率是获得高效基因编辑效率的必要条件，可通过转染EGFP mRNA或其他荧光蛋白mRNA来确定细胞的转染效率。

2. 如果细胞转染效率低，建议优化转染步骤或换用容易转染的细胞类型。

3. Cas9 mRNA或Cas9蛋白降解，可通过设置阳性对照组共转染以排除Cas9 mRNA或Cas9蛋白降解的问题。

4. 在细胞内，如果Cas9核酸酶无法接近靶位点或无法剪切靶位点，需要重新设计sgRNA。

实验八 蛋白质印迹分析

【实验目的】

1. 学习蛋白质印迹分析的原理与方法。

2. 能用蛋白质印迹技术分离并研究蛋白质表达情况。

【实验原理】

蛋白质印迹的常用方法是将靶蛋白附着于固体基质上，用特异性的抗体作为探针检测与其相对应的蛋白质，将蛋白质转移到固定化膜上后，蛋白质条带在探测过程中不会扩散，操作简便，试剂用量少便于对蛋白质进行各种分析，检测中等大小蛋白质的最小量为 1～5ng。

蛋白质印迹是利用抗原抗体间特异的免疫反应，检测目的蛋白的技术。蛋白质印迹技术包括以下步骤：蛋白质样品制备，蛋白质样品定量测定，SDS-PAGE，转膜和免疫显色。

一、蛋白质样品制备

只有成功获得高质量的蛋白质才能进行后续目的蛋白的检测。蛋白质样品制备包括培养细胞蛋白提取、组织蛋白提取等。要特别注意一些药物处理会使贴壁细胞从培养瓶壁脱落，提取蛋白质的时候要收集培养液中的蛋白质。下面以组织材料为例。

【实验目的】

获得高质量蛋白质样品进行后续检测。

【实验仪器】

1. 匀浆器。
2. 手术剪。
3. 镊子。
4. 小型离心管。
5. 离心机等。

视频 18-蛋白质
印迹分析实验操
作技术

【实验试剂】

1. RIPA 裂解液。
2. PMSF 等。

【实验步骤】

1. 组织块尽量剪碎，置于 2mL 匀浆器的球状部位。
2. 加入 400μL 裂解液（含 PMSF）进行匀浆，反复几次至匀浆均匀，置于冰上裂解。
3. 也可把组织块放入液氮冷冻，取出后敲碎，把粉末倒入离心管，加裂解液冰上裂解。
4. 裂解 30min 后，将裂解液移至 1.5mL 离心管中，4℃下以 12 000r/min 离心 5min，上清分装，置于 –20℃ 保存。

二、蛋白质样品定量测定

要判断制备蛋白质样品的质量如何，怎样做到等量上样，需要对提取的蛋白质样品进行定量测定。常用的定量方法有 BCA 法和考马斯亮蓝法。我们选用 BCA 法测定样品中蛋白质含量。

【实验目的】

学习蛋白质样品定量测定方法。

【实验原理】

BCA（bicinchonininc acid）与 Cu^{2+} 混合成为 BCA 工作试剂，显绿色。在碱性条件下蛋白质将 BCA 工作试剂中的 Cu^{2+} 还原为 Cu^{+}，生成紫色复合物，最大吸收峰在 562mm，与蛋白质浓度成正比，通过绘制标准曲线，可计算待测样品中的蛋白质浓度。

【实验仪器】

1. 96 孔板。
2. 37℃恒温箱。
3. 酶标仪等。

【实验试剂】

1. 蛋白质样品。

2. BCA 蛋白质定量试剂盒等。

【实验步骤】

1. BCA 工作液配制。根据样品数量，BCA 试剂和 Cu^{2+} 按 50∶1 配成 BCA 工作液，充分混匀，室温 24h 内稳定。

2. 按照说明书将标准品 BSA 用双蒸水、0.9% 生理盐水、PBS 或用待测蛋白样品之缓冲液进行倍比稀释。

3. 96 孔板每孔加 200μL AB 混合液，另加标准品或样品 25μL，混合均匀。

4. 置于 37℃ 培养箱孵育 30min，取出室温静置 10min。

5. 562mm 测吸光度，绘制标准曲线，计算蛋白浓度。

6. 根据求得蛋白质浓度，用裂解液调整各实验组蛋白质总量一致，加入 1/5 体积的 5× 上样缓冲液，95℃ 煮 5min 即可上样。

三、SDS-PAGE

【实验目的】

1. 学习 SDS-PAGE 的基本原理。

2. 掌握 SDS-PAGE 的实际操作方法，高效分离蛋白质。

【实验仪器】

1. 高速台式离心机。

2. 沸水浴。

3. 蛋白电泳槽。

4. 电泳仪。

5. 染色脱色皿。

6. 摇床等。

【实验试剂】

1. 蛋白质 marker。

2. 分离胶缓冲液（1.5mol/L Tris-HCl，pH 8.8）。

3. 浓缩胶缓冲液（1.0mol/L Tris-HCl，pH 6.8）。

4. 10%SDS 溶液。

5. 30% 丙烯酰胺溶液。

6. 10% 过硫酸铵溶液。

7. TEMED。

8. 5× 电泳缓冲液。

9. 考马斯亮蓝染液。

10. 脱色液等。

【实验步骤】

1. **灌胶装置准备** 玻璃板清洗洁净后用蒸馏水冲净晾干。梳子洗净，临用前用无水乙醇擦拭晾干。

2. **灌胶与上样**

（1）玻璃板对齐，置于灌胶板夹中夹紧。可以往玻璃板间灌水检查是否渗漏。

（2）根据目的蛋白分子量选择合适浓度的分离胶，参照说明书配制并灌胶。灌完后加一层水，密封住分离胶。注意：未聚合的丙烯酰胺有神经毒性，戴手套操作。注意给浓缩胶留出足够空间。

（3）当水和胶之间形成一条折射线时说明胶已凝固，倒去上层水并用吸水纸吸干。

（4）参照说明书配制浓缩胶，混匀灌胶，插入梳子，确保没有气泡。等胶彻底凝固后拔出梳子。

3. 电泳

（1）蛋白样品混合 6×loading 缓冲液，100 ℃加热 5min。

（2）配制好的胶连同玻璃板安装在垂直电泳槽中，加入电泳缓冲液，检查是否贴合紧密，有无漏液。

（3）上样：加入蛋白质样品和蛋白质预染 marker。

（4）电泳：电泳时间和电压根据目的蛋白的大小自行调整，电泳至溴酚蓝刚跑出即可终止。

四、转　膜

把经电泳分离的蛋白质条带转移到固相载体的方法有毛细管印迹和电泳印迹两种。其中电泳印迹又有湿转和半干转两种方法，以湿转为例。

【实验目的】

把电泳分离的蛋白质条带转移到固相载体。

【实验仪器】

1. 转膜装置（湿转）。

2. 电源。

3. 硝酸纤维素膜。

4. 滤纸。

5. 玻璃平皿。

6. 摇床等。

【实验试剂】

1. 转移缓冲液。

2. Tris 缓冲液（TBS）。

3. 丽春红染液。

4. 漂洗液[Tween 20/TBS（TTBS）]。

5. 封闭液等。

【实验步骤】

1. 电泳完拆下胶板，置于加有转移缓冲液的平皿中，切去浓缩胶，裁成合适的大小。

2. 准备 1 张 PVDF 膜（与胶大小一致）、2 份 4 层滤纸（比胶大一些）和预冷的转移缓冲液。注意：戴手套操作，PVDF 膜提前用甲醇浸泡活化 20min。

3. 将裁好的胶、活化的 PVDF 膜和滤纸在转移缓冲液中平衡 10min，除去气泡和残余 SDS。按电转夹负极（黑）—海绵垫—4 层滤纸—胶—膜—4 层滤纸—海绵垫—正极（红）的顺序装配电转夹，保证除去层间气泡。

4. 将电转夹插入电转移槽中，负面与负极相连，加入预冷的转膜缓冲液，并在电转槽中内置冰盒。关于转膜电流和时间：一般转膜的电流在 250～350mA，转膜时间 30～60min。目的蛋白越大选择电流越大，所需转膜时间越长。

5. 电转结束后切断电源，取出 PVDF 膜，可见预染蛋白质分子量标记已被转移到膜上。可用丽春红染色检测转膜效果。洗脱除去丽春红染料，把膜浸泡入封闭液（5%的脱脂牛奶）中室温封闭 1h。

五、免疫显色

【实验目的】

通过抗原抗体反应，在蛋白质样品中寻找目标蛋白。

【实验仪器】

1. 化学发光检测仪。
2. 脱色摇床等。

【实验试剂】

1. 试剂一抗（鼠抗、兔抗）。
2. 二抗（酶标记）。
3. 化学发光试剂盒。
4. 蛋白质标准样品等。

【操作步骤】

1. **孵育一抗**　用封闭液或 TBS 缓冲液稀释一抗至适当浓度，与封闭好的 PVDF 膜孵育 4℃过夜。用 TTBS 室温脱色摇床上漂洗 3 次，每次 10min。

2. **孵育二抗**　稀释二抗，室温孵育 1h。TTBS 室温下脱色摇床上漂洗 3 次，每次 10min。

3. **化学显色**　按照说明书在膜上滴加化学发光液，置于化学发光检测仪检测蛋白信号。

附录 1 试剂配制法

1. 0.1mol/L 酪蛋白乙酸钠溶液 称取纯酪蛋白 0.25g，置于 50mL 容量瓶内，加蒸馏水 20mL 及 1.00mol/L NaOH 溶液 5mL（必须准确）。摇荡使酪蛋白溶解，然后加 1mol/L 乙酸溶液 5mL（必须准确）最后稀释至刻度，混匀。结果是酪蛋白溶于 0.1mol/L 乙酸钠溶液内，酪蛋白浓度为 0.5%。（第三章实验一）

2. 巴比妥缓冲液（pH=8.6 离子强度 0.075） 称取巴比妥钠 15.458g，巴比妥 2.768g，加蒸馏水溶成 1000mL。（第三章实验二）

3. 双缩脲试剂 将 1.5g $CuSO_4 \cdot 5H_2O$ 和 6.0g 酒石酸钾钠（$NaKC_4H_4O_6 \cdot 4H_2O$）溶解于 500mL 蒸馏水中，在搅拌下加入 10% NaOH 溶液 300mL，用蒸馏水稀释到 1000mL。此试剂可长期保存。（第三章实验三）

4. 碱性铜试剂 （A）10%碳酸钠，2g 氢氧化钠和 25g 酒石酸钾钠（或其钾盐或其钠盐）溶解于 500mL 蒸馏水中。（B）0.5g 硫酸铜溶解于 100mL 蒸馏水中。每次使用前将（A）50mL 与（B）1mL 混合，即为碱性铜试剂。1 日后作废。（第三章实验三）

5. 酚试剂 在 1.5L 容积的磨口圆底烧瓶中加入 100g 钨酸钠（$Na_2WO_4 \cdot 2H_2O$）及 700mL 蒸馏水使之溶解，再加 50mL 85%磷酸溶液，100mL 浓盐酸充分混合，接上磨口冷凝管，以小火回流 10h，回流结束后，冷却，取下冷凝管，再加入 150g 硫酸锂（$Li_2SO_4 \cdot H_2O$），50mL 蒸馏水及数滴溴水，开口继续煮沸 2min，驱除过量溴（在通风橱内进行），冷却后溶液呈黄色（如仍呈绿色，须再滴加溴水数滴），稀释至 1L 过滤，滤液置于棕色瓶中保存。使用时用该试剂滴定标准 NaOH 溶液（1mol/L 左右），以标定该试剂的酸度，以酚酞为指示剂。当溶液颜色由红色变为紫红、紫灰，再突然转变成墨绿色时，即为终点。临用前应予以适当稀释，使其酸度为 1mol/L，此为酚试剂应用液。（第三章实验三）

6. 苔黑酚试剂 苔黑酚 1.5g 溶于浓盐酸 500mL，再加 10%氯化高铁溶液 20～30 滴混匀，临用前配制。（第三章实验八）

7. 二苯胺试剂 二苯胺 1g 溶于 100mL 冰醋酸中，再加入浓硫酸 2.75mL，储于棕色瓶中，临用前配制。（第三章实验八）

8. 钼酸铵溶液 钼酸铵 5g 溶液 100mL 蒸馏水中，再加入浓硫酸 15mL，混匀冷却后加蒸馏水至 1000mL，冰箱保存。（第三章实验八）

9. 饱和苦味酸 苦味酸 1.3g 溶于 100mL 蒸馏水中，静置过夜，临用前倒出上清备用。（第三章实验八）

10. 2% 2, 4-二硝基苯肼液 2g 2,4-二硝基苯肼溶解于 100mL 4.5mol/L H_2SO_4 溶液内，过滤。不用时放入冰箱内。（第三章实验十）

11. 班氏试剂 称取枸橼酸钠 173g，无水碳酸钠 100g 溶于蒸馏水 700mL 中，加热促溶，称取硫酸铜 17.3g 溶于 100mL 蒸馏水中，慢慢将硫酸铜溶液倾入已冷却的上液中，再加蒸馏水至 1000mL 混匀。可长期保存。（第三章实验十二）

12. 蔗糖酶溶液 a 取鲜酵母 5g 于研钵中，加适量黄砂和乙醚 8mL 充分研磨；取蒸馏水 20mL，分别加入，边加边磨 15min，用漏斗垫脱脂棉过滤，滤液加 2 倍蒸馏水稀释冰箱保存。（第三章实验十二）

13. 碱性铜溶液 称取无水碳酸钠 40g 溶于 400mL 蒸馏水中，酒石酸 7.5g 溶于 300mL 蒸馏水中，$CuSO_4 \cdot 10H_2O$ 4.5g 溶于 200mL 蒸馏水中，分别加热助溶，冷却后将酒石酸溶液倾入 Na_2CO_3 溶液中，混匀再将硫酸铜溶液倾入上述混合液中（切勿颠倒顺序）最后加水至 1000mL，可在室温

长期保存。如放置数周后有沉淀产生，可吸取上层清液使用。（第三章实验十五）

14. 磷钼酸试剂 在烧杯内加入钼酸70g,钨酸钠10g,10% NaOH 溶液400mL 及蒸馏水300mL，煮沸 20～40min，以除去钼酸中可能存在的氨，一直加热到嗅之无氨味。冷却后转移入 1000mL 容量瓶内，慢慢加入浓磷酸 250mL，再用蒸馏水稀释至 1000mL 刻度，摇匀，移入棕色试剂瓶保存。（第三章实验十五）

15. 蔗糖酶溶液 b 在 50mL 三角瓶中加入鲜酵母10g，加 0.8g 乙酸钠，搅拌 15～20min 后团块液化，加 1.5mL 甲苯，用塞子将瓶口塞住，摇动 10min，放入 37℃温箱中保温 60h，取出后加 1.6mL 4mol/L 乙酸溶液和 5mL 水，使 pH 为 4.5 左右。将混合物于 3000r/min 离心 30min，离心后形成 3 层，将中层移入刻度离心管中，上下两层混合后再加 5mL 水，混匀后 3000r/min 离心 30min，取出中层与第一次中层液合并，即为蔗糖酶粗制品。冰箱保存，用时稀释 60～100 倍，视酶活力而异。（第三章实验十五）

16. 0.1mol/L 琥珀酸溶液 精确称取琥珀酸 11.809g，加水溶解稀释至 1000mL，然后先用 5mol/L NaOH 溶液调节至 pH 7，再用 0.01mol/L NaOH 溶液调节至 pH 7.4。（第三章实验十六）

17. 0.1mol/L 丙二酸溶液 精确称取丙二酸 10.406g，加水溶解稀释至 1000mL，然后同琥珀酸溶液配制法调节 pH 至 7.4。（第三章实验十六）

18. 0.34mol/L 硫酸溶液 用称量过的小烧杯称取 35g 浓硫酸加水至 1000mL 混匀。或将 18.5mL 18mol/L H_2SO_4 溶液缓加入 981.5mL 水中。必要时用标准碱液滴定并加以调节（第三章实验十八）

19. 乐氏（Locke's）溶液 NaCl 0.9g，KCl 0.042g，NaH_2PO_4 0.02g，葡萄糖 0.1g 共溶于约 50mL 蒸馏水中，完全溶解后，再加入 $CaCl_2$ 0.043g，加蒸馏水稀释至 100mL。（第三章实验二十一）

20. 0.5mol/L 正丁酸溶液 取正丁酸 44g，用 1mol/L NaOH 溶液调节 pH 至 7.4，加蒸馏水稀释至 1000mL。（第三章实验二十一）

21. 0.1mol/L 碘液 称取 12.7g 碘和 25g 碘化钾溶于水，稀释至 1000mL。用标准 0.05mol/L $Na_2S_2O_3$ 溶液标定。（第三章实验二十一）

22. 标准 0.05mol/L 硫代硫酸钠溶液 $Na_2S_2O_3$ 25g 溶于煮沸并冷却的蒸馏水中，加入硼酸 3.8g，用煮沸过的蒸馏水稀释至 1000mL。按下标定：

称取 KIO_3 0.357g，加蒸馏水稀释至 100mL，即得 0.1mol/L KIO_3 溶液。准确吸取此溶液 20.0mL，置 100mL 锥形瓶中，加入 KI 2g 及 1mol/L H_2SO_4 溶液 10mL，摇匀，以 0.5%淀粉为指示剂，用 0.05mol/L $Na_2S_2O_3$ 溶液滴定。根据滴定所耗 $Na_2S_2O_3$ 溶液量，计算其当量浓度。（第三章实验二十一）

$$KIO_3+5KI+3H_2SO_4 \longrightarrow 3K_2SO_4+3I_2+3H_2O$$
$$I_2+2Na_2S_2O_3 \longrightarrow 2NaI+Na_2S_4O_6$$

23. 胃蛋白酶溶液 称取胃蛋白酶 5g，溶于蒸馏水 100mL 中。（第三章实验二十六）

24. 0.1mol/L 磷酸盐缓冲液（pH=7.4） 精确称取 Na_2HPO_4 11.928g，KH_2PO_4 2.176g，加水至 1000mL。（第三章实验二十七）

25. SGPT 基质液 称取 α-酮戊二酸 30mg 及丙氨酸 17.8mg，1mol/L NaOH 溶液 0.5mL，用 pH 7.4 的磷酸盐缓冲液稀释至 100mL。（第三章实验二十七）

26. 丙酮酸标准液（1mL=200μg） 精确称取丙酮酸钠 126.4mg，溶于 500mL 蒸馏水中。（第三章实验二十七）

27. 2,4-二硝基苯肼溶液 称取二硝基苯肼 19.8mg，用 10mol/L HCl 溶液溶解后加水稀释到 100mL，置棕色瓶保存。（第三章实验二十七）

28. 0.1mol/L 亮氨酸溶液 准确称取亮氨酸 1.3118g，溶于 100mL 蒸馏水中。（第三章实验二十八）

29. 生理盐溶液 将 4mL 1.15%氯化钠溶液，3mL 0.11mol/L 氯化钙溶液，1mL 0.154mol/L 硫酸镁溶液和 21mL 0.1mol/L 磷酸氢二钠溶液（用 0.1mol/L HCl 溶液调至 pH=7.3）混合，镁盐最后加入，边加边搅。最后稀释到 1000mL，检查调至 pH=7.3。（第三章实验二十八）

30. 尿素酶溶液　取大豆粉 5g，加少许 30%乙醇溶液研磨，再以 30%乙醇溶液稀释至 100mL 过滤，冰箱保存可用 3～4 周。（第三章实验二十九）

31. 奈氏试剂　①储存液：于 500mL 锥形瓶内加入碘化钾 150g，碘 110g，汞 150g 及蒸馏水 100mL，用力振荡 7～15min，至碘色将转变时，此混合液即发生高热。随即将此瓶浸入冷水内继续振荡，直至棕红色的碘转变成带绿色的碘化汞为止。将上清倒入 2L 的容量瓶内。并用蒸馏水洗涤瓶内沉淀物数次，将洗涤液一并倾入，加蒸馏水至刻度混合。②应用液：储存液 150mL 中加入 10% NaOH 溶液 700mL 及蒸馏水 150mL。（第三章实验二十九）

32. 酸性试剂　蒸馏水 100mL，加浓硫酸 44mL，85%磷酸溶液 66mL，冷却至室温，加入硫氨脲 50mL，硫酸镉（$3CdSO_4 \cdot 8H_2O$）2g，溶后用蒸馏水加至 1000mL，放棕色瓶内存半年。（第三章实验三十）

33. 尿素氮标准液（1mL=0.6mg 氮）　干纯尿素 128.4mg，蒸馏水 100mL，然后加三氯甲烷 6 滴。冰箱内存放半年。（第三章实验三十）

34. 硫酸铵标准液　取适量硫酸铵置于 110℃烘箱内 30min，取出置干燥器内，待其冷却。称取 0.4716g 加水溶解后倾入 100mL 容量瓶内，加入浓盐酸 0.1mL（防霉菌），再以蒸馏水稀释至刻度，此为储备液，1mL=1mg 氮。取储备液 7.5mL 稀释至 1000mL（1mL=0.0075mg 氮）。（第三章实验三十一）

35. 稀消化液　取浓硫酸 5mL 加入 95mL 蒸馏水中混匀。（第三章实验三十一）

36. 硼酸缓冲液（pH 8.6）　称取硼酸 5.56g，硼砂 6.89g，溶解后用蒸馏水稀释至 1000mL。（第三章实验三十二）

37. 丽春红染液　丽春红 S 1.8g，三氯乙酸 26.5g，磺柳酸 6.8g，加蒸馏水 100mL，使用时取 2mL，加蒸馏水 30mL。（第三章实验三十二）

38. Tris 缓冲液（浸膜用）　Tris 0.2g，EDTA-Na$_2$ 0.6g，硼酸 3.2g，溶解后用蒸馏水稀释至 1000mL。（第三章实验三十二）

39. 甲基橙指示剂　取甲基橙 1g 溶于 1000mL 蒸馏水中。（第三章实验三十三）

40. 酚红指示剂　0.05%酚红溶液，称取酚红 0.1g 置于干净研钵中，加入少量 0.01mol/L NaOH 溶液，研磨使溶解，然后加 0.01mol/L NaOH 至 28.2mL，使酚红全部溶解后再用蒸馏水稀释至 200mL。储存棕色瓶中保存。（第三章实验三十三）

41. 0.0125%酚红溶液　取 0.05%酚红溶液 1.0mL，加入 0.9% NaCl 溶液 3.0mL，应用前临时配制。（第三章实验三十四）

42. EDTA-Na$_2$ 溶液　EDTA-Na$_2$ 0.1g 加蒸馏水 50mL，2mol/L NaOH 溶液 1mL 溶解后用蒸馏水稀释至 1000mL，此为储备液，准确吸取钙标准液 0.1mL（1mL=0.1mg 钙）加入小试管中，再加 0.2mol/L NaOH 溶液 1mL 及钙指示剂 1 滴混匀，迅速以 EDTA-Na$_2$ 储存液滴定至溶液呈浅蓝色为止，记录消耗量。

（1）如储备液滴定时，用量恰为 1.0mL，则可直接应用。

（2）如储备液滴定时，用量小于 1.0mL，代入下式即可求出稀释 EDTA-Na$_2$ 储备液配制应用标准液时所需加入的蒸馏水量：

$$\frac{\text{要稀释的EDTA-Na}_2\text{储备液量（mL）}}{\text{滴定时EDTA-Na}_2\text{储备液消耗量（mL）}} - \text{要稀释的EDTA-Na}_2\text{储备液的量（mL）}$$
$$= \text{需加入蒸馏水量（mL）}$$

稀释后用钙标准液再滴定 1 次。

例：将储备液 100mL 配成应用标准液，滴定时储备液消耗量 0.8mL，则需加入的蒸馏水量为：

$$\frac{100}{0.8} - 100 = 25(\text{mL})$$

即取储备液 100mL 加入蒸馏水 25mL。（第三章实验三十五）

43. 钙指示剂　取钙红 0.1g 加甲醇 20mL，溶解后即可应用，冰箱内可保存 2～3 周。（第三章实验三十五）

44. 钼酸试剂　7.5%钼酸钠溶液 500mL 与 5mol/L H_2SO_4 溶液 500mL 混匀即是。（第三章实验三十六）

45. 氯化亚锡溶液　储备液：$SnCl_2 \cdot 2H_2O$ 10g 溶解于浓盐酸 25mL 中，储于棕色瓶置冰箱中。应用液：储备液 1mL 加水 200mL，临用时配制。（第三章实验三十六）

46. 磷酸盐标准溶液　精确称取无水 KH_2PO_4 0.4389g 溶于 1000mL 蒸馏水中，此为储备液（1mL=0.1mg 磷），加三氯甲烷数滴防真菌生长。取储备液 10mL 加蒸馏水稀释至 100mL 即为标准应用液（1mL=0.01mg 磷）。（第三章实验三十六）

附录 2　试剂配制注意事项

1. 应事先把配制试剂用的器皿及存放试剂用的试剂瓶洗涤干净并进行干燥。

2. 化学试剂根据其质量的优劣分为各种规格，在配制试剂时应根据实验要求选择适当规格的试剂。

一般化学试剂分级

	一级试剂	二级试剂	三级试剂	四级试剂	生物试剂
我国标准	保证试剂 G.R. 绿色标签	分析纯 A.R. 红色标签	化学纯 C.P. 蓝色标签	实验试剂 化学用 L.R	B.R.或 C.R.
国外标准	A.R. G.R. A.C.S. P.A.	C.R. P.U.S.S. Puriss	L.R. E.P.	P. Pure	
用途	纯度最高，杂质含量最少。适用于最精确分析及研究工作	纯度较高，杂质含量较低。适用于精确的微量分析工作	质量略低于二级试剂，适用于一般的微量分析实验，包括要求不高的工作分析和快速分析	纯度较低，但高于工业用的试剂。适用于一般定性实验	根据说明使用

3. 使用极易变质的化学试剂前，应首先检查是否变质，如已经变质即不能使用。

4. 试剂的配制量，要根据需要量配制，不宜过多。

5. 取出多余的化学试剂，不得再放回原试剂瓶内，以免污染原试剂瓶内的试剂。取用试剂的器具要清洁干燥。

6. 试剂的称量要精确，特别是配制标准液、缓冲液所用的标准试剂更应称量精确。需要特殊处理的要按要求进行处理。

7. 用完试剂后要用原试剂瓶塞把试剂瓶塞放回原处，不得使其他污物污染瓶塞。

8. 一般的水溶液都应用去离子水或蒸馏水进行配制，有特殊要求的按要求选用合适的溶剂。

9. 试剂配好后装入试剂瓶贴上标签，写明试剂名称、浓度、配制日期及配制人姓名。

选择、配制储存缓冲液的注意事项：

1. 要认真按照实验要求选合适的缓冲物质和 pH。选择的缓冲物质不但要使所配缓冲液的缓冲容量最大（总浓度一定时缓冲比为 1，pH=pK_a^1 时最大），而且对实验结果无不良影响，因为在某些特定实验中影响结果的往往不是 pH 而是特殊离子。

例如，硼酸盐能与许多化合物如蔗糖形成复盐。

磷酸盐在有些实验中，可抑制酶的活性，甚至是一种代谢物，重金属易形成磷酸盐沉淀，而且在 pH 7.5 以上时它的缓冲能力很弱。

柠檬酸盐离子易与钙离子结合，因此有钙离子存在时不能使用。

三羟甲基氨基甲烷可以和重金属共同使用，但有时也起抑制作用，其主要的缺点还是温度效应：在 4℃时配制的 pH 8.4 的缓冲液在 37℃时为 pH 7.4，在室温时为 pH 7.8，而且它在 pH 7.5 以下时缓冲能力很差。

2. 对用以配制缓冲液的蒸馏水要求十分严格，在 25℃时，其电导率应低于 $2×10^{-6}\Omega/cm$，有的缓冲液还须用不含 CO_2 的或新煮沸的水，如硼砂、磷酸盐、碳酸盐溶液。

3. 配好的缓冲液应储在抗腐蚀的玻璃或聚乙烯塑料瓶中，由于缓冲液往往会产生霉菌致使 pH 略有升高，因此这类缓冲液要隔几天更换一次或加入防腐剂。

4. 生化实验常用缓冲液的配制。

（1）pH 计用标准缓冲液要求：有较大的稳定性，较小的温度依赖性，其试剂易于提纯。配制方法如下。

1）pH=4.00（10～20℃）将邻苯二甲酸氢钾在 105℃干燥 1h 后，称 5.11g 加重蒸馏水溶解至 500mL。

2）pH=6.88（20℃）称取 130℃干燥 2h 的 3.401g 磷酸二氢钾（KH_2PO_4），3.549 无水磷酸氢二钠（Na_2HPO_4）或 8.95g 磷酸氢二钠（$Na_2HPO_4 \cdot 12H_2O$）加重蒸水溶解至 500mL。

3）pH=9.18（25℃）称取 3.8143g 硼酸钠（$Na_2B_4O_7 \cdot 10H_2O$），加重蒸水溶解至 500mL。

4）不同温度时标准缓冲液的 pH：

温度（℃）	10	15	20	25	30	35
饱和酒石酸氢钾（0.034mol/L）				3.56	3.55	3.55
0.05mol/L 邻苯二甲酸氢钾	4.00	4.00	4.00	4.01	4.01	4.02
KH_2PO_4-Na_2HPO_4 (0.025mol/L)	6.92	6.90	6.88	6.86	6.85	6.84
0.01mol/L 硼砂（$Na_2B_4O_7 \cdot 10H_2O$）	9.33	9.27	9.22	9.18	9.14	9.10

（2）一般实验用缓冲液的配制

1）甘氨酸-盐酸缓冲液（0.05mol/L）

x mL 0.2mol/L 甘氨酸+y mL 0.2mol/L HCl，再加水稀释至 200mL

pH	x	y	pH	x	y
2.2	50	44.0	3.0	50	11.4
2.4	50	32.4	3.2	50	8.2
2.6	50	24.2	3.4	50	6.4
2.8	50	16.8	3.6	50	5.0

甘氨酸分子量 75.07。0.2mol/L 甘氨酸溶液含 15.1g/L。

2）邻苯二甲酸-盐酸缓冲液（0.05mol/L）

x mL 0.2mol/L 邻苯二甲酸氢钾+y mL 0.2mol/L HCl，再加水至 20mL

pH（20℃）	x	y	pH（20℃）	x	y
2.2	5	4.670	3.2	5	1.470
2.4	5	3.960	3.4	5	0.990
2.6	5	3.295	3.6	5	0.597
2.8	5	2.642	3.8	5	0.263
3.0	5	2.032			

邻苯二甲酸氢钾分子量 204.23。0.2mol/L 邻苯二甲酸氢钾溶液含 40.85g/L。

3）磷酸氢二钠-柠檬酸缓冲液

pH	0.2mol/L Na$_2$HPO$_4$ 溶液（mL）	0.1mol/L 柠檬酸溶液（mL）	pH	0.2mol/L Na$_2$HPO$_4$ 溶液（mL）	0.1mol/L 柠檬酸溶液（mL）
2.2	0.40	19.6	5.2	10.72	9.28
2.4	1.24	18.76	5.4	11.15	8.85
2.6	2.18	17.82	5.6	11.60	8.40
2.8	3.17	16.83	5.8	12.09	7.91
3.0	4.11	15.89	6.0	12.63	7.37
3.2	4.94	15.06	6.2	13.22	6.78
3.4	5.70	14.30	6.4	13.85	6.15
3.6	6.44	13.56	6.6	14.55	5.45
3.8	7.10	12.90	6.8	15.45	4.55
4.0	7.71	12.29	7.0	16.47	3.53
4.2	8.28	11.72	7.2	17.39	2.61
4.4	8.82	11.18	7.4	18.17	1.83
4.6	9.35	10.65	7.6	18.73	1.27
4.8	9.86	10.14	7.8	19.15	0.85
5.0	10.30	9.70	8.0	20.85	0.5

Na$_2$HPO$_4$ 分子量 141.96，0.2mol/L 溶液为 28.39g/L。

Na$_2$HPO$_4$·2H$_2$O 分子量 178.05，0.2mol/L 溶液为 35.61g/L。

C$_6$H$_8$O$_7$·H$_2$O 分子量 210.14，0.1mol/L 溶液为 21.01g/L。

4）磷酸氢二钠-磷酸二氢钾缓冲液（1/15mol/L）

pH	1/15 mol/L Na$_2$HPO$_4$ 溶液（mL）	1/15 mol/L KH$_2$PO$_4$ 溶液（mL）	pH	1/15 mol/L Na$_2$HPO$_4$ 溶液（mL）	1/15 mol/L KH$_2$PO$_4$ 溶液（mL）
4.92	0.10	9.90	7.17	7.00	3.00
5.29	0.50	9.50	7.38	8.00	2.00
5.91	1.00	9.00	8.73	9.00	1.00
6.24	2.00	8.00	8.04	9.50	0.50
6.47	3.00	7.00	8.34	9.75	0.25
6.64	4.00	6.00	8.67	9.90	0.10
6.81	5.00	5.00			
6.98	6.00	4.00			

Na$_2$HPO$_4$·2H$_2$O 分子量 178.05；1/15mol/L 溶液为 11.876g/L。

KH$_2$PO$_4$ 分子量 136.09；1/15mol/L 溶液为 9.078g/L。

5）硼酸-硼砂缓冲液

pH	0.05mol/L 硼砂溶液（mL）	0.2mol/L 硼酸溶液（mL）	pH	0.05mol/L 硼砂溶液（mL）	0.2mol/L 硼酸溶液（mL）
7.4	1.0	9.0	8.2	3.5	6.5
7.6	1.5	8.5	8.4	4.5	5.5
7.8	2.0	8.0	8.7	6.0	4.0
8.0	3.0	7.0	9.0	8.0	2.0

硼砂 $Na_2B_4O_7 \cdot 10H_2O$ 分子量 381.43，0.05mol/L 溶液为 19.07g/L。

硼酸 H_3BO_3 分子量 61.84，0.2mol/L 溶液为 13.37g/L。

硼砂易失去结晶水须在带塞瓶中保存。

6）Tris-HCl 缓冲液（25℃）

50mL 0.1mol/L 三羟甲基氨基甲烷溶液与 x（mL）0.1mol/L HCl 溶液混匀后加水稀释至 100mL。

pH	x（mL）	pH	x（mL）	pH	x（mL）
7.10	45.7	7.80	34.5	8.50	14.7
7.20	44.7	7.90	32.0	8.60	12.4
7.30	43.4	8.00	29.2	8.70	10.3
7.40	42.0	8.10	26.2	8.80	8.5
7.50	40.3	8.20	22.9	8.90	7.0
7.60	38.5	8.30	19.9		
7.70	36.6	8.40	17.2		

三羟甲基氨基甲烷分子量为 121.14，0.1mol/L 溶液为 12.114g/L。

Tris 可从空气中吸收二氧化碳，使用时将瓶盖严。

7）碳酸钠-碳酸氢钠缓冲液（0.1mol/L）：

Ca^{2+}、Mg^{2+} 存在时不得使用。

pH		0.1mol/L Na_2CO_3 溶液（mL）	0.1mol/L $NaHCO_3$ 溶液（mL）
20℃	37℃		
9.16	8.77	1	9
9.40	9.12	2	8
9.51	9.40	3	7
9.78	9.50	4	6
9.90	9.72	5	5
10.14	9.90	6	4
10.28	10.08	7	3
10.53	10.28	8	2
10.83	10.57	9	1

$Na_2CO_3 \cdot 10H_2O$ 分子量 286.2；0.1mol/L 溶液为 28.62g/L。

$NaHCO_3$ 分子量 84.0；0.1mol/L 溶液为 8.40g/L。

【试剂配制】

1. 实验室常用酸碱的比重和浓度的关系：

常用酸碱的比重和浓度的关系表

百分浓度	H_2SO_4		HNO_3		HCl		KOH		NaOH		氨溶液	
（%）	比重	N	比重	N	比重	N	比重	N	比重	N	比重	N
2	1.013		1.011		1.009		1.016		1.023		0.992	
4	1.027		1.022		1.019		1.046		0.983			

续表

百分浓度	H₂SO₄		HNO₃		HCl		KOH		NaOH		氨溶液	
（%）	比重	N	比重	N	比重	N	比重	N	比重	N	比重	N
6	1.040		1.033		1.029		1.048		1.069		0.973	
8	1.055		1.044		1.039		1.065		1.092		0.967	
10	1.069	2.1	1.056	1.7	1.049	2.9	1.082	1.9	1.115	2.8	0.965	5.6
12	1.083		1.068		1.059		1.100		1.137		0.953	
14	1.098		1.080		1.069		1.118		1.159		0.946	
16	1.112		1.093		1.097		1.137		1.181		0.939	
18	1.127		1.106		1.098		1.156		1.213		0.932	
20	1.143	4.7	1.119	3.6	1.100	6	1.176	4.2	1.225	6.1	0.926	10.9
22	1.158		1.132		1.110		1.196		1.247		0.919	
24	1.178		1.145		1.121		1.217		1.268		0.913	12.9
26	1.190		1.158		1.132		1.240		1.289		0.908	13.9
28	1.205		1.171		1.142		1.263		1.310		0.903	
30	1.224	7.5	1.184	5.6	1.152	9.5	1.268	6.8	1.332	10	0.898	15.8
32	1.238		1.198		1.163		1.310		1.247		0.893	
34	1.255		1.211		1.173		1.334		1.268		0.889	
36	1.273		1.225		1.183	11.7	1.358		1.289		0.884	18.7
38	1.299		1.238		1.194	12.4	1.384		1.416			
40	1.307	10.7	1.251	7.9			1.411	10.1	1.437	14.4		
42	1.324		1.264				1.437		1.458			
44	1.342		1.277				1.460		1.478			
46	1.361		1.290				1.485		1.499			
48	1.399	14.3	1.316	10.4			1.538	13.7	1.540	19.3		
52	1.419		1.328				1.564		1.560			
54	1.439		1.340				1.590		1.580			
56	1.460		1.351				1.616	16.1	1.601			
58	1.482		1.362						1.622			
60	1.503	18.4	1.373	13.3					1.643	24.6		
62	1.525		1.384									
64	1.547		1.394									
66	1.571		1.403	14.6								
68	1.594		1.412	15.2								
70	1.617	23.1	1.421	15.8								
72	1.640		1.429									
74	1.664		1.437									
76	1.687		1.455									
78	1.710		1.453									

百分浓度	H_2SO_4		HNO_3		HCl		KOH		NaOH		氨溶液	
(%)	比重	N	比重	N	比重	N	比重	N	比重	N	比重	N
80	1.732	28.2	1.460	18.5								
82	1.755		1.467									
84	1.776		1.474									
86	1.793		1.480									
88	1.808		1.486									
90	1.819	33.4	1.491	23.1								
92	1.830		1.496									
94	1.837		1.500									
96	1.840	36	1.504									
98	1.841	36.8	1.510									
100	1.838	37.5	1.522	24								

表中当量浓度（N）与比重（D），百分比浓度（A）的关系式如下：

$$N = \frac{D \times A \times 10}{\text{当量}}$$

2. 一些化合物的溶解度（20℃）：

名称	分子式	溶解度（g/100g 水）	名称	分子式	溶解度（g/100g 水）
硝酸银	$AgNO_3$	218	硝酸钾	KNO_3	31.6
硫酸铝	$Al_2(SO_4)_3 \cdot 18H_2O$	36.4	氢氧化钾	$KOH \cdot 2H_2O$	112
氯化钡	$BaCl_2$	35.7	硫酸锂	$LiSO_4$	34.2
氢氧化钡	$Ba(OH)_2$	3.84	硫酸镁	$MgSO_4 \cdot 7H_2O$	26.2
氯化钙	$CaCl_2$	74.5	草酸铵	$(NH_4)_2C_2O_4$	4.4
乙酸钙	$Ca(C_2H_3O_2)_2 \cdot 2H_2O$	34.7	氯化铵	NH_4Cl	37.2
氢氧化钙	$Ca(OH)_2$	1.65×10^{-1}	硫酸铵	$(NH_4)_2SO_4$	75.4
硫酸铜	$CuSO_4$	20.7	硼砂	$Na_2B_4O_7 \cdot 10H_2O$	2.7
三氯化铁	$FeCl_3$	91.9	乙酸钠	$NaC_2H_3O_2 \cdot 3H_2O$	46.5
硫酸亚铁	$Fe SO_4 \cdot 7H_2O$	26.5	氯化钠	$NaCl$	36.0
氯化汞	$HgCl_2$	6.6	乙酸钠	$NaC_2H_3O_2$	123.5
碘	I_2	2.9×10^{-2}	十水碳酸钠	$Na_2CO_3 \cdot 10H_2O$	21.5
溴化钾	KBr	65.8	一水碳酸钠	$Na_2CO_3 \cdot H_2O$	50.5(30℃)
氯化钾	KCl	34.0	碳酸氢钠	$NaHCO_3$	9.6
碘化钾	KI	144	磷酸氢二钠	$Na_2HPO_4 \cdot 12H_2O$	7.7
重铬酸钾	$K_2Cr_2O_7$	13.1	硫代硫酸钠	$Na_2S_2O_3$	70.0
碘酸钾	KIO_3	8.13	高锰酸钾	$KMnO_4$	6.4

表中数值表示 100g 水所含溶质的克数。凡不是在 20℃时的溶解度，都在溶解度后面注明温度

3. 乙醇的用水稀释法（15.6℃时）

X=稀释前溶液中乙醇的含量（体积百分数）

Y=稀释后溶液中乙醇的含量（体积百分数）

X	要制备含 $Y\%$（按体积计）的乙醇溶液时，于 100 体积含 $X\%$（按体积计）的乙醇中加入水的体积数								
Y	90	85	80	75	70	65	60	55	50
85	5.56								
80	13.79	6.83							
75	21.89	14.48	7.20						
70	31.05	23.14	15.35	7.64					
65	41.53	38.03	24.66	16.37	8.15				
60	53.65	44.48	35.44	21.47	17.58	8.76			
55	67.87	57.90	48.07	38.32	28.63	19.02	9.47		
50	84.71	73.90	63.04	52.43	41.73	31.25	20.47	10.35	
45	105.34	83.30	81.38	69.54	57.78	46.09	34.46	20.90	11.41
40	130.80	117.34	104.01	90.76	77.58	64.48	51.43	38.46	25.55
35	163.28	148.01	132.88	117.82	102.84	87.93	78.08	58.31	48.59
30	206.22	188.57	171.05	153.61	136.04	118.94	107.71	84.54	67.45
25	266.12	245.15	224.30	203.53	182.83	162.21	141.65	121.16	100.73
20	355.80	329.84	304.01	278.26	252.58	226.98	201.43	175.96	150.55
15	505.27	471.00	436.85	402.81	368.83	334.91	301.07	267.29	233.65
10	804.54	753.65	702.89	652.21	601.60	551.96	500.59	450.19	399.85

4. 不同温度下的饱和硫酸铵溶液

温度（℃）	0	10	20	25	30
每 1000g 水中含硫酸铵克分子数（g）	5.35	5.53	5.73	5.82	5.91
重量百分数（%）	41.42	42.22	43.09	43.47	43.85
1000mL 水用 $(NH_4)_2SO_4$ 饱和所需克数（g）	706.8	730.5	755.8	766.8	777.5
每升饱和溶液含硫酸铵克数（g）	514.8	525.2	536.5	541.2	545.9
饱和溶液克分子浓度（mol/L）	3.90	3.97	4.06	4.10	4.13

5. 几种冷却剂的制备

组成的物质成分（质量比）		可达低温	组成的物质成分（质量比）		可达低温
KCl	30 水 100	0.6℃	$CaCl_2 \cdot 6H_2O$ 晶体	250 水 100	−12.4℃
$(NH_4)_2 \cdot 10H_2O$	9.6 雪或碎冰 100	−1.2℃	$CaCl_2 \cdot 6H_2O$ 晶体	204 雪或碎冰 100	−19.7℃
KNO_2	13 雪或碎冰 100	−2.9℃	$CaCl_2 \cdot 6H_2O$ 晶体	164 雪或碎冰 100	−39.0℃
NH_4Cl	30 水 100	−5.1℃	$CaCl_2 \cdot 6H_2O$ 晶体	143 雪或碎冰 100	−40.3℃
NH_4Cl	25 雪或碎冰 100	−15.4℃	$CaCl_2 \cdot 6H_2O$ 晶体	124 雪或碎冰 100	−40.3℃
NH_4NO_3	106 水 100	−4.0℃	$H_2SO_4(66\%)$	13 雪或碎冰 100	20.0℃
NH_4NO_3	83 水 100	−14.0℃	C_2H_5OH	105 雪或碎冰 100	30℃
NH_4NO_3	76 水 100	−17.50℃	$H_2SO_4(66\%)$	91 雪或碎冰 100	−37℃
NH_4NO_3	59 雪或碎冰 100	−18.5℃	$Na_2S_2O_3$	110 水 100	−021.3℃
$(NH_4)_2SO_4$	62 雪或碎冰 100	−50.0℃	KCl	30 雪或碎冰 100	11.1℃
$CaCl_2 \cdot 2H_2O$ 晶体	143 雪或碎冰 100				

6. 常用酸碱指示剂

指示剂名称		配制方法	颜色		pH 范围
中文	英文	0.1g 溶于 250mL 下列溶液	酸	碱	
甲酚红（酸范围）	cresol red(acid range)	水，含 2.62mL 0.1mol/L NaOH	红	黄	0.2～1.8
间苯甲酚紫（酸范围）	m-cresol purple(acid range)	水，含 2.72mL 0.1mol/L NaOH	红	黄	1.0～2.6
麝香草酚蓝（酸范围）	thymol blue(acid range)	水，含 2.15mL 0.1mol/L NaOH	红	黄	1.2～2.8
金莲橙 00	tropaeolin00	水	红	黄	1.3～3.0
甲基黄	methyl yellow	90%乙醇	红	黄	2.9～4.0
溴酚蓝	bromophenol blue	水，含 1.49mL 0.1mol/L NaOH	黄	紫	2.9～4.6
甲基橙	methy orange	游离酸：水钠盐：水，含 3mL 0.1mol/L NaOH	红	橙黄	3.1～4.4
溴甲酚绿	bromocresolgreen	水，含 1.43mL 0.1mol/L NaOH	黄	蓝	3.6～5.2
刚果红	cohgo red	水，或 80%乙醇	红紫	红橙	3.0～5.0
甲基红	methy red	钠盐：水；游离酸；60%乙醇	红	黄	4.2～6.3
氯酚红	chorophenol red	水，含 2.36mL 0.1mol/L NaOH	黄	紫红	4.8～6.4
溴甲酚紫	bromocresol purple	水，含 1.85mL 0.1mol/L NaOH	黄	红紫	5.2～6.8
石蕊	litmus	水	红	蓝	5.0～8.9
溴麝香草酚蓝	bromothymol blue	水，含 1.6mL 0.1mol/L NaOH	黄	蓝	6.0～7.6
酚红	phenol red	水，含 2.82mL 0.1mol/L NaOH	黄	红	6.8～8.4
中性红	neutral red	70%乙醇	红	橙棕	6.8～8.0
甲酚红（碱范围）	cresol red(basic range)	水，含 2.62mL 0.1mol/L NaOH	黄	紫	7.6～9.2
麝香草酚蓝（碱范围）	thymol blue(basic range)	水，含 2.15mL 0.1mol/L NaOH	黄	蓝	8.0～9.6
酚酞	phenolpnalein	70%乙醇（60%cellusolve）	无色	粉红	8.3～10.0
麝香草酚酞	thymolphtbalein	90%乙醇	无色	蓝	8.3～10.5
茜黄	alizanrin yellow	乙醇	黄	红	10.1～12.0
金莲棕 0	tropaeolin0	水	黄	橙	11.1～12.7

附录 3 实验室常用数据参考表

附表 3-1 几类肉类食物中一般营养成分表

	猪肉（瘦）	猪肉（肥）	猪肉（肥）（瘦）	猪心	猪肝	猪肾	鱼（草鱼）	牛肉（瘦）	牛肉（胸）	牛肝	羊肉（瘦）	鸡肉	鸭肉	鸡蛋
水分（g）	52.6	6.0	29.3	75.1	71.4	78.1	77.3	70.7	59.3	69.1	67.6	73.0	74.6	71.0
蛋白质（g）	19.7	2.2	9.5	19.1	21.3	15.9	17.9	20.3	19.6	21.8	17.3	24.4	16.5	14.7
脂肪（g）	28.8	90.8	59.8	6.3	4.5	3.4	3.4	4.3	6.2	21.1	4.8	13.6	2.8	7.5
碳水化合物（g）	1.0	0.9	0.9	0	1.4	1.4	0	0	0	2.6	0.5	—	0.5	1.6
热量（kcal）	330	830	580	133	131	100	110	144	268	141	194	123	136	170
粗纤维（g）	0	0	0	0	0	0	0	0	0	0	0	0	0	0
灰分（g）	0.9	0.1	0.5	1.0	1.4	1.2	1.0	1.1	0.9	1.7	1.0	1.1	0.9	1.1
钙（mg）	177	26	101	—	270	229	173	233	400	168	194	210	—	—
铁（mg）	2.4	0.4	1.4	—	25.0	7.1	0.7	3.2	—	9.0	3.0	4.7	—	2.7
维生素 A	—	—	—	0	8700	—	—	—	—	18300	—	—	—	1440
硫胺素（mg）	—	—	0.53	0.34	0.40	0.17	0.17	—	—	2.30	—	0.17	0.15	0.31
尼克酸（mg）	—	—	4.2	5.7	16.2	2.2	2.2	—	—	16.2	—	3.6	4.7	0.1
维生素 C（mg）	—	—	—	1	18	—	—	—	—	18	—	—	—	—

附表 3-2 哺乳实验动物的血清生化值

	人	猕猴	犬	家兔	猫	豚鼠	金黄地鼠	大鼠	小鼠	山羊	绵羊
蛋白质总量 (g/L)	65~76	66~78	61~78	62~64	52~66	50~56	24~57	63	63±0.5	73	57
白蛋白 (g/L)	38~48	41~47	31~40	41~51	17~29	28~39	—	34~43	35.9	36~44	31
球蛋白 (g/L)	20~30	—	20~33	19~36	24~48	17~26	—	18~25	27.1	23~31	23
葡萄糖 (mg/L)	800~1200	1480	600~800	820~1070	720~740	350~1180	560~760	400~1100	450~600	300~500	—
总胆固醇 (mg/L)	1300~2500	1200~1900	1400~2150	300~800	750~1510	300~800	500~1000	400~1100	300~900	—	—
Na$^+$ (mmol/L)	132~144	144~153	135~160	135~140	151	—	129~150	140~155	136~146	140~149	—
K$^+$ (mmol/L)	3.3~5.0	—	3.7~5.8	3.8~6.3	4.3	—	4.6~6.0	7.3~8.5	3.8~5.5	4.7~5.2	—
Cl$^-$ (mmol/L)	99~105	102~112	99~110	98~110	116	—	97~110	108~121	97~111	103~112	—

附表 3-3 几种食物中一般营养成分表

	橙（甜）	柠檬	苹果	鸭梨	红枣	荔枝	香蕉	花生仁	辣椒	番茄	菁萝卜	红萝卜	大白菜	油菜心	椰菜	菠菜
水分 (g)	616	89.3	84.6	89.3	19.0	84.7	77.1	8.0	7.8	95.0	91.0	92.5	95.6	95.3	93.0	91.8
蛋白质 (g)	0.6	1.0	0.4	0.1	3.3	0.7	1.2	26.2	15.0	1.2	1.1	0.9	1.1	1.1	1.2	2.4
脂肪 (g)	0.1	0.7	0.5	0.1	0.4	0.6	0.6	39.2	8.2	0.4	0.1	0.2	0.2	0.3	0.3	0.5
碳水化合物 (g)	12.2	8.5	13.0	9.0	72.8	13.3	19.5	22.1	61.0	2.2	6.6	4.6	2.1	1.9	3.9	3.1
热量 (kcal)	52	44	58	37	308	6	88	546	378	17	32	24	15	15	23	27
粗纤维 (g)	0.6	0	1.2	1.3	3.1	0.2	0.9	2.5	0.2	0.6	0.6	0.8	0.4	0.5	0.8	1.5
钙 (mg)	58	24	11	5	61	6	9	67	85	23	58	61	61	108	62	72
磷 (mg)	15	18	9	6	55	34	31	378	380	26	27	52	37	30	39	53
铁 (mg)	0.8	2.8	0.3	0.2	1.6	0.5	0.6	0.5	0.6	1.9	1.7	0.5	0.4	4.6	0.5	1.0
胡萝卜素 (mg)	0.11	0	0.08	0.01	0.01	0	0.25	0.04	16.84	0.11	0.32	—	0.01	1.70	0.02	3.87
硫胺素 (mg)	0.08	0.02	0.01	0.01	0.15	0.04	0.05	0.11	0.90	0.01	0.03	0.04	0.04	0.11	0.03	0.13
烟酸 (mg)	0.2	0.2	0.1	1.2	0.7	0.7	9.5	8.1	0.5	0.3	0.8	0.3	0.6	0.3	0.6	—
维生素 C (mg)	54	40	微量	4	4	3	17	0	28	17	—	18	20	40	36	39

附表 3-4 聚丙烯酰胺凝胶的技术数据

型号	排阻的下限（分子量）	分级分离的范围（分子量）	膨胀后的床体积（mL/g 干凝胶）	室温膨胀所需最少时间（h）
Bio-gel-p-2	1600	200～2000	3.8	2～4
Bio-gel-p-4	3600	500～4000	5.8	2～4
Bio-gel-p-6	4600	1000～5000	8.8	2～4
Bio-gel-p-10	10 000	5000～17 000	12.4	2～4
Bio-gel-p-30	3000	20 000～50 000	14.9	10～12
Bio-gel-p-60	60 000	30 000～70 000	19.0	10～12
Bio-gel-p-100	100 000	40 000～100 000	19.0	24
Bio-gel-p-150	150 000	50 000～150 000	24.0	24
Bio-gel-p-200	200 000	80 000～300 000	34.0	48
Bio-gel-p-300	30 000	100 000～400 000	40.0	48

注：上表各种型号的凝胶都是亲水性的多孔颗粒，在水或缓冲液中很容易膨胀

附表 3-5 葡聚糖凝胶的技术数据

分子筛类型	干颗粒（直径）	分子量分级的范围 肽及球形蛋白质	分子量分级的范围 葡聚糖	床体积（mL/g 干胶）	得水值	溶胀最少平衡时间（h）室温	溶胀最少平衡时间（h）沸水浴	柱头压力 cm H₂O（2.5cm 直径柱）
SephadexG-10	40～120	≤700	≤700	2～3	1.0±0.1	3	1	
SephadexG-15	40～120	≤1500	2.5～3.5	1.5±0.2	3	1		
Sephadex 粗级 G-25	100～300							≤700
中级	50～150	≥1000	≥100	4～6	2.5±0.2	6	2	
细级	20～80							
超细	10～40							
Sephade 粗级 G-50	100～300							
中级	50～150	≥1500	≥1500	9～11	5.0±0.3	6	2	
细级	20～80	30 000	1000					
超细	10～40							
Sephadex G-75 超细	40～120	3000～70 000	1000～50 000	12～15	7.5±0.5	24	3	40～160
	10～40							
SephadexG-100	40～120	4000～1 500 000	1000～150 000	15～20	10.0±1.0	48	5	24～96
	10～40							
SephadexG-100 超细	40～120	5000～400 000	1000～150 000	20～30	15.0±1.5	72	5	9～36
	10～40			18～22				
SephadexG-200 超细	40～120	5000～800 000	1000～200 000	30～40	20.0±2.0	72	5	4～16
	10～40			20～25				

附表 3-6　琼脂糖凝胶的技术数据

名称和型号	凝胶内琼脂糖百分含量（*W/W*）	排阻的下限（分子量）	分级分离的范围（分子量）
Sepharose 4B	4		$0.3×10^6～3×10^6$
Sepharose 2B	2		$2×10^6～2.5×10^6$
Sagavac10	10	$2.5×10^5$	$1×10^4～2.5×10^5$
Sagavac8	8	$7×10^5$	$2.5×10^4～7×10^5$
Sagavac6	6	$2×10^6$	$5×10^4～2×10^6$
Sagavac4	4	$15×10^5$	$2×10^5～15×10^6$
Sagavac2	2	$150×10^6$	$5×10^5～15×10^7$
Bio-GelA-0.5m	10	$0.5×10^6$	$1×10^4～5×10^5$
Bio-GelA-1.5m	8	$1.5×10^6$	$1×10^4～1.5×10^6$
Bio-GelA-5m	6	$5×10^6$	$1×10^4～1.5×10^6$
Bio-GelA-15m	4	$15×10^6$	$4×10^4～5×10^6$
Bio-GelA-50m	2	$50×10^6$	$1×10^5～50×10^6$
Bio-GelA-150m	1	$150×10^6$	$1×10^6～150×10^6$

琼脂糖是指琼脂内非离子型的组分，在 0～4℃，pH 4～9 范围内是稳定的

附表 3-7　一些常用名称的缩写或代号

名称	缩写	名称	缩写	名称	缩写	名称	缩写
国际单位	I.U.	百万分之一	ppm	邻位	0	间位	m
对位	P	克分子	M	毫克分子	mM	微克分子	μM
克当量	N	毫克当量	mN	白细胞	WBC	红细胞	RBC
立方	Cu	平方	Sg	英寸	in	焦耳	J

附表 3-8　SI 基本单位

物理量	名称	符号	物理量	名称	符号	物理量	名称	符号
长度	米	m	质量	千克	kg	时间	秒	S
化学量	克分子	mol	绝对温度	开氏温标	K	电流	安培	A
发光强度	烛炮	cd						

附表 3-9　十进位数量词头及符号

词头	符号	系数	词头	符号	系数	词头	符号	系数
Atto-渺（微微微）	A	$×10^{-18}$	Milli-毫	m	$×10^{-3}$	Kilo-千	K	$×10^3$
Femto-尘（毫微微）	F	$×10^{-15}$	Centi-厘	C	$×10^{-2}$	Mega-兆（百万）	M	$×10^6$
Pico-沙（微微）	P	$×10^{-13}$	Deci-分	D	$×10^{-1}$	Giga-京	G	$×10^9$
Nano-纤（毫微）	N	$×10^{-9}$	Deca-十	da	$×10$	Tera-垓	T	$×10^{12}$
Micro-微	μ	$×10^{-6}$	Hecto-百	H	$×10^2$			

例如：米（m）是 SI 的基本单位

10^{-2} 米=厘米（cm）　　　　10^{-3} 米=毫米（mm）　　　　10^{-9} 米=纳米（nm）

附表 3-10　常见蛋白质等电点参考值（单位：pH）

蛋白质	等电点	蛋白质	等电点
牛痘病毒	5.3	鲟精蛋白	11.71
生长激素	6.85	糜蛋白酶（胰凝乳蛋白酶）	8.1
催乳激素	5.73	胸腺核组蛋白	4 左右
胰岛素	5.35	核糖核酸酶	7.8
胃蛋白酶	1.0	甲状腺球蛋白	4.58
胸腺组蛋白	10.8	血蓝蛋白	4.6～6.4
卵白蛋白	4.59～4.71	球蛋白	7.5
伴清蛋白	6.8～7.1	血清白蛋白	4.7～4.9
肌清蛋白	3.5	乳球蛋白	5.1～5.3
卵黄蛋白	4.8～5.0	肌浆蛋白 A	6.3
肌球蛋白	5.2～5.5	γ_1 球蛋白	5.5～6.6
原肌球蛋白	5.1	γ_2 球蛋白	7.3～8.2
胎球蛋白	3.4～3.5	铁传递蛋白	5.9
α-眼晶体蛋白	4.8	血纤蛋白原	5.5～5.8
花生球蛋白	5.1	β-眼晶体蛋白	6.0
角蛋白类	3.7～5.0	伴花生球蛋白	3.9
胶原蛋白	6.6～6.8	还原角蛋白	4.6～4.7
明胶	4.7～5.0	α 酪蛋白	4.0～4.1
β 酪蛋白	4.5	γ 酪蛋白	5.8～6.0
α 卵清黏蛋白	3.83～4.41	α_1 黏蛋白	1.8～2.7
卵黄类粒蛋白	5.5	尿促性腺激素	3.2～3.3
溶菌酶	11.0～11.2	血红蛋白（人）	7.70
肌红蛋白	6.99	血红蛋白（鸡）	7.23
血红蛋白（马）	6.92	无脊椎血红蛋白	4.6～6.2
血绿蛋白	4.3～4.5	促凝血酶原激酶	5.2
细胞色素 c	9.8～10.1	α_1-脂蛋白	5.5
视紫质	4.47～4.57	β-卵黄脂磷蛋白	5.9
β_1 脂蛋白	5.4	牛血清白蛋白	4.9
芜菁黄花病毒	3.75	鲱精蛋白	12.1
鲑精蛋白	12.1		

（孔丽君　辛佳璇）

参 考 文 献

刘海艳. 2013. O-GlcNAc 对 p120 与 E-cadherin 相互作用的调节及其机制研究. 中国海洋大学.

邵帅铭, 徐宁, 徐佳元, 等. 2021. 骨肉瘤相关小干扰 RNA 研究进展. 国际骨科学杂志, 42(6): 389-392.

王泓力, 焦雨铃. 2020. 染色质免疫共沉淀实验方法.植物学报, 55(4): 475-480.

徐重益. 2022. 植物中验证蛋白相互作用的 Pull-down 和 Co-IP 技术. 植物学报, 55(1): 62-68.

伊正君, 朱道银. 2004. 病毒学研究的新工具:脱氧核酶及其应用.国外医学病毒学分册, 11(3): 69-71.

周鑫琦, 王颖洁, 张文慧, 等. 2020. GST pull-down 联合质谱分析技术筛选鸡 NOS_2 的互作蛋白.中国家禽, 42(9): 1925.

Banan M. 2020. Recent advances in CRISPR/Cas9-mediated knock-ins in mammalian cells. J Biotechnol, 308: 1-9.

Barman A, Deb B, Chakraborty S. 2020. A glance at genome editing with CRISPR-Cas9 technology. Curr Genet, 66(3): 447-462.

Bull Phelps SL, Schorge JO, Peyton MJ, et al. 2008. Implications of EGFR inhibition in ovarian cancer cell proliferation. Gynecol Oncol, 109(3): 411-417.

Huerta M, Munoz Rodrigo, Tapia Rocio. 2007. Cyclin D1 Is transcriptionally down-regulated by ZO-2 via an E Box and the transcription factor c-myc. Mol Biol Cell, 18(12): 4826-4836.

Khadempar S, Familghadakchi S, Motlagh RA. 2019. CRISPR-Cas9 in genome editing: Its function and medical applications. J Cell Physiol, 234(5): 5751-5761.

Sledz CA, Williams BRG. 2005. RNA interference in biology and disease. Blood, 106(3): 787-794.

Wang Y. 2020. Delivery systems for RNA interference therapy: current technologies and limitations. Current Gene Therapy, 20(5): 356-372.